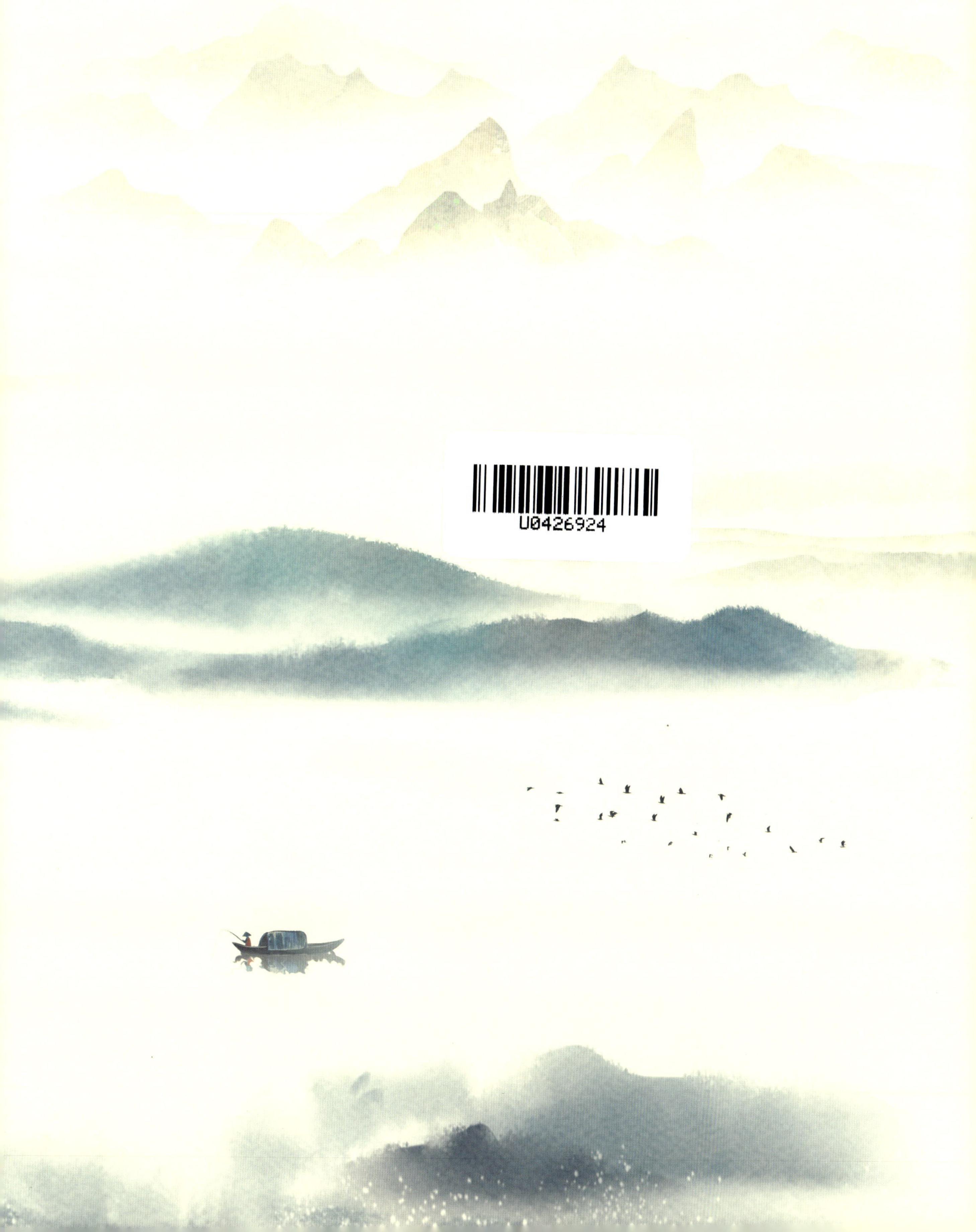

浙江省土地质量地质调查行动计划系列成果
浙江省土地质量地质调查成果丛书

舟山市土壤元素背景值

ZHOUSHAN SHI TURANG YUANSU BEIJINGZHI

余朕朕　杨忠琴　焦德智　陈博渊　潘一朝　裘　荣　等著

中国地质大学出版社
ZHONGGUO DIZHI DAXUE CHUBANSHE

图书在版编目(CIP)数据

舟山市土壤元素背景值/余朕朕等著. —武汉:中国地质大学出版社,2023.10
ISBN 978-7-5625-5533-9

Ⅰ.①舟…　Ⅱ.①余…　Ⅲ.①土壤环境-环境背景值-舟山　Ⅳ.①X825.01

中国国家版本馆 CIP 数据核字(2023)第 053202 号

舟山市土壤元素背景值	余朕朕　杨忠琴　焦德智　陈博渊　潘一朝　裘　荣　等著
责任编辑:唐然坤	选题策划:唐然坤　　　　　　　　　　　责任校对:何澍语
出版发行:中国地质大学出版社(武汉市洪山区鲁磨路388号)	邮政编码:430074
电　　话:(027)67883511　　传　真:(027)67883580	E-mail:cbb@cug.edu.cn
经　　销:全国新华书店	http://cugp.cug.edu.cn
开本:880毫米×1230毫米 1/16	字数:269千字　　印张:8.5
版次:2023年10月第1版	印次:2023年10月第1次印刷
印刷:湖北新华印务有限公司	
ISBN 978-7-5625-5533-9	定价:108.00元

如有印装质量问题请与印刷厂联系调换

《舟山市土壤元素背景值》编委会

领导小组

名誉主任	陈铁雄
名誉副主任	黄志平　潘圣明　马　奇　张金根
主　任	陈　龙
副主任	邵向荣　陈远景　胡嘉临　李家银　邱建平　周　艳　张根红
成　员	邱鸿坤　孙乐玲　吴　玮　肖常贵　鲍海君　章　奇　龚日祥
	蔡子华　褚先尧　冯立新　胡治校　吴伟伟　董芳挺　张立勇
	汪燕林　裘　荣　汪拾金　陈焕元

编制技术指导组

组　长	王援高
副组长	董岩翔　孙文明　林钟扬
成　员	陈忠大　范效仁　严卫能　何蒙奎　龚新法　陈焕元　叶泽富
	陈俊兵　钟庆华　唐小明　何元才　刘道荣　李巨宝　欧阳金保
	陈红金　朱有为　孔海民　俞　洁　汪庆华　翁祖山　周国华
	吴小勇

编辑委员会

主　编	余朕朕　杨忠琴　焦德智　陈博渊　潘一朝　裘　荣
编　委	夏良舟　王世波　张　崧　汪一凡　林钟扬　解怀生　聂　斌
	王誉臻　张　翔　刘　祥　吴顺喜　宋清峰　吕晗波　常连远
	毕彬彬　司栋栋　魏迎春　简中华　徐　磊　韦继康　刘　煜
	管敏琳　李　志　丁传庭　赵化放　郑伟军　陈　炳　王国强
	严慧敏

《舟山市土壤元素背景值》组织委员会

主办单位：
    浙江省自然资源厅
    浙江省地质院
    自然资源部平原区农用地生态评价与修复工程技术创新中心

协办单位：
    舟山市自然资源和规划局
    舟山市自然资源和规划局定海分局
    舟山市自然资源和规划局普陀分局
    岱山县自然资源和规划局
    嵊泗县自然资源和规划局
    浙江省自然资源集团有限公司

承担单位：
    浙江省工程勘察设计院集团有限公司
    浙江省水文地质工程地质大队

序 一

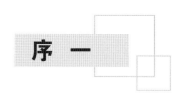

土地质量地质调查,是以地学理论为指导、以地球化学测量为主要技术手段,通过对土壤及相关介质(岩石、风化物、水、大气、农作物等)环境中有益和有害元素含量的测定,进而对土地质量的优劣做出评判的过程。2016年,浙江省国土资源厅(现为浙江省自然资源厅)启动了"浙江省土地质量地质调查行动计划(2016—2020年)",并在"十三五"期间完成了浙江省85个县(市、区)的1∶5万土地质量地质调查(覆盖浙江省耕地全域),获得了20余项元素/指标近500万条土壤地球化学数据。

浙江省的地质工作历来十分重视土壤元素背景值的调查研究。早在20世纪60—70年代,浙江省就开展了全省1∶20万区域地质填图,对土壤中20余项元素/指标进行了分析;20世纪80年代,开展了浙江省1∶20万水系沉积物测量工作,分析了沉积物中30余项元素/指标;20世纪90年代末,开展了1∶25万多目标区域地球化学调查,分析了表层和深层土壤中50余项元素/指标;2016—2020年,开展了浙江省土地质量地质调查,系统部署了1∶5万土壤地球化学测量工作,重点分析了土壤中的有益元素(如N、P、K、Ca、Mg、S、Fe、Mn、Mo、B、Se、Ge等)和有害元素(如Cd、Hg、Pb、As、Cr、Ni、Cu、Zn等)。上述各时期的调查都进行了元素地球化学背景值的统计计算,早期的土壤元素背景值调查为本次开展浙江省土壤元素背景值研究奠定了扎实的基础。

元素地球化学背景值的研究,不仅具有重要的科学意义,同时也具有重要的应用价值。基于本轮土地质量地质调查获得的数百万条高精度土壤地球化学数据,结合1∶25万多目标区域地球化学调查数据,浙江省自然资源厅组织相关单位和人员对不同行政区、土壤母质类型、土壤类型、土地利用类型、水系流域类型、地貌类型和大地构造单元的土壤元素/指标的基准值和背景值进行了统计,编制了浙江省及11个设区市(杭州市、宁波市、温州市、湖州市、嘉兴市、绍兴市、金华市、衢州市、舟山市、台州市、丽水市)的"浙江省土地质量地质调查成果丛书"。

该丛书具有数据基础量大、样本体量大、数据质量高、元素种类多、统计参数齐全的特点,是浙江省土地质量地质调查的一项标志性成果,对深化浙江省土壤地球化学研究、支撑浙江省第三次全国土壤普查工作成果共享、推进相关地方标准制定和成果社会化应用均具有积极的作用。同时该丛书还具有公共服务性的特点,可作为农业、环保、地质等技术工作人员的一套"工具书",能进一步提升各级政府管理部门、科研院所在相关工作中对"浙江土壤"的基本认识,在自然资源、土地科学、农业种植、土壤污染防治、农产品安全追溯等行政管理领域具有广泛的科学价值和指导意义。

值此丛书出版之际,对参加项目调查工作和丛书编写工作的所有地质科技工作者致以崇高的敬意,并表示热烈的祝贺!

中国科学院院士

2023年10月

序二

2002年，全国首个省部合作的农业地质调查项目落户浙江省，自此浙江省的农业地质工作犹如雨后春笋般不断开拓前行。农业地质调查成果支撑了土地资源管理，也服务了现代农业发展及土壤污染防治等诸多方面。2004—2005年，时任浙江省委书记习近平同志在两年间先后4次对浙江省的农业地质工作做出重要批示指示，指出“农业地质环境调查有意义，要应用其成果指导农业生产”“农业地质环境调查有意义，应继续开展并扩大成果”。

近20年来，浙江省坚定不移地贯彻习近平总书记的批示指示精神，积极探索，勇于实践，将农业地质工作不断推向新高度。2016年，在实施最严格耕地保护政策、推动绿色发展和开展生态文明建设的时代背景下，浙江省国土资源厅（现为浙江省自然资源厅）立足于浙江省经济社会发展对地质工作的实际需求，启动了“浙江省土地质量地质调查行动计划（2016—2020年）”，旨在通过行动计划的实施，全面查明浙江省的土地质量现状，建立土地质量档案、推进成果应用转化，为实现土地数量、质量和生态“三位一体”管护提供技术支持。

本轮土地质量调查覆盖了浙江省85个县（市、区），历时5年完成，涉及18家地勘单位、10家分析测试单位，有近千名技术人员参加，取得了多方面的成果。一是查明了浙江省耕地土壤养分丰缺状况，土壤重金属污染状况和富硒、富锗土地分布情况，成为全国首个完成1∶5万精度县级全覆盖耕地质量调查的省份；二是采用“文-图-卡-码-库五位一体”表达形式，建成了浙江省1000万亩（1亩≈666.67m^2）永久基本农田示范区土地质量地球化学档案；三是汇集了土壤、水、生物等750万条实测数据，建成了浙江省土地质量地质调查数据库与管理平台；四是初步建立了2000个浙江省耕地质量地球化学监测点；五是圈定了334万亩天然富硒土地、680万亩天然富锗土地，并编制了相关区划图；六是圈出了约2575万亩清洁土地，建立了最优先保护和最优先修复耕地类别清单。

立足于地学优势、以中大比例尺精度开展的浙江省土地质量地质调查在全国尚属首次。此次调查积累了大量的土壤元素含量实测数据和相关基础资料，为全省土壤元素地球化学背景的研究奠定了坚实基础。浙江省及11个设区市的土壤元素背景值研究是浙江省土地质量地质调查行动计划取得的一项重要基础性研究成果，该研究成果的出版将全面更新浙江省的土地（土壤）资料，大大提升浙江省土地科学的研究程度，也将为自然资源“两统一”职责履行、生态安全保障提供重要的基础支撑，从而助力乡村振兴，助推共同富裕示范区建设。

浙江省土地质量地质调查行动计划是迄今浙江省乃至全国覆盖范围最广、调查精度最高的县级尺度土壤地球化学调查行动计划。基于调查成果编写而成的“浙江省土地质量地质调查成果丛书”，具有数据样本量大、数据质量高、元素种类多、统计参数全的特点，实现了土壤学与地学的有机融合，是对数十年来浙江省土壤地球化学调查工作的系统总结，也是全面反映浙江省土壤元素环境背景研究的最新成果。该丛书可供地质、土壤、环境、生态、农学等相关专业技术人员以及有关政府管理部门和科研院校参考使用。

原浙江省国土资源厅党组书记、厅长

陳鐵雄

2023年10月

前言

土壤元素背景值一直是国内外学者关注的重点。20世纪70年代,国家"七五"重点科技攻关项目建立了全国41个土类60余种元素的土壤背景值,并出版了《中国土壤环境背景值图集》。同期,农业部(现为农业农村部)主持完成了我国13个省(自治区、直辖市)主要农业土壤及粮食作物中几种污染元素背景值研究,建立了我国主要粮食生产区土壤与粮食作物背景值。21世纪初,国土资源部(现为自然资源部)中国地质调查局与有关省(自治区、直辖市)联合,在全国范围内部署开展了1∶25万多目标区域地球化学调查工作,累计完成调查面积260余万平方千米,相继出版了部分省(自治区、直辖市)或重要区域的多目标区域地球化学图集,发布了区域土壤背景值与基准值研究成果。不同时期各地各部门研究学者针对各地区情况陆续开展了大量背景值调查研究工作,获得的许多宝贵数据资料为区域背景值研究打下了坚实基础。

土壤元素背景值是指在一定历史时期、特定区域内,在不受或者很少受人类活动和现代工业污染影响下(排除局部点源污染影响)的土壤元素与化合物的含量水平,是一种原始状态或近似原始状态下的物质丰度,也代表了地质演化与成土过程发展到特定历史阶段,土壤与各环境要素之间物质和能量交换达到动态平衡时元素与化合物的含量状态。土壤元素背景值是制定土壤环境质量标准的重要依据。元素背景值研究必须具备3个条件:一是要有一定面积区域范围的系统调查资料;二是要有统一的调查采样与测试分析方法;三是要有科学的数理统计方法。多年来,浙江省的土地质量地质调查(含1∶25万多目标区域地球化学调查)工作均符合上述元素背景值研究条件,这为浙江省级、市级土壤元素背景值研究提供了充分必要条件。

2017年,1∶25万多目标区域地球化学调查工作实现了对舟山市(除嵊泗县外)海岛区域的全覆盖,项目由中国地质调查局承担,共获得320件表层土壤组合样、91件深层土壤组合样。样品测试由中国地质科学院地球物理地球化学勘查研究所实验测试中心、浙江省地质矿产研究所承担,分析测试了Ag、As、Au、B、Ba、Be、Bi、Br、Cd、Ce、Cl、Co、Cr、Cu、F、Ga、Ge、Hg、I、La、Li、Mn、Mo、N、Nb、Ni、P、Pb、Rb、S、Sb、Sc、Se、Sn、Sr、Th、Ti、Tl、U、V、W、Y、Zn、Zr、SiO_2、Al_2O_3、TFe_2O_3、MgO、CaO、Na_2O、K_2O、TC、Corg、pH共54项元素/指标,获取分析数据2.2万余条。2017—2020年,舟山市系统开展了4个县(区)的土地质量地质调查工作,按照平均9~10件/km²的采样密度,共采集3041件表层土壤样品,分析测试了As、B、Cd、Co、Cr、Cu、Ge、Hg、Mn、Mo、N、Ni、P、Pb、Se、V、Zn、K_2O、Corg、pH共20项元素/指标,获取分析数据6万余条。项目调查工作由浙江省水文地质工程地质大队承担,样品测试由辽宁省地质矿产研究院有限责任公司承担。严格按照相关规范要求,开展样品采集与测试分析,从而确保调查数据质量,通过数据整理、分布形态检验、异常值剔除等,进行了土壤元素背景值参数的统计与计算。

舟山市土壤元素背景值研究是舟山市土地质量地质调查(含1∶25万多目标区域地球化学调查)的集成性、标志性成果之一,而《舟山市土壤元素背景值》的出版,不仅为科学研究、地方土壤环境标准制定、环境演化研究与生态修复等提供了最新的基础数据,也填补了舟山市土壤元素背景值研究的空白。

本书共分为6章。第一章区域概况,简要介绍了舟山市自然地理与社会经济、区域地质特征、土壤资源与土地利用现状,由余朕朕、焦德智、陈博渊等执笔;第二章数据基础及研究方法,详细介绍了项目工作的数据来源、质量监控及土壤元素背景值的计算方法,由杨忠琴、余朕朕、潘一朝等执笔;第三章土壤地球化学基准值,介绍了舟山市土壤地球化学基准值,由余朕朕、杨忠琴、焦德智等执笔;第四章土壤元素背景值,介绍了舟山市土壤元素背景值,由焦德智、余朕朕、陈博渊、裘荣等执笔;第五章土壤碳与特色土地资源评价,介绍了舟山市土壤碳与特色土地资源评价,由潘一朝、余朕朕、焦德智等执笔;第六章结语,由余朕朕、焦德智、杨忠琴执笔;全书由余朕朕、焦德智负责统稿。

本书在编写过程中得到了浙江省生态环境厅、浙江省农业农村厅、浙江省生态环境监测中心、浙江省耕地质量与肥料管理总站、浙江省国土整治中心、浙江省自然资源调查登记中心等单位的大力支持与帮助。中国地质调查局奚小环教授级高级工程师、中国地质科学院地球物理地球化学勘查研究所周国华教授级高级工程师、中国地质大学(北京)杨忠芳教授、浙江大学翁焕新教授等对本书内容提出了诸多宝贵意见和建议,在此一并表示衷心的感谢!

"浙江省土壤元素背景值"是一项具有公共服务性的基础性研究成果,特点为样本体量大、数据质量高、元素种类多、统计参数齐全,亮点为做到了土壤学与地学的结合。为尽快实现背景值调查研究成果的共享,根据浙江省自然资源厅的要求,本次公开出版不同层级(省级、地级市)的土壤元素背景值研究专著,这也是对浙江省第三次全国土壤普查工作成果共享的支持。《舟山市土壤元素背景值》是地级市的系列成果之一,在编制过程中得到了舟山市及各县(区)自然资源主管部门的积极协助,得到了农业、环保等部门的大力支持。中国地质大学出版社为本专著的出版付出了辛勤劳动。

受水平所限,书中难免有疏漏,敬请各位读者不吝赐教!

著 者

2023 年 6 月

目 录

第一章 区域概况 (1)

第一节 自然地理与社会经济 (1)
一、自然地理 (1)
二、社会经济概况 (2)

第二节 区域地质特征 (3)
一、岩石地层 (3)
二、岩浆岩 (5)
三、区域构造 (7)
四、矿产资源 (7)
五、水文地质 (7)

第三节 土壤资源与土地利用 (8)
一、土壤母质类型 (8)
二、土壤类型 (9)
三、土壤酸碱性 (14)
四、土壤有机质 (14)
五、土地利用现状 (16)

第二章 数据基础及研究方法 (18)

第一节 1∶25万多目标区域地球化学调查 (18)
一、样品布设与采集 (18)
二、分析测试与质量控制 (21)

第二节 1∶5万土地质量地质调查 (23)
一、样点布设与采集 (23)
二、分析测试与质量监控 (25)

第三节 土壤元素背景值研究方法 (27)
一、概念与约定 (27)
二、参数计算方法 (27)
三、统计单元划分 (28)
四、数据处理与背景值确定 (28)

第三章 土壤地球化学基准值 (30)

第一节 各行政区土壤地球化学基准值 (30)

一、舟山市土壤地球化学基准值 …………………………………………………………（30）
　　二、定海区土壤地球化学基准值 …………………………………………………………（30）
　　三、普陀区土壤地球化学基准值 …………………………………………………………（35）
　　四、岱山县土壤地球化学基准值 …………………………………………………………（35）
第二节　主要土壤母质类型地球化学基准值 …………………………………………………（35）
　　一、松散岩类沉积物土壤母质地球化学基准值 …………………………………………（40）
　　二、中酸性火成岩类风化物土壤母质地球化学基准值 …………………………………（40）
第三节　主要土壤类型地球化学基准值 ………………………………………………………（40）
　　一、红壤土壤地球化学基准值 ……………………………………………………………（40）
　　二、粗骨土土壤地球化学基准值 …………………………………………………………（40）
　　三、水稻土土壤地球化学基准值 …………………………………………………………（49）
　　四、潮土土壤地球化学基准值 ……………………………………………………………（49）
　　五、滨海盐土土壤地球化学基准值 ………………………………………………………（49）
第四节　主要土地利用类型地球化学基准值 …………………………………………………（49）
　　一、水田土壤地球化学基准值 ……………………………………………………………（49）
　　二、旱地土壤地球化学基准值 ……………………………………………………………（49）
　　三、林地土壤地球化学基准值 ……………………………………………………………（60）

第四章　土壤元素背景值 …………………………………………………………………（63）

第一节　各行政区土壤元素背景值 ……………………………………………………………（63）
　　一、舟山市土壤元素背景值 ………………………………………………………………（63）
　　二、定海区土壤元素背景值 ………………………………………………………………（63）
　　三、普陀区土壤元素背景值 ………………………………………………………………（68）
　　四、岱山县土壤元素背景值 ………………………………………………………………（68）
　　五、嵊泗县土壤元素背景值 ………………………………………………………………（68）
第二节　主要土壤母质类型元素背景值 ………………………………………………………（73）
　　一、松散岩类沉积物土壤母质元素背景值 ………………………………………………（73）
　　二、中酸性火成岩类风化物土壤母质元素背景值 ………………………………………（73）
　　三、变质岩类风化物土壤母质元素背景值 ………………………………………………（79）
第三节　主要土壤类型元素背景值 ……………………………………………………………（79）
　　一、红壤土壤元素背景值 …………………………………………………………………（79）
　　二、粗骨土土壤元素背景值 ………………………………………………………………（79）
　　三、水稻土土壤元素背景值 ………………………………………………………………（84）
　　四、潮土土壤元素背景值 …………………………………………………………………（84）
　　五、滨海盐土土壤元素背景值 ……………………………………………………………（84）
第四节　主要土地利用类型元素背景值 ………………………………………………………（91）
　　一、水田土壤元素背景值 …………………………………………………………………（91）
　　二、旱地土壤元素背景值 …………………………………………………………………（91）
　　三、园地土壤元素背景值 …………………………………………………………………（98）
　　四、林地土壤元素背景值 …………………………………………………………………（98）

第五章　土壤碳与特色土地资源评价 (103)

第一节　土壤碳储量估算 (103)
一、土壤碳与有机碳的区域分布 (103)
二、单位土壤碳量与碳储量计算方法 (104)
三、土壤碳密度分布特征 (106)
四、土壤碳储量分布特征 (108)

第二节　富硒土地资源评价 (112)
一、土壤硒地球化学特征 (113)
二、富硒土地评价 (114)
三、天然足硒土地圈定 (116)

第六章　结　语 (118)
一、土壤地球化学基准值特征 (118)
二、土壤元素背景值特征 (119)
三、土壤碳分布与碳储量 (119)
四、富硒土地资源评价 (120)
五、建议 (120)

主要参考文献 (121)

第一章　区域概况

第一节　自然地理与社会经济

一、自然地理

1. 地理区位

舟山市位于浙江省东北部，背靠上海市、杭州市、宁波市等大中城市和长江三角洲（简称长三角）等辽阔腹地，素有“海天佛国、渔都港城”的美誉。舟山市域介于北纬29°32′—31°04′和东经121°30′—123°25′之间。全市由星罗棋布的2085个岛屿组成（有居民岛屿141个，无居民岛屿有1944个），区域总面积2.22万km^2，其中海域面积2.08万km^2，土地面积1 458.76km^2（包括滩涂面积144.91km^2）。

2. 地形地貌

舟山市位于浙闽沿海燕山期火山活动带的北段，是天台山脉的一部分，向东北方向延伸并逐渐淹没入海，总体南西高、北东低；西南部大岛较多，分布密集，东北部多为小岛，分布零散，花鸟山以北不见岛屿，仅有少数海礁。境内西南部定海区和普陀区诸岛最高峰海拔超过300m的有舟山本岛东部的黄杨尖（500m）、舟山本岛西部的大谭岗（446.5m）、朱家尖岛大青山（376.6m），陆域南、北海拔差大约400m。

受区域断裂影响，境内地貌类别多样。依据《海岸带环境地质调查规范（1∶250 000）》（DD 2012－04），舟山市属浙东南沿海丘陵平原及岛屿区，按照从宏观到微观的划分原则，将调查区地貌划分为三级至四级。从巨型构造地貌（一级地貌）来看，整个地区属于大陆地貌；从大、中型构造地貌（二级地貌）来看，区内可分为陆地地貌和海岸地貌；按照形态与成因相结合，先成因后形态的原则，区内可划分三级至四级地貌（表1－1）。

3. 行政区划

根据《2022年舟山市国民经济和社会发展统计公报》，截至2022年12月底，舟山市下辖定海区、普陀区2个区，岱山县、嵊泗县2个县。全市有36个乡镇（街道），社区（居民委员会）有131个，建制村有280个。全市户籍人口有95.22万人，常住人口为117万人。

4. 气候与水文

舟山市四面环海，属亚热带季风气候，冬暖夏凉，温和湿润，光照充足。年平均气温16℃左右，最热为8月，平均气温25.8～28.0℃，最冷为1月，平均气温5.2～5.9℃，常年降水量927～1620mm。年平均日照

1941～2257h,太阳辐射总量为 4.126×10^9～4.598×10^9 J/m^2,无霜期251～303d,适宜各种生物群落繁衍,给渔业、农业生产提供了相当有利的条件。空气自然净化能力强,温差变化小。由于受季风不稳定性的影响,夏秋之际易受热带风暴(台风)侵袭,冬季多大风。

表1-1 舟山市地貌分类分区表

一级地貌	二级地貌	三级地貌		四级地貌
大陆地貌	陆地地貌	侵剥蚀地貌	山地	高丘陵(200～500m) 低丘陵(100～200m)
		流水地貌	洪积-冲积平原(斜地)	—
	海岸地貌	河-海堆积地貌	水下三角洲	—
		海积地貌	海积平原、现代河口湾、砂、砾滩、粉砂淤泥质潮滩、水下堆积岸坡	海滩岩
		海蚀地貌	—	海蚀崖、海蚀洞、海蚀柱、潮沟
		海积-海蚀地貌	潮流沙脊	—
		风成地貌	—	沙丘
		人工地貌	—	围填海、人工海堤、养殖场、盐田、港口码头

舟山市各年降水量变化幅度较大,年均降水量为1 222.6mm,近10年年均降水量达1 564.7mm。舟山市特殊的地理环境,如集雨面积小、无流经的河流,造成了舟山市容易出现干旱、淡水资源缺乏的情况。

舟山市水文情况复杂,地表水系不发育,多源自丘陵腹地,呈放射状蜿蜒入海。受海岛规模影响,水系流程短,汇水面积小;受暴雨影响,水系水位暴涨暴落,易引发山洪等自然灾害。

水库和山塘是主要的蓄水设施。全市共有水库209座,总蓄水容量1.40亿 m^3。其中,中型1座,小(一)型34座,小(二)型174座;蓄水库容1万～10万 m^3 的山塘453座,总蓄水容量1 293.12万 m^3,其中市本级19座,定海区152座,普陀区122座,岱山县141座,嵊泗县19座。

全市多年地表水资源量7.954 4亿 m^3,95%以上地表水流入海域。2010—2019年,水库年均蓄水量7618万 m^3,年均大陆引水量2768万 m^3。

海岸潮汐属不规则的半日潮,潮流以往复流为特征,涨潮流向西,落潮流向东,涨潮流速大于落潮流速。海水的潮汐作用和台风巨浪作用对岛屿海滨的影响较大,尤其是潮间带地段。

二、社会经济概况

根据《2022年舟山市国民经济和社会发展统计公报》,舟山市地区生产总值为1 951.3亿元,按可比价格计算,比上年增长8.5%。从产业看,第一产业增加值170.9亿元,比上年增长3.7%;第二产业增加值950.4亿元,比上年增长15.0%;第三产业增加值830.0亿元,比上年增长3.0%。三次产业增加值结构为8.8∶48.7∶42.5。

2022年全年财政总收入407.6亿元,比上年增长16.6%。一般公共预算收入156.1亿元,比上年增长25.3%;一般公共预算支出354.3亿元,比上年增长5.4%。其中,城乡社区支出比上年增长27.2%,卫生健康支出比上年增长26.9%。全年外贸货物进出口总额3 381.8亿元,比上年增长43.6%。其中,出口1 155.5亿元,比上年增长49.0%;进口2226.3亿元,比上年增长40.9%。

2022年全年新增城镇就业4.5万人，比上年增长1.1%。2022年末，城镇登记失业率为1.4%，比上年下降0.16个百分点。全年新设企业9749户，比上年下降15.0%；新设个体工商户15 534户，比上年增长10.3%。2022年末，在册市场主体15.4万户，比上年增长3.9%，其中企业5.7万户，比上年增长1.1%。

第二节 区域地质特征

舟山市处于华南褶皱系浙东南隆起区，古陆基底为中元古界陈蔡群变质岩系；盖层为中生代火山沉积岩系，呈现大面积分布，变质岩系基底仅在衢山岛附近少量出露。印支期至燕山晚期，区内进入大陆边缘活动发展阶段，受古太平洋板块向西俯冲的影响，燕山晚期早白垩世以大规模的火山爆发活动和剧烈的断块活动为特征，断块活动形成火山构造洼地，堆积了火山沉积岩，晚白垩世以岩浆侵入作用为特征。

一、岩石地层

区内地层自中元古界至新生界均有出露，其中中生代地层出露面积最广，占基岩出露面积的80.92%（表1-2）。

1. 中元古界(Pt)

中元古界主要出露于衢山岛及北部一带等地。

捣臼湾组(Pt_2d)：该组地层出露于岱山县双子山岛南部，岩性为深灰绿色斜长角闪岩类与浅灰色浅粒岩、变粒岩、长石石英岩类互层。

下河图组(Pt_2x)：零星分布于岱山县扁担山、黄泽山岛南部、双子山、淘箩山岛、小麦仓、大钥匙、洞礁等小岛及衢山岛（又称大衢屿）东北六条溪—冷峙一带。岩性主要为乳白色、浅绿色大理岩类与角闪片岩、斜长角闪片岩互层，上部夹含磁铁斜长角闪岩薄层。

下吴宅组(Pt_2xw)：零星出露于衢山岛北部，以斜长角闪岩、角闪斜长变粒岩和浅粒岩为主，夹夕线石石榴云母片岩和含石墨黑云斜长变粒岩。

徐岸组(Pt_2xa)：该组主要出露于衢山岛北部。该组岩性下部以黑云片岩、夕线石榴黑云斜长片麻岩为主，间夹斜长角闪岩、浅粒岩、石墨片岩；中部含石榴夕线二云片岩、含石墨夕线绢云片岩；上部为斜长角闪岩、浅粒岩互层夹黑云片岩。

2. 中生界(Pz)

中生界大面积出露于舟山市大部分基岩区域。

高坞组(K_1g)：主要分布在舟山本岛、岱山岛、衢山岛、秀山岛等地。出露面积约117.26km^2，占基岩出露面积的15.78%。岩相以火山碎屑流相为主体，火山爆发指数相对较高。岩性以酸性火山碎屑岩为主，局部偶夹沉积岩等。

西山头组(K_1x)：该组在区内分布最广，是区内火山喷发最强烈的阶段形成的中酸性—酸性火山碎屑岩夹不稳定火山沉积岩，根据岩性组合特征、岩石化学成分和接触关系，可划分为4个岩性段。

西山头组一段(K_1x^1)：主要分布在舟山本岛的白泉镇、北蝉岛、金塘岛龙王堂—大鹏山。在大菜花山岛、岙山岛、长峙岛、盘峙岛等若干小岛及衢山岛、鼠浪湖岛亦有分布。出露面积为88.79km^2，占基岩出露面积的11.95%。岩性以酸性火山碎屑岩为主，夹不稳定层状或透镜状沉积岩。

表 1-2　舟山市岩石地层简表

界	系	统	组	段	代号	地层特征
新生界	第四系	全新统	鄞江桥组		Qhy	灰黄色冲洪积砾砂、卵(砾),磨圆度、分选性较好,结构松散—稍密
			滨海组		Qh*b*	上部为灰黄色海积粉质黏土;下部为海积淤泥质粉质黏土
		更新统	莲花组		Qp*l*	以残坡积、坡洪积、洪冲积为主,岩性为粉质黏土、含碎石粉质黏土、含黏性土碎石、砾石等,呈黄褐色、灰黄色
中生界	白垩系	下白垩统	馆头组		K_1gt	以河湖相杂色沉积岩为主,夹少量基性、中基性熔岩及火山碎屑岩,产鱼、瓣鳃类、腹足类、叶肢介、介形虫及昆虫等化石
			九里坪组		K_1j	以酸性熔岩为主,夹少量火山碎屑岩,偶夹沉积岩
			茶湾组		K_1c	以沉积岩为主,夹少量火山碎屑岩,产副鲚鱼、中鲚鱼及叶肢介等
			西山头组	四	K_1x^4	流纹质含角砾含晶屑玻屑熔结凝灰岩、流纹质(含)晶屑玻屑熔结凝灰岩,底部为凝灰质砂岩、粉砂岩和沉凝灰岩,产丰富的瓣鳃类、腹足类和植物等化石
				三	K_1x^3	以英安—流纹质晶屑玻屑熔结凝灰岩为主,夹少量沉凝灰岩,部分底部为凝灰质含砾砂岩和沉凝灰岩
				二	K_1x^2	英安质含晶屑玻屑熔结凝灰岩和英安质含角砾含晶屑玻屑熔结凝灰岩,夹数层凝灰质砂岩、粉砂岩或含砾砂岩、沉凝灰岩,底部为沉积岩或玻屑凝灰岩
				一	K_1x^1	以酸性火山碎屑岩为主,夹不稳定层状或透镜状沉积岩
			高坞组		K_1g	岩性为单一的酸性火山碎屑岩,局部偶夹沉积岩等
中元古界			徐岸组		Pt_2xa	下部以黑云片岩、夕线石榴黑云斜长片麻岩为主,间夹斜长角闪岩、浅粒岩、石墨片岩;中部含石榴夕线二云片岩、含石墨夕线绢云片岩;上部为斜长角闪岩、浅粒岩互层夹黑云片岩
			下吴宅组		Pt_2xw	以斜长角闪岩、角闪斜长变粒岩和浅粒岩为主,夹夕线石石榴云母片岩和含石墨黑云斜长变粒岩
			下河图组		Pt_2x	乳白色、浅绿色大理岩类与角闪片岩、斜长角闪片岩互层,上部夹含磁铁斜长角闪岩薄层
			捣臼湾组		Pt_2d	深灰绿色斜长角闪岩类与浅灰色浅粒岩、变粒岩、长石石英岩类互层

西山头组二段(K_1x^2):主要分布在舟山岛的定海—鸭蛋山、白泉—大展一带和金塘岛,在大猫山岛、盘峙岛、白沙山岛、葫芦岛及梁横山岛、滩浒岛等小岛亦有少量分布。出露面积为67.61km²,占基岩出露面积的9.1%,由一套中酸性火山碎屑岩组成,夹透镜状沉积岩,底部为沉积岩或玻屑凝灰岩。

西山头组三段(K_1x^3):主要分布在舟山岛的烟墩下—桥头施和黄杨尖一带,另在大猫山岛有小面积分布。出露面积为29.96km²,占基岩出露面积的4.03%。该段为一套中酸性—酸性火山碎屑岩,酸度自下而上逐渐增高。

第一章 区域概况

西山头组四段(K_1x^4):主要分布在舟山岛的大尖峰—老塘山、烟墩下—马目一带、朱家尖岛的中南部、六横岛、佛渡岛、虾峙岛、大鱼山岛等地。西山头组四段分别受岑港和普陀山等火山机构控制,出露面积约98.95km²,占基岩出露面积的13.32%。该段为一套酸性火山碎屑岩,主要岩性为流纹质含角砾含晶屑玻屑熔结凝灰岩、流纹质(含)晶屑玻屑熔结凝灰岩,底部为凝灰质砂岩、粉砂岩和沉凝灰岩,产丰富的瓣鳃类、腹足类和植物等化石。

茶湾组(K_1c):主要分布在沈家门街道、登步岛、老碶头、金塘岛山潭—册子岛等地,另在摘箬山岛、刺山岛、桃花岛、勾山—潘家岙一带和一些零星小岛有少量分布。出露面积为87km²,占基岩出露面积的11.71%。该阶段火山活动较弱,分布局限,为破火口塌陷后的沉积阶段。岩性主要为玻屑凝灰岩、玻屑熔结凝灰岩、凝灰质砂岩、粉砂岩和沉凝灰岩。凝灰质粉砂岩常相变为沉凝灰岩。

九里坪组(K_1j):该时期主要形成喷溢相流纹岩和侵出相流纹斑岩或两者过渡形式。表现出火山再次复活活动的特点,多局限在破火山内活动。喷溢相流纹岩主要分布在金塘山潭—册子岛一线,呈北东向展布,另在大岗墩、沈家门街道、朱家尖岛、大长涂岛、东门岛、西门岛、团鸡山岛等地有零星分布。出露面积为46.79km²,占基岩出露面积的6.3%。岩性单一,为一套酸性熔岩—流纹斑岩,野外常见自碎角砾。侵出相流纹斑岩主要分布在金塘岛、北蝉乡、桃花岛和大蚂蚁岛等地。出露面积为57.76km²,占基岩出露面积的7.77%。岩性有流纹斑岩、霏细斑岩、石英霏细斑岩。

馆头组(K_1gt):主要分布在朱家尖岛北部的顺母一带和鲁家峙、马峙岛、小干岛等地。出露面积为3.49km²,占基岩出露面积的0.47%。下部为灰紫色凝灰质含砾砂岩和紫红色凝灰质砂岩、粉砂岩;上部以酸性火山岩为主,夹安山岩(安玄玢岩)。

3. 新生界(Cz)

新生界分布于平原区和山间盆地,成因类型为海积、冲海积、湖沼相沉积、冲积、冲洪积等,地层厚度10~120m,从上到下划分为滨海组/鄞江桥组、莲花组。

滨海组(Qhb):主要分布在滨海平原地带,岩性为海积淤泥质黏土,局部为冲洪积砂砾石及冲海积黏土。

鄞江桥组(Qhy):分布在山间沟谷平原地区,岩性为冲积、冲洪积砂、卵石,地层松散—稍密。

莲花组(Qpl):分布在山间平原、山麓沟谷区,上部岩性为冲洪积砂砾石、含黏性土砂砾石;下部岩性为坡洪积、残坡积含砾黏土、含黏性土碎砾石。

二、岩浆岩

1. 侵入岩

区内侵入岩比较发育,有大小岩体数十个,主要分布在区内东南部、中部和北部,出露面积为128.37km²,占基岩出露面积的17.27%。岩性有石英闪长岩、石英二长斑岩、二长花岗(斑)岩、钾长花岗岩、花岗岩和花岗斑岩。围岩为下白垩统。侵入岩属燕山晚期岩浆侵入的产物,从侵入规模上和演化上分析,早期至晚期规模增大,岩浆成分演化由中性→酸性→酸性偏碱→碱性呈规律变化,侵入岩体特征见表1-3。

2. 脉岩

岩石类型主要为酸性、中基性岩类,中性脉岩次之。根据侵入围岩的时代、构造控脉特点和岩浆活动特点,可分为:①火山作用阶段形成的酸性岩类,主要为石英霏细岩、霏细岩、霏细斑岩、石英斑岩、花岗斑岩等;②岩浆侵入期后阶段形成以酸性为主的岩浆岩类,主要为花岗斑岩、霏细斑岩、钾长花岗斑岩等;③基性—中基性岩墙,主要有辉绿玢岩、安山玢岩等。

表 1-3 舟山市侵入岩体特征一览表

时代	岩类	岩体名称	地理位置	面积/km^2	产状	地质构造特征
燕山晚期	中酸性岩类	普陀山细粒石英(花岗)闪长岩	普陀山岛西北端	>0.48	岩枝	分布于普陀山岛的北侧和东南侧，岩体被晚期碱长花岗岩侵入，石英闪长岩被分割成零星块体出露于普陀山岛碱长花岗岩体边缘。单颗粒锆石U-Pb法测定年龄为(110.2±1.1)Ma
		大蚊虫辉石闪长玢岩体	大蚊虫岛	>0.84	岩枝	分布于大蚊虫岛和小蚊虫岛，总体呈北东向展布。岩体侵入西山头组和茶湾组，岩体大部分周边延入大海，露出海面部分面积大于0.84km^2
		衢山中细粒二长花岗岩	衢山岛北部	>9.23	岩株	岩体总体呈东西向展布，东西长约20km，南北宽4~5km，岩体大部分被海水淹没。岩体周边大部分延入大海，露出海面部分面积约9.23km^2。该岩体被晚期钾长花岗斑岩侵入
	酸性岩类	桃花岛—虾峙岛中细粒碱性花岗岩	桃花岛、虾峙岛	>29	岩株	桃花岛与虾峙岛岩体中间被海水所分割，南北长约10km，东西宽6~8km，出露陆地面积约29km^2。虾峙岛岩体向南延入大海。岩体内部至边缘粒度结构分别为中细粒结构和细粒结构，分属两个单元，两者呈渐变关系。单颗粒锆石U-Pb法测定年龄为(92.9±0.6)Ma
		普陀山—大洞岙中细粒碱长花岗岩	普陀山岛、朱家尖岛等	>26	岩株	出露于朱家尖岛北部、普陀山岛及周边10余个岛，岩体被海水所淹，大致呈北北西向展布，南北长约15km，东西宽5~13km，出露海面部分面积约26km^2。岩体内部至边缘粒度结构分别为中细粒结构和细粒结构，分属两个单元，两者呈渐变关系。单颗粒锆石U-Pb法测定年龄为(93.6±0.4)Ma
		庙子湖中粒碱长花岗岩	中街山列岛	>4.2	岩枝	岩体大部分被海水所淹，东西长约7km，南北宽约4km，露出海面部分面积约4.2km，呈不规则状，四周延入大海。岩体内部结构粒度呈渐变关系，具有一定的分带性(具有内部相和外部相之分)，分别为中粒结构和细粒结构，分属两个单元
		嵊泗细粒碱长花岗岩	泗礁岛	>4.5	岩枝	主体分布在嵊泗县菜园镇、田岙村，呈不规则状分布，岩体部分被海水淹没，露出海面部分面积约4.5km^2。岩体侵入略早期的细中粒花岗岩
		青山细粒碱长花岗岩	大青山岛、西峰岛南	>7.3	岩株	岩体出露于大青山岛和西峰岛，两处均向南延入大海，露出海面部分面积大于7.3km^2。岩体侵入西山头组
		嵊泗小洋山细中粒钾长花岗岩	小洋山岛	>6.1	岩株	岩体大部分占据整个小洋山岛，在岛屿南侧侵入西山头组火岩碎屑岩中。岛屿周边岩体大部分延入大海，露出海面部分面积约6.1km^2，分布东西长11km，南北宽8~9km。岩体内部至边缘粒度结构分别为细中粒结构和细粒结构，分属两个单元，两者呈渐变关系

三、区域构造

舟山市地质历史悠久，历经多期地壳运动，形成大量区域构造。因各个构造时期构造运动性质和构造过程的差异，各个时期的区域构造样式也存在较大的差别。

舟山市隶属华夏古陆地层分区，位于浙江省沿海及岛屿地区，燕山晚期中生代地层覆盖在古陆变质岩系基底之上。研究区基底变质岩系主要经历了晋宁期运动和加里东运动的变质变形作用，始终处于隆起剥蚀环境。研究区外燕山早期部分洼地区域接受少量沉积作用，燕山晚期（即早白垩世）受太平洋板块俯冲影响，西太平洋大陆边缘大规模的火山喷发和岩浆侵入，火山碎屑物覆盖了整个早期变质岩系基底，至晚白垩世整个火山活动伴随岩浆侵入逐渐减弱，规模变小，表现为受基底断裂控制的断陷盆地，接受沉积；新生代以来受全球海平面升降变化影响，地壳活动主要表现为缓慢的垂直运动。

四、矿产资源

舟山市现发现铜、铅、锌、金、银、硫铁矿、铁、明矾石、地热及建筑用石料10个矿种，矿产地4处。矿产资源的特点是非金属矿产建筑用石料矿丰富，其他金属、非金属和能源矿产资源贫乏。

金属矿产：后岙铅锌矿为矿（化）点，分布在定海区白泉镇，储量小，品位低，不具备开采经济价值；冷峙铅锌矿为小型矿床，分布在岱山县衢山镇，矿山经多年开采资源量枯竭，已闭坑；龙王山铅铜矿为矿（化）点，分布在岱山县高亭镇，品位低，不具开采经济价值。

非金属矿产：以建筑用石料为主，岩性为凝灰岩、花岗岩，分布广，资源量大。可开采加工成碎石、机制砂，用作混凝土粗细骨料，或作宕渣开采用作工程填料。

能源矿产：岱山县秀山乡王家咀XRT4井地热水温低、水量小，不宜开发利用。

五、水文地质

根据地下水的形成和埋藏条件，结合地形地貌，将舟山市划分为丘陵沟谷区、滨海平原区和海域3个不同的水文地质单元。

1. 丘陵沟谷区

丘陵沟谷区主要分布在大型岛屿中部以及各小岛上。地下水类型主要为松散岩类孔隙潜水和基岩裂隙水两类。其中，松散岩类孔隙潜水主要分布在大型沟谷上游，单井涌水量为150～2000m^3/d；少量分布在沟谷上游及两侧山麓地区呈片状或带状展布，单井涌水量一般小于100m^3/d。基岩裂隙水在舟山市广泛分布，泉流量一般小于0.1L/s，单井涌水量一般在50m^3/d以下，少数可大于100m^3/d，水量贫乏。

2. 滨海平原区

第四纪以来，滨海平原区堆积了厚度为40～100m的松散沉积物，主要分布在大型岛屿外围，被丘陵山体分割成零星的小平原，形成一个个独立的水文地质单元。区内地下水类型包括松散岩类孔隙潜水和孔隙承压水。其中，松散岩类孔隙潜水主要分布在舟山本岛塘头村、岱山县鹿栏晴沙区景区、定海区大支村等地，单井涌水量为20～500m^3/d。孔隙承压水主要分布在舟山本岛大展村、白泉镇、芦花村等大型沟谷地区及岱山县岱西盐场一带，单井涌水量为400～3000m^3/d；其余承压水分布范围广，单井涌水量较小，一般为50～500m^3/d或小于100m^3/d。

3. 海域

对于海域地下水主要研究埋藏较深的承压水，其主要赋存在由陆域延伸而来的古河道中，大体可以分为两类:一是发源于舟山地区的近源古河道,由于舟山地区山低源短,汇水面积小,该类型古河道通常在近岸海域即尖灭掉;二是长江、钱塘江、奉化江、姚江等大型河流的古河道。

第三节 土壤资源与土地利用

一、土壤母质类型

地质背景决定了成土母质或母岩,是除气候、地貌、生物等因素之外,对土壤形成类型、分布及其地球化学特征有影响的关键因素。土壤母质,即成土母质,是指母岩(基岩)经风化剥蚀、搬运及堆积等作用后于地表形成的松散风化壳的表层。因此,成土母质对母岩具有较强的承袭性。成土母质又是形成土壤的物质基础,对土壤的形成和发育具有特别重要的意义,在一定的生物、气候条件下,成土母质的差异性往往成为土壤分异的主要因素。

按岩石的地质成因及地球化学特征,舟山市成土母质可划分为3个大类6种类型(表1-4):全新统冲洪积物、滨海相沉积物、酸性火山岩类风化物、砂(砾)岩类风化物、中—粗粒花岗岩类风化物、中深变质岩类风化物。分布情况见图1-1。

表1-4 舟山市主要成土母质分类表

母质大类	母质类型	主要母岩类型	基本特征	土壤类型
松散岩类沉积物	全新统冲洪积物	以陆相洪积为主,以冲积为辅	土体较厚,厚度通常可达100cm以上,质地以壤土、黏壤土为主,团块结构,无砾石。表层土壤养分丰富,受人类活动影响明显,常有重金属富集。种植蔬菜、水稻、果蔬等作物	以水稻土为主
	滨海相沉积物	滨海相泥砂质沉积物	土体较厚,可达100cm以上,质地以壤土、砂壤土为主,团粒—团块结构。表层土壤养分丰富,受人类活动影响明显,种植果蔬、耐盐类等作物	以水稻土、滨海盐土、潮土为主
中酸性火成岩类风化物	酸性火山岩类风化物	凝灰岩、熔结凝灰岩类	土体厚度不稳定,质地以黏壤—砂壤土为主,团粒—团块结构,一般含砾石,表层土壤养分含量一般,普遍受人类活动影响。土地利用类型以林地为主,局部为园地、旱地,植被以茅草、灌木为主,园地、旱地区种植蔬菜、苗木、果树等	以红壤、黄壤、粗骨土为主
	砂(砾)岩类风化物	茶湾组沉积岩	土壤厚度不稳定,质地为壤土,普遍含有砾石,主要为林地,植被为茅草和灌木类,局部被开发为旱地、园地,种植蔬菜、苗木、果树	以红壤、粗骨土为主
	中—粗粒花岗岩类风化物	晚白垩世二长花岗岩和钾长花岗岩	土体厚度不稳定,质地以黏壤—砂壤土为主,团粒—团块结构,一般含有砾石,表层土壤养分含量一般,普遍受人类活动影响。主要为林地,植被为茅草和灌木类,局部被开发为旱地、园地,种植蔬菜、苗木、果树	以红壤、粗骨土为主
变质岩类风化物	中深变质岩类风化物	中元古界陈蔡群变质岩	土体厚度不稳定,质地以黏壤—砂壤土为主,团粒—团块结构,一般含有砾石,表层土壤养分含量一般,普遍受人类活动影响。主要为林地,植被为茅草和灌木类,局部被开发为旱地、园地,种植蔬菜、苗木、果树	以红壤、水稻土为主

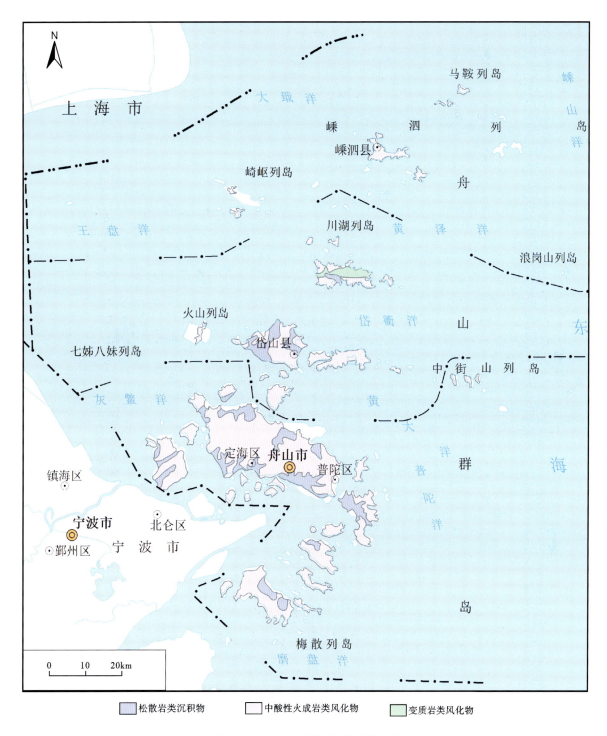

图 1-1 舟山市不同土壤母质分布图

二、土壤类型

1979—1985 年第二次全国土壤普查结果表明,舟山市土壤总面积为 128 413.8hm²。舟山市成土环境复杂多变,土壤性质差异较大,共有 7 个土壤亚类。土壤分布主要受地貌因素的制约,随地貌类型和海拔高度的不同而变化。全市土壤中粗骨土分布最广,占土壤总面积的 38.15%;红壤次之,约占土壤总面积的

26.45%,水稻土约占土壤总面积的 16.61%,滨海盐土占比 14.75%。舟山市不同土壤类型分布情况如图 1-2 和表 1-5 所示。

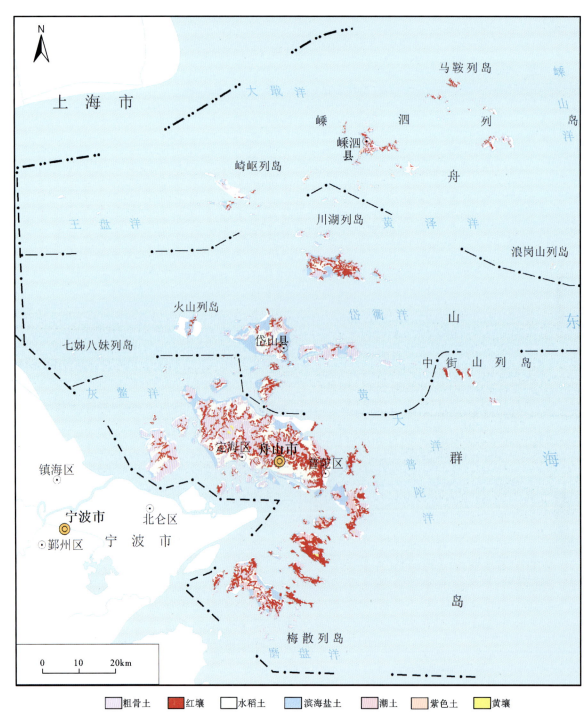

图 1-2 舟山市不同土壤类型分布图

1. 粗骨土

粗骨土分布于地形较陡峭的海岛丘陵的中上部,是丘陵山区分布面积最大的土壤类型。土体构型多为 A-C 型,B 层常因侵蚀而缺失,全土层粗骨性强,砾石或半风化母岩碎屑含量在 30% 左右。土体厚度一般小于50cm,表土层厚10～20cm不等。粗骨土是一类生产性能不良的土壤,一般不宜农用,主要植被为大片的黑松林、茅草、矮灌。

剖面结构一般为A-C型,土层较薄,以石砂土为主,砾石含量在30%以上,各发生层主要特征如下。

表1-5 舟山市土壤类型分类表

土壤类型	分布区域	占比/%	主要植被类型
粗骨土	分布于地形陡峭的海岛丘陵的中上部	38.15	黑松、茅草、矮灌
红壤	分布于海拔400m以下的海岛丘陵中部以下至山麓缓坡地带	26.45	果蔬灌木黑松、茅草,少量茶、竹
水稻土	分布于滨海平原、低丘谷地及垄中缓坡地带	16.61	水稻、果蔬等
滨海盐土	分布于滨海区域新围涂地,多呈条带状	14.75	以果蔬为主
潮土	分布于滨海平原新围涂地内侧、丘陵缓坡下部的近代冲积、洪冲积地带	3.43	瓜果类、蔬菜类
紫色土	主要分布在金鸡山、菜园镇—马迹山一线,南部川湖列岛、笔架岛—黄龙一线	0.47	以灌木、茅草为主
黄壤	零星分布在舟山本岛蚂蟥山、桃花岛对峙山、朱家尖大青山山顶部位	0.14	茅草、矮灌

A层:表土层,厚度10cm左右,质地为砂土—壤土,团粒结构。没有植物覆盖的地方土层浅薄且植物根系较少;少量有机质,孔隙多,土体略紧实,有较多砾石分布。

C层:母质层,质地为砂土,团粒结构,微量植物根系,无有机质,孔隙较大,一般较紧实,砾石含量进一步增多。

2. 红壤

红壤广布于海拔400m以下的海岛丘陵中部以下到山麓缓坡地带,母质类型主要为火山岩类、花岗岩类风化物,在高温、高湿气候环境及生物作用下形成。土体厚度多在0.5～1.5m之间,pH多在6.0以下,土壤质地为重壤—砂壤,有机质相对缺乏,保肥能力一般。土体构型主要为A(表土层)-[B](淀积层)-C(母质层),部分地区[B]层不发育或发育不完善。红壤区为调查区主要的旱作果园种植地块,其他种植物主要有灌木、黑松、茅草、少量茶、竹等。各剖面发生层主要特征如下。

A层:表土层,厚度为20cm左右,以灰色为主,团粒状结构,质地以壤土为主,少量为粉壤土、砂质壤土;土体略紧实,孔隙度高,根系发育,有机质丰富,含砂砾,铁锈斑少量,少量虫孔。

[B]层:淀积层,厚度为10～20cm不等,灰黄色—淡黄色,团粒状结构,质地为壤土;土体含少量砂砾,孔隙度中等,可见少量根系,土体略紧实。

C层:母质层,厚度大于20cm(向下挖不动),质地为壤土—砂壤土,为团粒—团块结构。基本为全岩风化物,无或少量植物根系分布;无有机质或微量有机质分布,孔隙中等,一般为略紧实—紧实,砾石含量进一步增多,可见构造透镜体。

3. 水稻土

水稻土分布于滨海平原、低丘谷地及垄中缓坡地带,是全市主要的水稻、果蔬产地,水稻土成土母质为红黄壤原积—再积物、河流冲积物及浅海相沉积物。水稻土包含渗育、潴育、淹育和潜育4类水稻土剖面。土体类型主要为A-P(P_1-P_2)-C型、A-W(W_1-W_2)-C型、A-C型、A-G-C型。耕作层厚度普遍为

20～30cm，表层土壤整体呈酸性，pH 在 4.65～7.74 之间。该类型土壤土体深厚，由蓝灰色、褐色、青灰色壤土、粉壤土、黏壤土、亚黏土、黏土组成，局部夹碎屑物质、腐泥和泥炭层。矿物组成主要为石英、伊利石、长石、蒙脱石、方解石等。土壤腐殖质含量高，保肥蓄水性强，是全市最肥沃的土壤。

1）渗育水稻土

渗育水稻土主要是淡涂泥田，土壤母质为近代浅海沉积。由于围垦利用较早，且经过长期的水耕熟化、培肥排盐等过程，土层厚度一般为数米，土体构型一般为 $A-P(P_1-P_2)-C$ 型，局部发育 Ap（犁底层）。各发生层主要特征如下。

A 层：耕作层，厚度为 20～35cm 呈浅灰色—灰棕色，质地为黏壤土—粉壤土，团粒—团块结构；根系发育，有机质丰富，孔隙度中等—高，土体一般略紧实，无砂砾，少量根锈；耕作历史悠久的土壤有较多鳝血斑，多见生物活动痕迹，pH 在 6.0 以下，Eh 在 490～550mV。

P 层：渗育层，厚度普遍大于 70cm，质地为壤土—黏壤土，通常为棱柱状结构，植物根系少量—无，有机质较少，孔隙中等，一般无砾石，土体一般上部略紧实，下部松软；常可见铁锰斑，土壤多呈弱酸性—碱性，Eh 在 500～550mV。

C 层：母质层，厚度一般大于 40cm，青灰色—灰色，团块状结构；质地为黏土—壤土，土体松软—紧实，无根系，有机质发育，无铁锰斑，土壤多呈碱性，Eh 多在 500mV 以下。

2）潴育水稻土

潴育水稻土是开发利用最早的水稻土，土壤母质为岩石风化物经短距离搬运的再积物。土壤受地下水和地表水的双重影响，土体内氧化、还原反应交替明显，铁锰物质淋溶移动和淀积交替出现，往往发育成典型的水稻土形态。土体构型一般为 $A-W(W_1-W_2)-C$ 型，各发生层主要特征如下。

A 层：耕作层，厚度约 20cm，浅灰色—灰棕色，质地为粉壤土，团粒状结构；根系一般—发育，有机质丰富，孔隙度高，土体一般较为松散，一般无砾石分布；常可见生物活动痕迹，发育根锈，土壤呈弱酸性—中性，Eh 多在 550～640mV。

W 层：潴育层，厚度一般大于 60cm，以黄棕色为主，质地为黏壤土—壤土，团块状结构；植物根系、有机质均较少，孔隙中等，一般无砾石含量；常可见条带状铁锈斑和星点状锰斑，土壤多呈弱酸性—中性，该类型剖面在野外较容易识别，Eh 多在 650mV 左右。

C 层：母质层，厚度一般大于 40cm，质地为壤土—砂壤土—砂土，团块—棱块状结构；无植物根系、有机质分布，孔隙中等，土体较为紧实，常可见砂粒分布，未见砾石；发育少量铁质胶膜和黑褐色锰斑，土壤常呈酸性，Eh 较上部有明显降低趋势，多在 500mV 以下。

3）淹育水稻土

淹育水稻土俗称"望天田"，主要分布在丘陵岗地、沟谷上坡位置。由于灌溉水源不足，全靠扬水或降水供给，造成耕作层较薄，剖面发育不完善，土壤物理性能较差。土体构型为 $A-C$ 型，各发生层主要特征如下。

A 层：耕作层，厚度约 20cm，浅灰色—灰黄色，质地为粉壤土，团粒—团块状结构；根系发育，有机质丰富，孔隙度高，土体疏松，少量砾石分布；见生物活动痕迹，少量铁锈斑，土壤呈中性。

C 层：母质层，厚度不大，A 层—底部，浅灰色—黄棕色，质地为壤土—砂壤土，团块状结构；少量植物根系，孔隙中等，土体较紧实，粉砂含量明显增加，未见砾石；可见条带状铁锈斑，土壤呈强酸性。

4）潜育水稻土

潜育水稻土剖面零星分布，属于终年积水条件孕育出来的一类水稻土，湿态时土体软糊，并发出臭皮蛋气味。土体构型为 $A-G-C$ 型，各发生层主要特征如下。

A 层：耕作层，厚度在 20cm 以下，浅灰色—青灰色，质地为黏壤土—壤土，土粒糊化；根系不发育，但有机质丰富；地表常可见油亮的铁锈水，土壤常呈酸性。

G 层：潜育层，厚度约 30cm，青灰色，质地为黏壤土，土粒分散；无植物根系、有机质分布，土体松软，无结构;干燥后土体表面可见到铁的锈膜。

C层:母质层,厚度一般大于70cm,质地为壤土—黏壤土,块状结构;无植物根系、有机质分布,土体稍紧实;土壤常呈中性。

4. 滨海盐土

滨海盐土呈条带状分布于滨海区域新围涂地。目前部分地段仍受海潮浸淹,现多为围涂造田,由于改造时间超过5年,大多已经超过20年,已经变为潮土化盐土。土体构型为A-B-C型。部分新围未垦的海涂处于脱盐过程中,但因成土时间短,盐分仍强烈残留,pH普遍大于8.0。目前,该类型土壤区改造为果树田、农田,剖面整体呈现上黏下沙、有机质含量低、保肥能力差的特点。各剖面层次主要特征如下。

A层:表土层,厚度约20cm,土体呈棕色,质地为粉壤土—黏壤土,团块结构;根系发育,有机质丰富,孔隙高,土体一般略紧实,无砾石;少量根锈,可见生物活动痕迹。

B层:心土层,厚度约70cm,棕色,棱块状—团块状结构,质地为壤土;土体略紧实,孔隙度中等,少量根系、有机质;少量星点状、竖条状铁锈,少量锰斑,无石砾。

C层:底土层,厚度约35cm,灰棕色,棱块状结构,质地为黏壤土;土体中粉砂含量明显增加,土体松软,局部可见少量粗砂;少量铁锈薄膜、垂向孔洞,无根系、有机质分布。

5. 潮土

潮土分布于滨海平原新围涂地内侧,丘陵缓坡下部近代冲积、洪冲积地带。此类土壤多已被开垦利用,为经历周期性渍水影响、脱盐淡化、潴育化和耕作熟化过程后初步发育形成的一种土壤类型。剖面主要为A-B-C型。整体剖面层次变化不大,通常按照深度、土层颜色变化来分层,一般无石砾分布,铁锰含量少,孔隙变化不大,黏粒含量向下增加,由于质地较粗,土壤保肥能力较差。该类型土壤区主要为粮地和旱地,种植瓜果类和果蔬类等经济作物。各剖面层次主要特征如下。

A层:表土层,厚度约30cm,质地为壤土—黏壤土,团粒—团块结构;植物根系发育,有机质中等—丰富,孔隙中等,土体松散—略紧实,一般无砾石含量;无—微量铁斑分布,一般可见贝壳残粒及生物活动痕迹。

B层:心土层,厚度30~80cm不等,质地一般为壤土—壤黏土,团粒—团块结构;无—微量植物根系,有机质少量分布,孔隙中等,偶见垂向孔洞,土体略紧实;见星点状或条带状铁锰斑发育,可见贝壳残粒。

C层:底土层,厚度大于40cm,质地为黏土或砂土,团块结构;无植物根系,一般无有机质分布,孔隙中等,一般为紧实,无砾石含量;贝壳残粒数量进一步增多,局部可见灰色胶膜。

6. 紫色土

紫色土主要分布在嵊泗县金鸡山、菜园镇—马迹山一线,南部川湖列岛、笔架岛—黄龙一线,风化后呈紫色或紫红色。

7. 黄壤

黄壤零星分布于舟山本岛蚂蟥山、桃花岛对峙山、朱家尖岛大青山山顶部位。土体浅薄,土体构型为A-[B]-C型,由于所处气候地理环境特殊,具有强风化、强淋溶、富铝化的特点。母质类型主要为火山岩、花岗岩类风化物。土壤具黑、松、肥的主要特征,被当地民众称作“香灰土”。该区域自然植被多为茅草、矮灌,植株矮小,主杆不长。黄壤剖面主要类型为A-[B]-C型,剖面总体厚度在1m以下,各发生层主要特征如下。

A层:表土层,厚度约20cm,浊黄棕色,质地为壤土—中壤土,团粒结构;有较多的植物根系,有机质丰富,孔隙较多,大多有生物孔洞,一般较紧实,含少量砾石。

[B]层:淀积层,厚度约40cm,黄色或黄棕色,质地为壤土—黏壤土,为团块—碎块状结构;有一定植物根系分布,微量有机质分布,孔隙中等,土体一般为紧实,与A层相比有更多的砾石含量。

C层:母质层,厚度一般大于40cm,质地为壤土—黏壤土,基本为风化岩屑,块状结构;无—少量植物根系,无—微量有机质,孔隙中等,土体一般较紧实,砾石含量进一步增多。

三、土壤酸碱性

土壤酸碱度是土壤理化性质的一项重要指标,也是影响土壤肥力、重金属活性等的重要因素。土壤酸碱度由土壤成因、母质来源、地貌类型及土地利用方式等因素决定。

舟山市表层土壤酸碱度统计主要依据1∶5万土地质量地质调查和1∶25万多目标区域地球化学调查数据,按照强酸性、酸性、中性、碱性和强碱性5个等级的分级标准进行统计分析,结果如表1-6和图1-3所示。

表1-6 舟山市表层土壤酸碱度分布情况统计表

土壤酸碱度等级	强酸性	酸性	中性	碱性	强碱性
pH分级	pH<5.0	5.0≤pH<6.5	6.5≤pH<7.5	7.5≤pH<8.5	pH≥8.5
样本数/件	1157	1209	438	529	28
占比/%	34.43	35.97	13.03	15.74	0.83

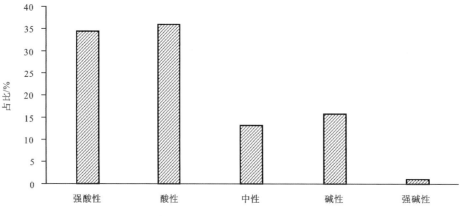

图1-3 舟山市表层土壤酸碱度占比统计柱状图

舟山市表层土壤pH总体变化范围为1.72~8.87,平均值为4.48。全市土壤以酸性、强酸性为主,两者样本数的和占总样本数的比例约为70.40%,几乎覆盖了舟山市大部分面积;其次为碱性、中性,强碱性土壤分布面积极小。由图1-4可知,碱性、强碱性土壤(pH≥7.5)主要分布在岱山岛西南六横、朱家尖岛区域,该类土壤与滨海相沉积物关系密切;中性土壤在各岛屿滨海平原区均有分布;强酸性—酸性土壤集中分布在林地区,土壤母质以中酸性火成岩类风化物为主。

四、土壤有机质

土壤有机质是指土壤中各种动植物残体在土壤生物作用下形成的一种化合物,具有矿化作用和腐殖化作用,它可以促进土壤结构形成,改善土壤物理性质。因此,土壤有机质是土壤质量评价中的一项重要指标。

舟山市表层土壤有机质总体变化范围为0.24%～8.45%,平均值为2.05%,变异系数为0.42,空间分布差异明显。如图1-5所示,舟山市有机质高值区主要分布在舟山本岛中部、普陀区桃花岛、虾峙岛及岱山县长涂岛一带;低值区主要分布在普陀区朱家尖岛、岱山本岛北部、衢山岛北部等区域;中值区则遍及全市大部分区域。

从土壤有机质的空间分布来看,有机质分布特征与成土母质类型关系密切。中酸性火成岩类风化物中有机质含量相对丰富,而松散岩类沉积物有机质含量明显贫乏。

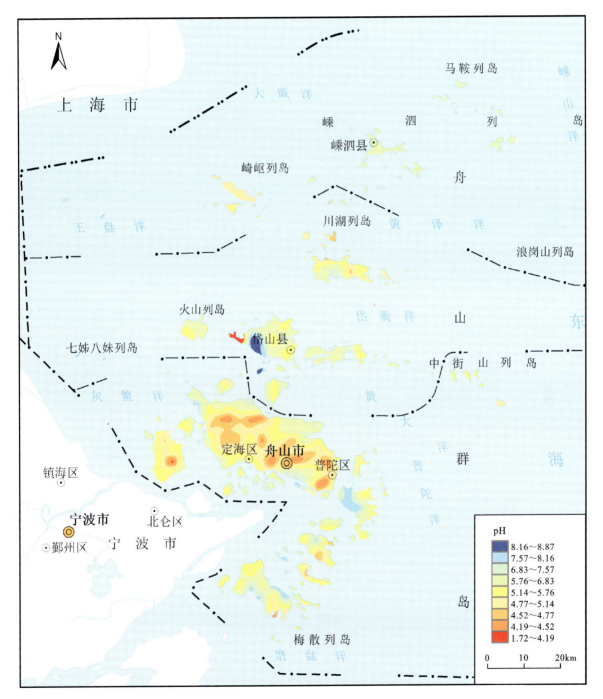

图1-4 舟山市表层土壤酸碱度分布图

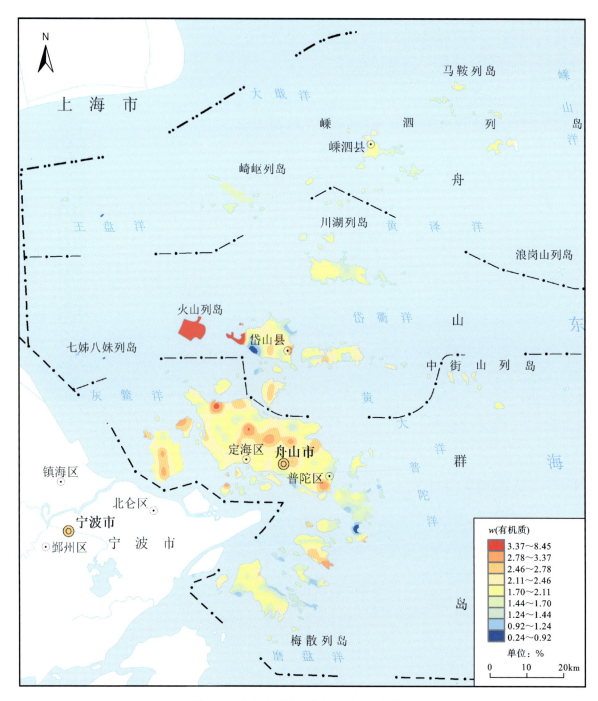

图 1-5　舟山市表层土壤有机质地球化学图

五、土地利用现状

根据舟山市第三次全国国土调查(2017—2021 年)结果,舟山市域土地总面积为 149 393.84 hm²。其中,耕地面积为 14 601.83 hm²,占比 9.78%;园地面积为 3 919.88 hm²,占比 2.62%;林地面积为 63 057.10 hm²,占比 42.21%;草地面积为 5 434.53 hm²,占比 3.64%;湿地面积为 15 972.90 hm²,占比 10.69%;城镇村及工矿用地面积为 31 209.79 hm²,占比 20.89%;交通运输用地面积为 5 826.27 hm²,占比 3.90%;水域及水利设施用地面积为 9 371.54 hm²,占比 6.27%。舟山市土地利用现状(利用结构)统计表见表 1-7。

表1-7 舟山市土地利用现状(利用结构)统计表

地类		面积/hm²		占比/%
		分项面积	小计	
耕地	水田	8 084.34	14 601.83	9.78
	旱地	6 517.49		
园地	果园	3 207.34	3 919.88	2.62
	茶园	310		
	其他园地	402.54		
林地	乔木林地	49 526.89	63 057.10	42.21
	竹林地	1 024.79		
	灌木林地	9 355.99		
	其他林地	3 149.43		
草地	其他草地	5 434.53	5 434.53	3.64
湿地	沿海滩涂	15 961.05	15 972.90	10.69
	内陆滩涂	11.85		
城镇村及工矿用地	城市用地	7 046.41	31 209.79	20.89
	建制镇用地	5 270.65		
	村庄用地	14 411.28		
	采矿用地	3 380.42		
	风景名胜及特殊用地	1 101.03		
交通运输用地	铁路用地	0.31	5 826.27	3.90
	公路用地	2 606.23		
	农村道路	943.04		
	机场用地	177.54		
	港口码头用地	2 098.16		
	管道运输用地	0.99		
水域及水利设施用地	河流水面	941.44	9 371.54	6.27
	水库水面	1 271.07		
	坑塘水面	5 465.88		
	沟渠	497.53		
	水工建筑用地	1 195.62		
土地总面积		149 393.84	149 393.84	100.00

第二章 数据基础及研究方法

自2002年至2022年,20年间舟山市相继开展了1∶25万多目标区域地球化学调查、1∶5万土地质量地质调查工作,积累了大量的土壤元素含量实测数据和相关基础资料,为该地区土壤元素背景值研究奠定了坚实的基础。

第一节 1∶25万多目标区域地球化学调查

多目标区域地球化学调查是一项基础性地质调查工作,通过系统的"双层网格化"土壤地球化学调查,获得了高精度、高质量的地球化学数据,为基础地质、农业生产、土地利用规划与管护、生态环境保护等多领域研究、多部门应用提供多层级的基础资料。

2016—2018年,中国地质调查局开展的"浙西南地区1∶25万多目标区域地球化学调查"项目覆盖了舟山市域,实现了舟山市(除嵊泗县外)1∶25万多目标区域地球化学调查的全覆盖(图2-1)。

一、样品布设与采集

调查的方法技术主要依据中国地质调查局的《多目标区域地球化学调查规范(1∶250 000)》(DZ/T 0258—2014)、《区域地球化学勘查规范》(DZ/T 0167—2006)、《土壤地球化学测量规范》(DZ/T 0145—2017)、《区域生态地球化学评价规范》(DZ/T 0289—2015)等规范。

(一)样品布设和采集

1∶25万多目标区域地球化学调查采用"网格+图斑"双层网格化方式布设,样点布设以代表性为首要原则,兼顾均匀性、特殊性。代表性原则是指按规定的基本密度,将样点布设在网格单元内主要土地利用、主要土壤类型或地质单元的最大图斑内。均匀性原则是指样点与样点之间应保持相对固定的距离,以规定的基本密度形成网格。一般情况下,样点应布设于网格中心部位,每个网格均应有样点控制,不得出现连续4个或以上的空白小格。特殊性原则是指水库、湖泊等采样难度较大的区域,按照最低采样密度要求进行布设,一般选择沿水域边部采集水下淤泥物质。城镇、居民区等区域样点布设可适当放宽均匀性原则,一般布设于公园、绿化地等"老土"区域。

表层土壤样采集深度为0~20cm,平原区深层土壤采集深度为150cm以下,低山丘陵区深层土壤采集深度为120cm以下。

1. 表层土壤样

表层土壤样布设以1∶5万标准地形图4km²的方里网格为采样大格,以1km²为采样单元格,布设并采集样品,再按1件/4km²密度组合成分析样品。样品自左向右、自上而下依次编号。

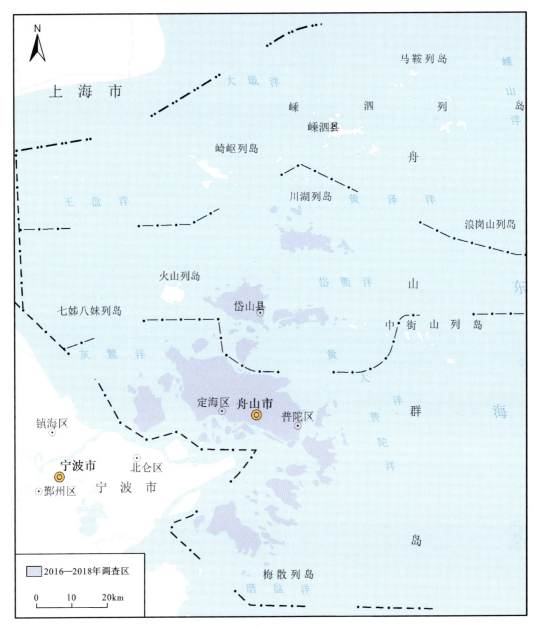

图 2-1　舟山市 1∶25 万多目标区域地球化学调查工作程度图

在平原区及山间盆地区,样点通常布设于单元格中间部位附近,以耕地为主要采样对象。在野外现场根据实际情况,选择具代表性地块的 100m 范围内,采用"X"形或"S"形进行多点组合采样,注意远离村庄、主干交通线、矿山、工厂等点污染源,严禁采集人工搬运堆积土,避开田间堆肥区及养殖场等受人为影响的局部位置。

在丘陵坡地区,样点通常布设于沟谷下部、平缓坡地、山间平坝等土壤易于汇集处,原则上选择单元格内大面积分布的土地利用类型区,如林地区、园地区等,同时兼顾面积较大的耕地区。在布设的采样点周边 100m 范围内多点采集子样组合成 1 件样品。

在湖泊、水库及宽大的河流水域区,当水域面积超过 2/3 单元格面积时,于单元格中间近岸部位采集水底沉积物样品,当水域面积较小时采集岸边土壤样品。

在中低山林地区,由于通行困难,局部地段土层较薄,可在山脊、鞍部或相对平坦、土层较厚、土壤发育成熟地段多点采集组合样品。

表层土壤样采集深度为0～20cm，采集过程中去除表层枯枝落叶及样品中的砾石、草根等杂物，上下均匀采集。土壤样品原始质量大于1000g，确保筛分后质量不低于500g。

在野外采样时，原则上在预布点位采样，不得随意移动采样点位，以保证样点分布的均匀性、代表性。实际采样时，可根据通行条件或者矿点、工厂等污染源分布情况，适当合理地移动采样点位，并在备注栏中说明，同时该采样点与四临样点间距离不小于500m。

2.深层土壤样

深层土壤样品以1件/4km^2的密度布设，再按1件/16km^2（4km×4km）组合成分析样。样品布设以1∶10万标准地形图16km^2的方里网格为采样大格，以4km^2为采样单元格，自左向右、自上而下依次编号。

在平原及山间盆地区，采样点通常布设于单元格中间部位，采集深度为150cm以下，样品为10～50cm的长土柱。

在山地丘陵及中低山区，样品通常布设于沟谷下部平缓部位或是山脊、鞍部土层较厚部位。由于土层通常较薄，采样深度控制在120cm以下。当反复尝试发现土壤厚度达不到要求时，可将采集深度放松至100cm以下。当单孔样品量不足时，可在周边选择合适地段利用多孔平行孔进行采集。

深层土壤样品原始质量大于1000g，要求采集发育成熟的土壤，避开山区河谷中的砂砾石层及山坡上残坡积物下部（半）风化的基岩层。

深层土壤样品采集原则同表层土壤，按照预先布设点位图进行采集，不得随意移动采样点位。但实际采样时，可根据土层厚度、土壤成熟度等情况适当合理地移动采样点位，并在备注栏中说明，同时要求该采样点与四临样点间距离不小于1000m。

（二）样品加工与组合

选择在干净、通风、无污染场地进行样品加工，加工时对加工工具进行全面清洁，防止发生人为玷污。样品采用日光晒干和自然风干，干燥后采用木棰敲打达到自然粒级，用20目尼龙筛全样过筛。加工过程中表层、深层样加工工具分开专用，样品加工好后保留副样500～550g，分析测试子样质量达70g以上，认真核对填写标签，并装瓶、装袋。装瓶样品及分析子样按（表层1∶5万、深层1∶10万）图幅排放整理，填写副样单或子样清单，移交样品库管理人员，做好交接手续。

在样品库管理人员监督指导下开展分析样品组合工作，组合分析样质量不少于200g。每次只取4件需组合的分析子样，等量取样称重后进行组合，并充分混合均匀后装袋。填写送样单并核对，经技术人员检查清点后，送往实验室进行分析。

（三）样品库建设

区域土壤地球化学调查采集的土壤实物样品将长期保存。样品按图幅号存放，并根据表层土壤和深层土壤样品编码图建立样品资料档案。样品库保持定期通风、干燥、防火、防虫。建立定期检查制度，发现样品标签不清、样品瓶破损等情况后要及时处理。样品出入库时办理交接手续。

（四）样品采集质量控制

质量检查组对样品采集、加工、组合、副样入库等进行全过程质量跟踪监管，从采样点位的代表性，采样深度，野外标记、记录的客观性和全面性等方面抽查。野外检查内容主要包括：①样品采集质量，样品防玷污措施，记录卡填写内容的完整性、准确性，记录卡、样品、点位图的一致性；②GPS（全球定位系统）航点航迹资料的完整性及存储情况等；③样品加工检查，主要核对野外采样组移交样品的一致性，要求样袋完好、编号清楚、原始质量满足要求，样本数与样袋数一致，样品编号与样袋编号对应；④填写野外样品加工日常检查登记表，组合与副样入库等过程符合规范要求。

二、分析测试与质量控制

1. 分析指标

舟山市1∶25万多目标区域地球化学调查土壤样品测试由中国地质科学院地球物理地球化学勘查研究所实验测试中心、浙江省地质矿产研究所承担,共分析54项元素/指标:银(Ag)、砷(As)、金(Au)、硼(B)、钡(Ba)、铍(Be)、铋(Bi)、溴(Br)、碳(C)、镉(Cd)、铈(Ce)、氯(Cl)、钴(Co)、铬(Cr)、铜(Cu)、氟(F)、镓(Ga)、锗(Ge)、汞(Hg)、碘(I)、镧(La)、锂(Li)、锰(Mn)、钼(Mo)、氮(N)、铌(Nb)、镍(Ni)、磷(P)、铅(Pb)、铷(Rb)、硫(S)、锑(Sb)、钪(Sc)、硒(Se)、锡(Sn)、锶(Sr)、钍(Th)、钛(Ti)、铊(Tl)、铀(U)、钒(V)、钨(W)、钇(Y)、锌(Zn)、锆(Zr)、硅(SiO_2)、铝(Al_2O_3)、铁(Fe_2O_3)、镁(MgO)、钙(CaO)、钠(Na_2O)、钾(K_2O)、有机碳(Corg)、pH。

2. 分析方法及检出限

优化选择以X射线荧光光谱法(XRF)、电感耦合等离子体质谱法(ICP-MS)为主,以发射光谱法(ES)、原子荧光光谱法(AFS)、催化分光光度法(COL)以及离子选择性电极法(ISE)等为辅的分析方法配套方案。该套分析方案技术参数均满足中国地质调查局规范要求。分析测试方法和要求方法的检出限列于表2-1。

3. 实验室内部质量控制

(1)报出率(P):土壤分析样品各元素报出率均为99.99%以上,满足《多目标区域地球化学调查规范(1∶250 000)》(DZ/T 0258—2014)不低于95%的要求,说明所采用分析方法能完全满足分析要求。

(2)准确度和精密度:按《多目标区域地球化学调查规范(1∶250 000)》(DZ/T 0258—2014)中"土壤地球化学样品分析测试质量要求及质量控制"的有关规定,根据国家一级土壤地球化学标准物质的12次分析值,统计测定平均值与标准值之间的对数误差($\Delta lgC=|lgC_i-lgC_s|$)和相对标准偏差(RSD),根据对数误差(ΔlgC)和相对标准偏差(RSD)计算结果,均满足规范要求。

Au采用国家一级痕量金标准物质的12次Au元素分析值,统计得到$|\Delta lgC|\leqslant 0.026$,RSD$\leqslant$10.0%,满足规范要求。

pH参照《生态地球化学评价样品分析技术要求(试行)》(DD 2005-03)要求,经过国家一级土壤有效态标准物质pH指标的6次分析值,计算结果绝对偏差的绝对值不大于0.1,满足规范要求。

(3)异常点检验:每批次样品分析测试工作完成后,检查各项指标的含量范围,对部分指标特高含量试样进行了异常点重复性分析,异常点检验合格率均为100%。

(4)重复性检验监控:土壤测试分析按不低于5.0%的比例进行重复性检验,计算两次分析之间相对偏差(RD),对照规范允许限,统计合格率,其中Au重复性检验比例为10%。重复性检验合格率满足规范《多目标区域地球化学调查规范(1∶250 000)》(DZ/T 0258—2014)一次重复性检验合格率90%的要求。

4. 用户方数据质量检验

(1)重复样检验:在区域地球化学调查中,为了对野外调查采样质量及分析测试质量进行监控,一般均按不低于2%的比例要求插入重复样。重复样与基本样品一样,以密码的形式连续编号进行送检分析。在收到分析测试数据之后,通过相对偏差(RD)的计算,根据相对偏差允许限量要求进行合格率统计,合格率要求在90%以上。

表 2-1　各元素/指标分析方法及检出限

元素/指标		分析方法	检出限	元素/指标		分析方法	检出限
Ag	银	ES	0.02μg/kg	Mn	锰	ICP-OES	10mg/kg
Al_2O_3	铝	XRF	0.05%	Mo	钼	ICP-MS	0.2mg/kg
As	砷	HG-AFS	1mg/kg	N	氮	KD-VM	20mg/kg
Au	金	GF-AAS	0.2μg/kg	Na_2O	钠	ICP-OES	0.05%
B	硼	ES	1mg/kg	Nb	铌	ICP-MS	2mg/kg
Ba	钡	ICP-OES	10mg/kg	Ni	镍	ICP-OES	2mg/kg
Be	铍	ICP-OES	0.2mg/kg	P	磷	ICP-OES	10mg/kg
Bi	铋	ICP-MS	0.05mg/kg	Pb	铅	ICP-MS	2mg/kg
Br	溴	XRF	1.5mg/kg	Rb	铷	XRF	5mg/kg
C	碳	氧化热解-电导法	0.1%	S	硫	XRF	50mg/kg
CaO	钙	XRF	0.05%	Sb	锑	ICP-MS	0.05mg/kg
Cd	镉	ICP-MS	0.03mg/kg	Sc	钪	ICP-MS	1mg/kg
Ce	铈	ICP-MS	2mg/kg	Se	硒	HG-AFS	0.01mg/kg
Cl	氯	XRF	20mg/kg	SiO_2	硅	XRF	0.1%
Co	钴	ICP-MS	1mg/kg	Sn	锡	ES	1mg/kg
Cr	铬	ICP-MS	5mg/kg	Sr	锶	ICP-OES	5mg/kg
Cu	铜	ICP-MS	1mg/kg	Th	钍	ICP-MS	1mg/kg
F	氟	ISE	100mg/kg	Ti	钛	ICP-OES	10mg/kg
Fe_2O_3	铁	XRF	0.1%	Tl	铊	ICP-MS	0.1mg/kg
Ga	镓	ICP-MS	2mg/kg	U	铀	ICP-MS	0.1mg/kg
Ge	锗	HG-AFS	0.1mg/kg	V	钒	ICP-OES	5mg/kg
Hg	汞	CV-AFS	3μg/kg	W	钨	ICP-MS	0.2mg/kg
I	碘	COL	0.5mg/kg	Y	钇	ICP-MS	1mg/kg
K_2O	钾	XRF	0.05%	Zn	锌	ICP-OES	2mg/kg
La	镧	ICP-MS	1mg/kg	Zr	锆	XRF	2mg/kg
Li	锂	ICP-MS	1mg/kg	Corg	有机碳	氧化热解-电导法	0.1%
MgO	镁	ICP-OES	0.05%	pH		电位法	0.1

注:ICP-MS 为电感耦合等离子体质谱法;XRF 为 X 射线荧光光谱法;ICP-OES 为电感耦合等离子体光学发射光谱法;HG-AFS 为氢化物发生-原子荧光光谱法;GF-AAS 为石墨炉原子吸收光谱法;ISE 为离子选择性电极法;CV-AFS 为冷蒸气-原子荧光光谱法;ES 为发射光谱法;COL 为催化分光光度法;KD-VM 为凯氏蒸馏-容量法。

(2)元素地球化学图检验:依据实验室提供的样品分析数据,按照《多目标区域地球化学调查规范(1∶250 000)》(DZ/T 0258—2014)相关要求绘制地球化学图。地球化学图采用累积频率方法成图,等值线含量及色阶分级按累积频率的 0.5%、1.5%、4%、8%、15%、25%、40%、60%、75%、85%、92%、96%、98.5%、99.5%、100%来统计划分。各元素地球化学图所反映的背景和异常情况与地质背景基本吻合,图面结构"协调",未出现阶梯状、条带状或区块状图形。

5.分析数据质量检查验收

根据中国地质调查局有关区域地球化学样品测试要求,中国地质调查局区域化探样品质量检查组对全部样品测试分析数据进行了质量检查验收。检查组重点对测试分析中配套方法的选择,实验室内、外部质量监控,标准样插入比例,异常点复检、外检、日常准确度、精密度复核等进行了仔细检查。检查认为,各项测试分析数据质量指标达到规定要求,检查组同意通过验收。

第二节　1∶5万土地质量地质调查

2016年8月5日,浙江省国土资源厅发布了《浙江省土地质量地质调查行动计划(2016—2020年)》(浙土资发〔2016〕15号),在全省范围内全面部署实施"711"土地质量调查工程。根据文件要求,舟山市自然资源和规划局2017年落实完成了全市范围4个县(区)的1∶5万土地质量地质调查工作,全面完成了全市耕地区土地质量地质调查任务。

全市以各县(区)行政辖区为调查范围,共分4个土地质量地质调查项目,由浙江省水文地质工程地质大队承担,具体工作情况见表2-2。

表2-2　舟山市土地质量地质调查工作情况一览表

序号	工作区	承担单位	项目负责人	样品测试单位
1	定海区	浙江省水文地质工程地质大队	余朕朕	辽宁省地质矿产研究院有限责任公司
2	普陀区	浙江省水文地质工程地质大队	余朕朕	辽宁省地质矿产研究院有限责任公司
3	岱山县	浙江省水文地质工程地质大队	余朕朕	辽宁省地质矿产研究院有限责任公司
4	嵊泗县	浙江省水文地质工程地质大队	余朕朕	辽宁省地质矿产研究院有限责任公司

舟山市土地质量地质调查严格按照《土地质量地球化学评价规范》(DZ/T 0295—2016)等技术规范要求,开展土壤地球化学调查采样点的布设和样品采集、加工、分析测试等工作。舟山市1∶5万土地质量地质调查土壤采样点分布如图2-2所示。

一、样点布设与采集

1.样点布设

以"二调"图斑为基本调查单元,根据市内地形地貌、地质背景、成土母质、土地利用方式、地球化学异常、工矿企业分布以及种植结构特点等(遥感影像图及踏勘情况),将调查区划分为地球化学异常区、重要农业产区、低山丘陵区及一般耕地区。按照不同分区采样密度布设样点,异常区为11~12件/km²,农业产区为9~10件/km²,低山丘陵区为7~8件/km²,一般耕地区为4~6件/km²,控制全市平均采样密度约为9件/km²。在地形地貌复杂、土地利用方式多样、人为污染强烈、元素及污染物含量空间变异性大的地区,根据实际情况适当增加采样密度。

样品主要布设在耕地中,对调查范围内园地、林地以及未利用地等进行有效控制。样品布设时避开沟渠、田埂、路边、人工堆土及微地形高低不平等无代表性地段。每件样品均由5件分样等量均匀混合而成,采样深度为0~20cm。

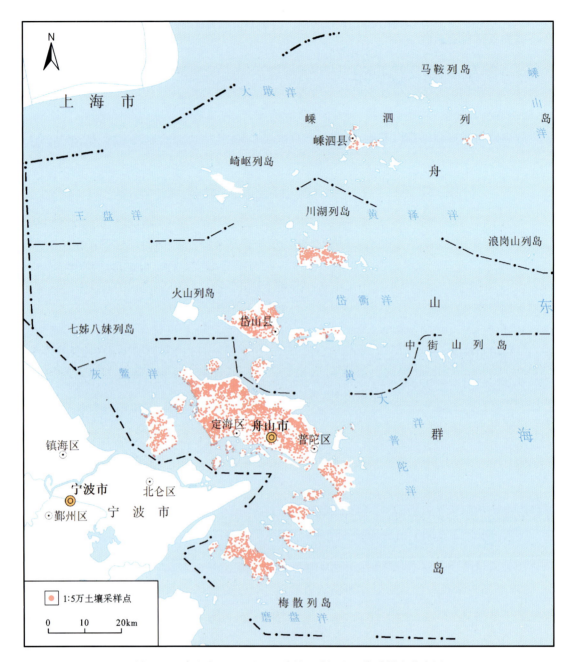

图 2-2　舟山市 1∶5 万土地质量地质调查土壤采样点分布图

样品由左至右、自上而下连续顺序编号,每 50 件样品随机取 1 个号码为重复采样号。样品编号时将县(市、区)名称汉语拼音的第一字母缩写(大写)作为样品编号的前缀,如定海区样品编号为 DH0001,便于成果资料供县级使用。

2. 样品采集与记录

选择种植现状具有代表性的地块,在采样图斑中央采集样品。采样时避开人为干扰较大的地段,用不锈钢小铲一点多坑(5 个点以上)均匀采集地表至 20cm 深处的土柱组合成 1 件样品。样品装于干净布袋中,湿度大的样品在布袋外套塑料密封袋隔离,防止样品间相互污染。土壤样品质量要达到 1500g 以上。野外利用 GPS 定位仪确定地理坐标,以布设的采样点为主采样坑,定点误差均小于 10m,保存所有采样点航点与航迹文件。

现场用 2H 铅笔填写土壤样品野外采集记录卡,根据设计要求,主要采用代码和简明文字记录样品的各种特征。记录卡填写的内容真实、正确、齐全,字迹要清晰、工整,不得涂擦,对于需要修改的文字需轻轻划掉后,再将正确内容填写好。

3. 样品保存与加工

保存当日野外调查航迹文件,收队前清点采集的样本数量,与布样图进行编号核对,并在野外手图中汇总;晚上对信息采集记录卡、航点航迹等进行检查,完成当天自检和互检工作,资料由专人管理。

从野外采回的土壤样品及时清理登记后,由专人进行晾晒和加工处理,并按要求填写样品加工登记表。加工场地和加工处理均严格按照下列要求进行。

样品晾晒场地应确保无污染。将样品置于干净整洁的室内通风场地晾晒,或悬挂在样品架上自然风干,严禁暴晒和烘烤,并注意防止雨淋以及酸、碱等气体和灰尘污染。在风干过程中,适时翻动,并将大土块用木棒敲碎以防止固结,加速干燥,同时剔除土壤以外的杂物。

将风干后样品平铺在制样板上,用木棍或塑料棍碾压,并将植物残体、石块等侵入体和新生体剔除干净,细小已断的植物须根可采用静电吸附的方法清除。压碎的土样要全部通过 2mm(10 目)的孔径筛;未过筛的土粒必须重新碾压过筛,直至全部样品通过 2mm 孔径筛为止。

过筛后土壤样品充分混匀、缩分、称重,分为正样、副样两件样品。正样送实验室分析,用塑料瓶或纸袋盛装(质量一般在 500g 左右)。副样(质量不低于 500 g)装入干净塑料瓶,送样品库长期保存。

4. 质量管理

野外各项工作严格按照质量管理要求开展小组自(互)检、二级部门抽检、单位抽检等"三级"质量检查,并在全部野外工作结束前,由当地自然资源部门组织专家进行野外工作检查验收,确保各项野外工作系统、规范、质量可靠。

二、分析测试与质量监控

1. 分析实验室及资质

全市各县(区)4 个土地质量地质调查项目的样品测试由辽宁省地质矿产研究院有限责任公司完成,测试单位具有省级检验检测机构资质认定证书,并得到中国地质调查局的资质认定,满足土地质量地质调查项目的样品检测工作要求。

2. 分析测试指标

根据技术规范要求,本次土地质量地质调查土壤全量测试砷(As)、硼(B)、镉(Cd)、钴(Co)、铬(Cr)、铜(Cu)、锗(Ge)、汞(Hg)、锰(Mn)、钼(Mo)、氮(N)、镍(Ni)、磷(P)、铅(Pb)、硒(Se)、钒(V)、锌(Zn)、钾(K_2O)、有机碳(Corg)及 pH 共 20 项元素/指标。

3. 分析方法配套方案

依据国家标准方法和相关行业标准分析方法,制订了以 X 射线荧光光谱法(XRF)、电感耦合等离子体质谱法(ICP-MS)为主,以发射光谱法(ES)、原子荧光光谱法(AFS)以及容量法(VOL)等为辅的分析方法配套方案。提供以下元素/指标的分析数据,具体见表 2-3。

表 2-3　土壤样品元素/指标全量分析方法配套方案

分析方法	简称	项数/件	测定元素/指标
电感耦合等离子体质谱法	ICP-MS	6	Cd、Co、Cu、Mo、Ni、Ge
X射线荧光光谱法	XRF	8	Cr、Cu、Mn、P、Pb、V、Zn、K_2O
发射光谱法	ES	1	B
氢化物-原子荧光光谱法	HG-AFS	2	As、Se
冷蒸气-原子荧光光谱法	CV-AFS	1	Hg
容量法	VOL	1	N
玻璃电极法	—	1	pH
重铬酸钾容量法	VOL	1	Corg

4. 分析方法的检出限

本配套方案各分析方法检出限见表 2-4，满足《多目标区域地球化学调查规范（1∶250 000）》（DZ/T 0258—2014）和《生态地球化学评价样品分析技术要求（试行）》（DD 2005-03）的要求。

表 2-4　各元素/指标分析方法检出限要求

元素/指标	单位	要求检出限	方法检出限	元素/指标	单位	要求检出限	方法检出限
pH		0.1	0.1	Cu[②]	mg/kg	1	0.5
Cr	mg/kg	5	3	Mo	mg/kg	0.3	0.2
Cu[①]	mg/kg	1	0.1	Ni	mg/kg	2	0.2
Mn	mg/kg	10	10	Ge	mg/kg	0.1	0.1
P	mg/kg	10	10	B	mg/kg	1	1
Pb	mg/kg	2	2	K_2O	%	0.05	0.01
V	mg/kg	5	5	As	mg/kg	1	0.5
Zn	mg/kg	4	1	Hg	mg/kg	0.000 5	0.000 5
Cd	mg/kg	0.03	0.02	Se	mg/kg	0.01	0.01
Corg	mg/kg	250	200	N	mg/kg	20	20
Co	mg/kg	1	0.1				

注：Cu[①]和Cu[②]采用不同检测方法，Cu[①]为X射线荧光光谱法，Cu[②]为电感耦合等离子体质谱法。

5. 分析测试质量控制

（1）实验室资质能力条件：选择的实验室均具备相应资质要求，软硬件、人员技术能力等方面均具备相关分析测试条件，均制订了工作实施方案，并严格按照方案要求开展各类样品测试工作。

（2）实验室内部质量监控：实验室在接受委托任务后，制订了行之有效的工作方案，并严格按照方案进行各类样品分析测试；各类样品分析选择的分析方法、检出限、准确度、精密度等均满足相关规范要求；内部质量监控各环节均运行合理有效，均满足规范要求。

（3）实验室外部质量监控：主要通过密码样和外检样的形式进行监控，各批次监控样品相对偏差均符合规范要求。

（4）土壤中元素/指标含量分布与土壤环境背景吻合状况：依据实验室提供的样品分析数据，按照规范的要求，绘制了各元素/指标的地球化学图。各元素土壤地球化学评价图所反映的背景和异常情况与地质、土壤和地貌等基本吻合；未发现明显成图台阶，不存在明显的非地质条件引起的条带异常；依据土壤元素含量评价得出的土壤元素的环境质量、养分等级分布规律与地质背景、土地利用、人类活动影响等情况基本一致。

6. 测试分析数据质量检查验收

在完成样品测试分析提交用户方验收使用之前，由浙江省自然资源厅项目管理办公室邀请国内权威专家，对每个县区数据进行测试分析数据质量检查验收。验收专家认为各项目样品分析质量和质量监控已达到《多目标区域地球化学调查规范（1∶250 000）》（DZ/T 0258—2014）和《生态地球化学评价样品分析技术要求（试行）》（DD 2005-03）等要求，一致同意予以验收通过。

第三节　土壤元素背景值研究方法

一、概念与约定

土壤元素地球化学基准值是土壤地球化学本底的量值，反映了一定范围内深层土壤地球化学特征，是指在未受人为影响（污染）条件下，原始沉积环境中的元素含量水平；通常以深层土壤地球化学元素含量来表征，其含量水平主要受地形地貌、地质背景、成土母质来源与类型等因素影响，以区域地球化学调查取得的深层土壤地球化学资料作为土壤元素地球化学基准值统计的资料依据。

土壤元素（环境）背景值是指在不受或少受人类活动及现代工业污染影响下的土壤元素与化合物的含量水平。由于人类活动与现代工业发展的影响遍布全球，已很难找到绝对不受人类活动影响的土壤，严格意义上土壤自然背景值已很难确定。因此，土壤元素背景值只能是一个相对的概念，即在一定自然历史时期、一定地域内土壤元素（或化合物）的含量水平。目前，一般以区域地球化学调查获取的表层土壤地球化学资料作为土壤元素背景值统计的资料依据。

基准值和背景值的求取必须同时满足以下条件：样品要有足够的代表性，样品分析方法技术先进，分析质量可靠，数据具有权威性，经过地球化学分布形态检验，在此基础上，统计系列地球化学参数，确定地球化学基准值和背景值。

二、参数计算方法

土壤元素地球化学基准值、背景值统计参数主要有：样本数（N）、极大值（X_{max}）、极小值（X_{min}）、算术平均值（$\overline{X}$）、几何平均值（$\overline{X}_g$）、中位数（X_{me}）、众值（X_{mo}）、算术标准差（S）、几何标准差（S_g）、变异系数（CV）、分位值（$X_{5\%}$、$X_{10\%}$、$X_{25\%}$、$X_{50\%}$、$X_{75\%}$、$X_{90\%}$、$X_{95\%}$）等。

算术平均值（$\overline{X}$）：$\overline{X} = \dfrac{1}{N}\sum_{i=1}^{N} X_i$

几何平均值（$\overline{X}_g$）：$\overline{X}_g = \sqrt[N]{\prod_{i=1}^{N} X_i} = \dfrac{1}{N}\sum_{i=1}^{N} \ln X_i$

算术标准差(S)：$S=\sqrt{\dfrac{\sum\limits_{i=1}^{N}(X_i-\overline{X})^2}{N}}$

几何标准差(S_g)：$S_g=\exp\left(\sqrt{\dfrac{\sum\limits_{i=1}^{N}(\ln X_i-\ln\overline{X}_g)^2}{N}}\right)$

变异系数(CV)：$CV=\dfrac{S}{\overline{X}}\times 100\%$

中位数(X_{me})：将一组数据排序后，处于中间位置的数值。当样本数为奇数时，中位数为第$(N+1)/2$位的数值；当样本数为偶数时，中位数为第$N/2$位与第$(N+1)/2$位数的平均值。

众值(X_{mo})：一组数据中出现频率最高的那个数值。

pH 平均值计算方法：在进行 pH 参数统计时，先将土壤 pH 换算为$[H^+]$平均浓度进行统计计算，然后换算成 pH。换算公式为：$[H^+]=10^{-pH}$，$[H^+]_{平均浓度}=\sum 10^{-pH}/N$，$pH=-\lg[H^+]_{平均浓度}$。

三、统计单元划分

科学合理的统计单元划分是统计土壤元素地球化学参数、确定地球化学基准值和背景值的前提性工作。

本次舟山市土壤元素地球化学基准值、背景值参数统计参照区域土壤元素地球化学基准值和背景值研究的通用方法，结合代杰瑞和庞绪贵(2019)、张伟等(2021)、苗国文等(2020)及陈永宁等(2014)的研究成果，按照行政区、土壤母质类型、土壤类型、土地利用类型划分统计单元，分别进行地球化学参数统计。

1. 行政区

根据舟山市现有行政区划分布情况，分别按照舟山市(全域)、定海区、普陀区、岱山县进行统计单元划分。嵊泗县由于样本数据过少，本次不进行统计。

2. 土壤母质类型

基于舟山市岩石地层地质成因及地球化学特征，舟山市土壤母质类型将按照松散岩类沉积物、中酸性火成岩类风化物、变质岩类风化物 3 种类型划分统计单元。

3. 土壤类型

舟山市地貌类型多样，成土环境复杂，土壤性质差异较大，本次土壤元素地球化学基准值和背景值研究按照红壤、粗骨土、水稻土、潮土、滨海盐土 5 种土壤类型划分统计单元。紫色土及黄壤因面积小、样本数据少，本次不进行统计。

4. 土地利用类型

由于本次调查主要涉及农用地，因此根据土地利用分类，结合第三次全国国土调查情况，土地利用类型按照水田、旱地、园地(茶园、果园、其他园地)、林地 4 类划分统计单元。

四、数据处理与背景值确定

基于统计单元内各层次样本数据，依据《区域性土壤环境背景含量统计技术导则(试行)》(HJ 1185—

2021),进行数据分布类型检验、异常值判别与处理以及区域性土壤地球化学参数统计、地球化学基准值与背景值的确定。

1. 数据分布形态检验

依据《数据的统计处理和解释正态性检验》(GB/T 4882—2001)进行样本数据的分布形态检验。首先利用 SPSS 19 对原始数据频率分布进行正态分布检验,将不符合正态分布的数据进行对数转换后再进行对数正态分布检验。当数据不服从正态分布或对数正态分布时,采用箱线图法判别剔除异常值,再进行正态分布或对数正态分布检验。注意:部分统计单元(或部分元素/指标)因样品较少无法进行正态分布检验。

2. 异常值判别与剔除

对于明显来源于局部受污染场所的数据,或者因样品采集、分析检测等导致的异常数据,必须进行判别和剔除。由于本次舟山市土壤元素地球化学基准值、背景值研究的数据样本量较大,采用箱线图法判别并剔除异常数据。

根据收集整理的原始数据各项元素/指标分别计算第一四分位数(Q_1)、第三四分位数(Q_3),以及四分位距($IQR=Q_3-Q_1$)、$Q_3+1.5IQR$ 值、$Q_1-1.5IQR$ 内限值。根据计算结果对内限值以外的异常数据,结合频率分布直方图与点位区域分布特征逐个甄别并剔除。

3. 参数表征与背景值确定

(1)参数表征主要包括统计样本数(N)、极大值(X_{max})、极小值(X_{min})、算术平均值($\overline{X}$)、几何平均值($\overline{X}_g$)、中位数(X_{me})、众值(X_{mo})、算术标准差(S)、几何标准差(S_g)、变异系数(CV)、分位值($X_{5\%}$、$X_{10\%}$、$X_{25\%}$、$X_{50\%}$、$X_{75\%}$、$X_{90\%}$、$X_{95\%}$)、数据分布类型等。

(2)基准值、背景值确定分为以下几种情况:①当数据为正态分布或剔除异常值后正态分布时,取算术平均值作为基准值、背景值;②当数据为对数正态分布或剔除异常值后对数正态分布时,取几何平均值作为基准值、背景值;③当数据经反复剔除后,仍不服从正态分布或对数正态分布时,取众值作为基准值、背景值,有 2 个众值时取靠近中位数的众值,3 个众值时取中间位众值;④对于样本数少于 30 件的统计单元,则取中位数作为基准值、背景值。

(3)数值有效位数确定原则:参数统计结果取值原则,数值小于等于 50 的小数点后保留 2 位,数值大于 50 小于等于 100 的小数点后保留 1 位,数值大于 100 的取整数。注意:极个别数值保留 3 位小数。

说明:本书中样本数单位统一为"件";变异系数(CV)为无量纲,按照计算公式结果用百分数表示,为方便表示本书统一换算成小数,且小数点后保留 2 位;氧化物、TC、Corg 单位为%,N、P 单位为 g/kg,Au、Ag 单位为 μg/kg,pH 为无量纲,其他元素/指标单位为 mg/kg。

第三章　土壤地球化学基准值

第一节　各行政区土壤地球化学基准值

一、舟山市土壤地球化学基准值

舟山市土壤地球化学基准值数据经正态分布检验，结果表明，原始数据中 As、B、Bi、Cd、Ce、Co、Cr、Cu、Ga、Ge、I、La、Li、Mn、N、Ni、P、Rb、Sb、Sc、Sn、Sr、Th、Tl、U、V、Y、Zn、Zr、SiO_2、Al_2O_3、TFe_2O_3、MgO、CaO、Na_2O、K_2O、TC、Corg 符合正态分布，Au、Be、Br、Cl、Hg、Mo、Nb、Pb、Se、W 符合对数正态分布，Ag、F 剔除异常值后符合正态分布（简称剔除后正态分布），其他元素/指标不符合正态分布或对数正态分布（表 3-1）。

舟山市深层土壤总体呈碱性，土壤 pH 极大值为 8.72，极小值为 5.15，土壤 pH 基准值为 8.44，明显高于浙江省基准值，接近于中国基准值。

深层土壤各元素/指标中，绝大多数元素/指标变异系数小于 0.40，分布相对均匀；Au、Br、Cl、I、Mo、Ni、S、Se、MgO、CaO、TC、pH 共 12 项元素/指标变异系数大于 0.40，其中 Au、Cl、Mo、pH 变异系数大于 0.80，空间变异性较大。

与浙江省土壤基准值相比，As、Co、F、Mn、Sc、Sn 基准值略高于浙江省基准值，均为浙江省基准值的 1.2~1.4 倍；Au、Bi、Br、Cl、Cu、I、Mo、Ni、P、S、MgO、CaO、Na_2O、TC 基准值明显高于浙江省基准值，为浙江省基准值的 1.4 倍以上，其中 Br、Cl、Ni、S、MgO、CaO、Na_2O 基准值为浙江省基准值的 2.0 倍以上，Na_2O 基准值为浙江省基准值的 7.56 倍；其他元素/指标基准值与浙江省基准值基本接近。

与中国土壤基准值相比，Sr、CaO 基准值明显低于中国基准值，均低于中国基准值的 60%；TC、Na_2O 基准值略低于中国基准值，为中国基准值的 60%~80%；Tl、Ni、Sc、Ti、Ga、V、Co、Corg、Zr、Al_2O_3、Be、Cr、U、F、K_2O、TFe_2O_3、Sn、Y、W 基准值略高于中国基准值，为中国基准值的 1.2~1.4 倍；I、Cl、Br、Hg、Nb、Se、Th、Mn、Li、Zn、B、S、Pb、La、Au、Rb、Ce、Mo、Bi、N 基准值明显高于中国基准值，均为中国基准值的 1.4 倍以上，其中 Br、Cl、Hg、I 基准值为中国基准值的 2.0 倍以上，I 基准值为中国基准值的 7.67 倍；其他元素/指标基准值与中国基准值基本接近。

二、定海区土壤地球化学基准值

定海区土壤地球化学基准值数据经正态分布检验，结果表明，原始数据中 Ag、As、B、Ba、Be、Bi、Br、Cd、Ce、Co、Cr、Cu、F、Ga、Ge、I、La、Li、Mn、Mo、N、Nb、Ni、P、Pb、Rb、Sb、Sc、Se、Sn、Sr、Th、Ti、Tl、U、V、Y、Zn、Zr、SiO_2、Al_2O_3、TFe_2O_3、MgO、CaO、Na_2O、TC、Corg 符合正态分布，Au、Cl、Hg、W、K_2O 符合对数正态分布，S 剔除异常值后符合正态分布，pH 不符合正态分布或对数正态分布（表 3-2）。

定海区深层土壤总体呈碱性，土壤 pH 极大值为 8.72，极小值为 5.15，基准值为 8.26，与舟山市基准值

表 3-1 舟山市土壤地球化学基准值参数统计表

元素/指标	N	$X_{5\%}$	$X_{10\%}$	$X_{25\%}$	$X_{50\%}$	$X_{75\%}$	$X_{90\%}$	$X_{95\%}$	$\overline{X}$	S	$\overline{X}_g$	S_g	X_{max}	X_{min}	CV	X_{me}	X_{mo}	分布类型	舟山市基准值	浙江省基准值	中国基准值
Ag	85	53.7	56.7	59.9	66.0	73.6	84.6	87.7	67.8	10.84	67.0	11.38	98.1	41.57	0.16	66.0	68.0	剔除后正态分布	67.8	70.0	70.0
As	91	4.40	5.23	7.32	8.90	10.66	11.86	12.22	8.78	2.39	8.41	3.52	13.90	3.37	0.27	8.90	8.14	正态分布	8.78	6.83	9.00
Au	91	0.71	0.75	0.97	1.32	2.20	3.77	6.42	2.22	2.80	1.57	2.16	18.11	0.35	1.26	1.32	1.68	对数正态分布	1.57	1.10	1.10
B	91	29.51	37.00	48.48	60.5	76.3	81.4	83.0	60.4	18.11	56.9	10.58	86.7	11.73	0.30	60.5	60.5	正态分布	60.4	73.0	41.00
Ba	90	437	449	467	515	626	730	799	555	115	545	38.01	872	391	0.21	515	473	偏峰分布	473	482	522
Be	91	2.07	2.17	2.32	2.56	2.68	2.82	2.96	2.55	0.49	2.51	1.73	6.36	1.85	0.19	2.56	2.57	对数正态分布	2.51	2.31	2.00
Bi	91	0.24	0.26	0.31	0.38	0.42	0.49	0.59	0.38	0.10	0.37	1.89	0.77	0.20	0.27	0.38	0.38	正态分布	0.38	0.24	0.27
Br	91	2.08	2.50	3.17	4.41	5.95	8.20	10.20	5.28	3.55	4.54	2.76	21.30	1.50	0.67	4.41	4.31	对数正态分布	4.54	1.50	1.80
Cd	91	0.07	0.08	0.09	0.10	0.13	0.14	0.16	0.11	0.03	0.10	3.84	0.20	0.05	0.28	0.10	0.11	正态分布	0.11	0.11	0.11
Ce	91	76.5	78.0	81.0	87.8	92.0	97.0	100.0	87.7	10.08	87.2	13.20	123	46.47	0.11	87.8	87.8	正态分布	87.7	84.1	62.0
Cl	91	52.1	56.0	83.7	180	397	1111	1378	419	665	206	26.06	3673	49.90	1.59	180	51.3	对数正态分布	206	39.00	72.0
Co	91	7.57	9.61	11.90	14.62	16.64	18.41	20.15	14.42	4.20	13.74	4.66	28.77	4.49	0.29	14.62	14.36	正态分布	14.42	11.90	11.0
Cr	91	28.00	33.60	46.20	64.8	81.2	85.6	87.3	61.7	21.17	57.3	10.55	107	11.20	0.34	64.8	50.4	正态分布	61.7	71.0	50.0
Cu	91	12.79	13.44	16.53	22.25	26.03	29.99	31.42	21.77	6.42	20.78	5.86	38.95	9.27	0.30	22.25	22.08	正态分布	21.77	11.20	19.00
F	90	286	351	437	589	683	738	754	559	151	536	37.88	826	230	0.27	589	554	剔除后正态分布	559	431	456
Ga	91	17.00	17.50	18.80	19.90	20.95	21.90	23.35	19.80	1.92	19.71	5.55	25.40	14.00	0.10	19.90	20.20	正态分布	19.80	18.92	15.00
Ge	91	1.33	1.35	1.42	1.51	1.58	1.64	1.68	1.51	0.15	1.50	1.28	2.44	1.12	0.10	1.51	1.51	正态分布	1.51	1.50	1.30
Hg	91	0.02	0.03	0.03	0.04	0.05	0.06	0.07	0.04	0.02	0.04	6.72	0.11	0.01	0.39	0.04	0.05	对数正态分布	0.04	0.048	0.018
I	91	3.15	3.74	5.00	7.54	9.56	11.31	14.08	7.67	3.69	6.90	3.32	25.01	2.46	0.48	7.54	8.13	正态分布	7.67	3.86	1.00
La	91	40.32	41.25	42.39	45.07	48.07	52.2	56.9	46.01	5.75	45.67	9.10	65.8	26.69	0.12	45.07	46.02	正态分布	46.01	41.00	32.00
Li	91	21.13	26.00	31.88	41.53	57.1	60.4	62.9	43.64	13.90	41.24	8.70	68.2	18.35	0.32	41.53	39.57	正态分布	43.64	37.51	29.00
Mn	91	532	599	724	862	978	1134	1336	874	267	835	48.37	2106	205	0.31	862	878	正态分布	874	713	562
Mo	91	0.62	0.63	0.76	0.90	1.15	1.59	1.92	1.43	3.89	0.99	1.70	37.78	0.51	2.72	0.90	1.43	对数正态分布	0.99	0.62	0.70
N	91	0.39	0.42	0.48	0.54	0.62	0.72	0.82	0.56	0.13	0.55	1.52	0.89	0.31	0.22	0.54	0.56	正态分布	0.56	0.49	0.399
Nb	91	17.53	17.77	18.56	19.46	21.57	23.88	25.90	20.31	2.68	20.14	5.67	29.14	13.91	0.13	19.46	20.12	对数正态分布	20.14	19.60	12.00
Ni	91	11.58	15.48	20.50	29.65	38.88	43.52	45.94	30.01	12.66	27.42	7.00	94.2	7.27	0.42	29.65	29.65	正态分布	30.01	11.00	22.00
P	91	0.25	0.29	0.33	0.46	0.59	0.62	0.64	0.47	0.15	0.44	1.80	0.99	0.21	0.32	0.46	0.28	正态分布	0.47	0.24	0.488
Pb	91	24.38	24.99	26.75	29.32	32.54	38.06	45.32	30.80	6.51	30.22	7.15	54.8	18.99	0.21	29.32	30.80	对数正态分布	30.22	30.00	21.00

续表 3-1

元素/指标	N	$X_{5\%}$	$X_{10\%}$	$X_{25\%}$	$X_{50\%}$	$X_{75\%}$	$X_{90\%}$	$X_{95\%}$	$\overline{X}$	S	$\overline{X}_g$	S_g	X_{max}	X_{min}	CV	X_{me}	X_{mo}	分布类型	舟山市基准值	浙江省基准值	中国基准值
Rb	91	114	123	130	138	145	154	161	137	13.47	137	17.02	168	96.1	0.10	138	139	正态分布	137	128	96.0
S	87	105	114	131	181	319	442	524	237	142	204	22.09	655	89.0	0.60	181	242	其他分布	242	114	166
Sb	91	0.40	0.45	0.51	0.60	0.68	0.74	0.79	0.60	0.13	0.58	1.47	1.04	0.31	0.22	0.60	0.62	正态分布	0.60	0.53	0.67
Sc	91	7.79	8.23	9.74	12.20	14.34	15.70	16.58	12.06	2.99	11.66	4.19	19.49	4.56	0.25	12.20	12.01	正态分布	12.06	9.70	9.00
Se	91	0.11	0.13	0.15	0.19	0.31	0.40	0.45	0.24	0.16	0.21	2.80	1.36	0.09	0.66	0.19	0.22	对数正态分布	0.21	0.21	0.13
Sn	91	2.79	3.04	3.33	3.61	3.92	4.18	4.38	3.62	0.53	3.58	2.12	5.86	2.24	0.15	3.61	3.62	正态分布	3.62	2.60	3.00
Sr	91	68.9	75.1	90.1	114	132	147	152	114	29.73	109	15.00	200	40.10	0.26	114	106	正态分布	114	112	197
Th	91	13.00	13.61	14.33	15.31	16.91	18.45	19.21	15.66	2.12	15.52	4.94	22.34	9.69	0.14	15.31	15.60	正态分布	15.66	14.50	10.00
Ti	88	3480	3557	4085	4762	4999	5112	5226	4548	615	4505	126	5884	2999	0.14	4762	4560	偏峰分布	4560	4602	3406
Tl	91	0.69	0.71	0.74	0.80	0.88	0.99	1.12	0.83	0.13	0.82	1.20	1.25	0.62	0.15	0.80	0.83	正态分布	0.83	0.82	0.60
U	91	2.28	2.39	2.55	2.86	3.34	3.64	3.79	2.96	0.55	2.91	1.92	5.28	2.13	0.19	2.86	2.96	正态分布	2.96	3.14	2.40
V	91	49.25	59.2	72.3	93.4	107	115	118	88.4	23.28	85.1	13.02	142	38.20	0.26	93.4	79.8	正态分布	88.4	110	67.0
W	91	1.41	1.56	1.74	1.84	1.97	2.20	2.36	1.88	0.33	1.86	1.48	3.25	1.18	0.18	1.84	1.87	对数正态分布	1.86	1.93	1.50
Y	91	21.00	22.34	25.94	28.21	30.18	31.30	32.05	27.70	3.54	27.45	6.80	35.71	14.05	0.13	28.21	27.71	正态分布	27.70	26.13	23.00
Zn	91	61.8	63.7	74.1	90.0	101	110	117	88.4	18.56	86.3	12.89	145	40.18	0.21	90.0	87.6	正态分布	88.4	77.4	60.0
Zr	91	198	212	229	260	318	358	373	276	59.2	270	25.28	482	181	0.21	260	281	正态分布	276	287	215
SiO_2	91	59.4	59.8	62.8	65.9	69.8	72.5	74.3	66.3	4.77	66.1	11.24	80.1	57.2	0.07	65.9	66.2	正态分布	66.3	70.5	67.9
Al_2O_3	91	12.60	13.47	14.35	15.02	15.80	16.46	17.13	15.04	1.34	14.98	4.73	19.53	11.58	0.09	15.02	15.04	正态分布	15.04	14.82	11.90
TFe_2O_3	91	3.27	3.57	4.17	4.99	5.79	6.08	6.32	4.97	1.09	4.84	2.53	8.59	2.18	0.22	4.99	4.62	正态分布	4.97	4.70	4.10
MgO	91	0.44	0.58	0.84	1.60	2.45	2.59	2.67	1.62	0.85	1.38	1.87	4.88	0.41	0.53	1.60	2.14	正态分布	1.62	0.67	1.36
CaO	91	0.24	0.34	0.50	1.35	2.15	3.06	3.44	1.45	1.04	1.06	2.34	3.91	0.20	0.71	1.35	0.23	正态分布	1.45	0.22	2.57
Na_2O	91	0.72	0.80	1.00	1.25	1.36	1.53	1.63	1.21	0.32	1.17	1.34	2.69	0.43	0.26	1.25	1.20	正态分布	1.21	0.16	1.81
K_2O	91	2.37	2.49	2.76	2.86	3.01	3.26	3.37	2.89	0.32	2.88	1.86	4.16	2.19	0.11	2.86	2.86	正态分布	2.89	2.99	2.36
TC	91	0.25	0.29	0.36	0.55	0.79	1.11	1.20	0.62	0.31	0.55	1.85	1.45	0.21	0.49	0.55	0.24	正态分布	0.62	0.43	0.90
Corg	91	0.24	0.27	0.31	0.36	0.47	0.60	0.64	0.39	0.12	0.38	1.91	0.73	0.17	0.31	0.36	0.40	正态分布	0.39	0.42	0.30
pH	91	5.38	5.56	6.14	8.10	8.39	8.50	8.62	6.11	5.81	7.44	3.19	8.72	5.15	0.95	8.10	8.44	其他分布	8.44	5.12	8.10

注：氧化物、TC、Corg 单位为%，N、P 单位为 g/kg，Au、Ag 单位为 μg/kg，pH 为无量纲，其他元素/指标单位为 mg/kg；浙江省基准值引自《浙江省土壤元素背景值》（黄春雷等，2023）；中国基准值引自《全国地球化学基准网建立与土壤地球化学基准值特征》（王学求等，2016）；后表单位和资料来源相同。

第三章 土壤地球化学基准值

表3-2 定海区土壤地球化学基准值参数统计表

元素/指标	N	$X_{5\%}$	$X_{10\%}$	$X_{25\%}$	$X_{50\%}$	$X_{75\%}$	$X_{90\%}$	$X_{95\%}$	$\overline{X}$	S	$\overline{X}_g$	S_g	X_{max}	X_{min}	CV	X_{me}	X_{mo}	分布类型	定海区基准值	舟山市基准值	浙江省基准值
Ag	42	56.4	57.4	59.8	66.2	78.3	87.1	90.0	71.6	19.45	69.7	11.58	154	49.33	0.27	66.2	71.1	正态分布	71.6	67.8	70.0
As	42	4.83	5.81	7.53	8.65	9.78	11.16	11.78	8.51	2.04	8.25	3.39	12.29	3.91	0.24	8.65	8.65	正态分布	8.51	8.78	6.83
Au	42	0.69	0.74	0.91	1.23	2.28	4.27	8.34	2.46	3.46	1.58	2.29	18.11	0.63	1.41	1.23	2.47	对数正态分布	1.58	1.57	1.10
B	42	32.30	40.04	52.3	69.4	79.8	82.8	84.5	63.3	18.24	60.0	10.49	86.7	14.88	0.29	69.4	63.7	正态分布	63.3	60.4	73.0
Ba	42	448	457	473	541	677	744	820	587	142	573	38.83	1087	441	0.24	541	473	正态分布	587	473	482
Be	42	2.08	2.18	2.32	2.56	2.68	2.76	2.82	2.48	0.26	2.47	1.70	3.12	1.85	0.11	2.56	2.57	正态分布	2.48	2.51	2.31
Bi	42	0.24	0.27	0.31	0.38	0.41	0.46	0.66	0.38	0.11	0.37	1.89	0.77	0.22	0.29	0.38	0.38	正态分布	0.38	0.38	0.24
Br	42	1.67	2.06	2.87	3.64	4.31	6.22	6.37	3.85	1.63	3.54	2.34	9.05	1.50	0.42	3.64	4.15	正态分布	3.85	4.54	1.50
Cd	42	0.07	0.08	0.08	0.09	0.13	0.15	0.16	0.10	0.03	0.10	0.02	0.18	0.06	0.29	0.09	0.10	正态分布	0.10	0.11	0.11
Ce	42	76.5	78.4	83.2	90.6	94.3	99.7	101	89.4	11.18	88.6	13.11	119	46.47	0.13	90.6	89.8	正态分布	89.4	87.7	84.1
Cl	42	51.1	53.0	62.5	137	254	572	747	230	252	148	20.10	1111	49.90	1.10	137	219	对数正态分布	148	206	39.00
Co	42	6.85	9.40	11.55	14.61	16.80	17.56	18.97	14.03	4.15	13.31	4.50	25.37	4.49	0.30	14.61	14.18	正态分布	14.03	14.42	11.90
Cr	42	24.62	29.41	40.25	62.6	81.1	84.6	86.6	59.7	22.64	54.2	10.14	88.0	11.20	0.38	62.6	59.4	正态分布	59.7	61.7	71.0
Cu	42	11.36	13.23	16.03	22.19	25.46	28.13	29.76	20.95	6.07	19.98	5.62	31.29	9.27	0.29	22.19	20.71	正态分布	20.95	21.77	11.20
F	42	306	384	445	575	676	700	733	554	137	535	36.82	742	230	0.25	575	554	正态分布	554	559	431
Ga	42	16.91	17.50	18.35	19.85	20.60	21.50	22.07	19.54	1.87	19.45	5.49	23.70	14.00	0.10	19.85	19.00	正态分布	19.54	19.80	18.92
Ge	42	1.33	1.35	1.43	1.54	1.60	1.64	1.69	1.52	0.13	1.51	1.28	1.78	1.12	0.08	1.54	1.52	正态分布	1.52	1.51	1.50
Hg	42	0.03	0.03	0.03	0.04	0.05	0.05	0.05	0.04	0.01	0.04	6.56	0.11	0.02	0.35	0.04	0.04	对数正态分布	0.04	0.04	0.048
I	42	3.38	3.85	5.00	7.57	9.64	10.74	11.40	7.34	2.87	6.78	3.17	15.65	2.69	0.39	7.57	7.55	正态分布	7.34	7.67	3.86
La	42	40.84	41.81	42.64	45.82	49.18	53.4	59.0	46.75	6.43	46.31	9.06	65.5	26.69	0.14	45.82	46.80	正态分布	46.75	46.01	41.00
Li	42	21.23	25.68	31.82	44.65	57.8	60.2	60.9	43.87	14.43	41.26	8.60	67.0	18.35	0.33	44.65	41.49	正态分布	43.87	43.64	37.51
Mn	42	498	606	685	878	1048	1165	1333	877	275	830	47.99	1622	205	0.31	878	862	正态分布	877	874	713
Mo	42	0.58	0.62	0.74	0.87	1.11	1.48	1.58	0.96	0.34	0.90	1.38	1.91	0.51	0.36	0.87	0.96	正态分布	0.96	0.99	0.62
N	42	0.39	0.41	0.45	0.53	0.59	0.67	0.72	0.54	0.11	0.53	1.51	0.84	0.35	0.20	0.53	0.54	正态分布	0.54	0.56	0.49
Nb	42	17.79	18.43	18.92	20.21	21.71	23.55	26.18	20.67	2.62	20.51	5.70	28.11	13.91	0.13	20.21	18.89	正态分布	20.67	20.14	19.60
Ni	42	10.96	12.65	19.52	27.96	38.81	40.85	44.66	28.66	11.32	26.04	6.70	46.16	7.27	0.39	27.96	29.65	正态分布	28.66	30.01	11.00
P	42	0.25	0.29	0.33	0.45	0.56	0.60	0.61	0.44	0.13	0.42	1.80	0.67	0.21	0.29	0.45	0.28	正态分布	0.44	0.47	0.24
Pb	42	25.00	25.33	26.91	29.57	34.10	40.71	46.15	31.53	6.81	30.91	7.24	52.8	23.00	0.22	29.57	31.14	正态分布	31.53	30.22	30.00

续表 3-2

元素/指标	N	$X_{5\%}$	$X_{10\%}$	$X_{25\%}$	$X_{50\%}$	$X_{75\%}$	$X_{90\%}$	$X_{95\%}$	$\overline{X}$	S	$\overline{X}_g$	S_g	X_{max}	X_{min}	CV	X_{me}	X_{mo}	分布类型	定海区基准值	舟山市基准值	浙江省基准值
Rb	42	119	129	133	138	146	159	162	139	12.39	139	17.01	168	110	0.09	138	139	正态分布	139	137	128
S	40	104	108	126	153	233	364	387	197	99.1	177	20.23	452	93.7	0.50	153	196	剔除后正态分布	197	242	114
Sb	42	0.39	0.46	0.52	0.58	0.63	0.68	0.74	0.57	0.10	0.56	1.47	0.77	0.31	0.18	0.58	0.62	正态分布	0.57	0.60	0.53
Sc	42	7.69	8.04	9.39	11.97	14.38	15.15	15.50	11.74	2.97	11.33	4.08	16.71	4.56	0.25	11.97	11.94	正态分布	11.74	12.06	9.70
Se	42	0.11	0.11	0.14	0.17	0.28	0.34	0.39	0.21	0.10	0.19	2.81	0.54	0.09	0.49	0.17	0.17	正态分布	0.21	0.21	0.21
Sn	42	2.98	3.19	3.56	3.69	3.97	4.18	4.22	3.70	0.38	3.68	2.11	4.39	2.79	0.10	3.69	3.72	正态分布	3.70	3.62	2.60
Sr	42	69.4	72.7	85.1	107	123	139	146	106	28.98	102	14.48	200	40.10	0.27	107	127	正态分布	106	114	112
Th	42	13.71	14.17	14.54	15.44	17.22	18.00	19.10	15.95	2.01	15.84	4.93	22.34	12.86	0.13	15.44	15.95	正态分布	15.95	15.66	14.50
Ti	42	3491	3531	4123	4762	5029	5143	5224	4506	696	4445	123	5570	2262	0.15	4762	4403	正态分布	4506	4560	4602
Tl	42	0.71	0.71	0.76	0.83	0.93	1.04	1.12	0.85	0.13	0.84	1.19	1.25	0.70	0.16	0.83	0.85	正态分布	0.85	0.83	0.82
U	42	2.27	2.36	2.58	2.91	3.29	3.70	3.79	2.97	0.50	2.93	1.93	4.13	2.21	0.17	2.91	3.00	正态分布	2.97	2.96	3.14
V	42	48.76	51.9	64.0	86.3	106	111	116	85.2	23.55	81.6	12.52	119	38.20	0.28	86.3	63.1	正态分布	85.2	88.4	110
W	42	1.56	1.61	1.76	1.85	1.98	2.23	2.37	1.92	0.35	1.89	1.49	3.25	1.18	0.18	1.85	1.91	对数正态分布	1.89	1.86	1.93
Y	42	24.61	25.29	26.62	28.39	30.39	32.22	33.45	28.38	3.57	28.11	6.80	35.71	14.05	0.13	28.39	28.21	正态分布	28.38	27.70	26.13
Zn	42	62.5	66.8	73.8	90.7	97.1	104	107	86.7	15.95	85.0	12.82	113	40.18	0.18	90.7	87.6	正态分布	86.7	88.4	77.4
Zr	42	212	222	236	276	321	352	368	282	55.0	277	25.39	398	185	0.20	276	247	正态分布	282	276	287
SiO_2	42	61.2	61.5	63.7	67.5	70.3	72.7	73.9	67.2	4.25	67.1	11.23	75.7	59.8	0.06	67.5	67.1	正态分布	67.2	66.3	70.5
Al_2O_3	42	12.94	13.86	14.38	14.87	15.64	16.34	16.41	14.89	1.06	14.85	4.69	16.98	12.36	0.07	14.87	14.90	正态分布	14.89	15.04	14.82
TFe_2O_3	42	3.35	3.56	4.08	4.64	5.78	5.95	6.19	4.83	1.04	4.71	2.47	6.54	2.18	0.21	4.64	4.66	正态分布	4.83	4.97	4.70
MgO	42	0.42	0.46	0.67	1.46	2.20	2.55	2.59	1.53	0.80	1.28	1.91	2.67	0.41	0.52	1.46	2.14	正态分布	1.53	1.62	0.67
CaO	42	0.23	0.25	0.36	1.09	1.95	2.30	2.45	1.20	0.84	0.88	2.33	3.44	0.20	0.70	1.09	0.23	正态分布	1.20	1.45	0.22
Na_2O	42	0.78	0.81	0.97	1.26	1.33	1.42	1.59	1.19	0.29	1.15	1.33	1.98	0.43	0.25	1.26	1.20	正态分布	1.19	1.21	0.16
K_2O	42	2.44	2.50	2.77	2.86	2.99	3.28	3.55	2.92	0.35	2.90	1.87	4.16	2.37	0.12	2.86	2.83	对数正态分布	2.90	2.89	2.99
TC	42	0.26	0.29	0.33	0.48	0.72	0.86	0.94	0.54	0.24	0.49	1.82	1.18	0.24	0.46	0.48	0.53	正态分布	0.54	0.62	0.43
Corg	42	0.24	0.27	0.29	0.33	0.40	0.48	0.51	0.35	0.10	0.34	1.91	0.73	0.17	0.28	0.33	0.35	正态分布	0.35	0.39	0.42
pH	42	5.36	5.56	5.80	8.18	8.43	8.54	8.64	6.03	5.77	7.43	3.17	8.72	5.15	0.96	8.18	8.26	其他分布	8.26	8.44	5.12

接近,明显高于浙江省基准值。

深层土壤各元素/指标中,绝大多数元素/指标变异系数小于 0.40,分布相对均匀;Au、Cl、pH、CaO、MgO、S、Se、TC、Br 变异系数大于 0.40,其中 Au、Cl、pH 变异系数大于 0.80,空间变异性较大。

与舟山市土壤基准值相比,Cl 基准值略低于舟山市基准值,为舟山市基准值的 72%;Ba 基准值为舟山市基准值的 1.24 倍;其他元素/指标基准值与舟山市基准值基本接近。

与浙江省土壤基准值相比,V 基准值略低于浙江省基准值,为浙江省基准值的 77%;As、Ba、F、Mn、Sc、TC 基准值略高于浙江省基准值,为浙江省基准值的 1.2～1.4 倍;Au、Bi、Br、Cl、Cu、I、Mo、Ni、P、S、Sn、MgO、CaO、Na_2O 基准值明显高于浙江省基准值,为浙江省基准值的 1.4 倍以上,其中 Br、Cl、Ni、MgO、CaO、Na_2O 基准值为浙江省基准值的 2.0 倍以上,最高的 Na_2O 基准值为浙江省基准值的 7.44 倍;其他元素/指标基准值与浙江省基准值基本接近。

三、普陀区土壤地球化学基准值

普陀区深层土壤总体呈碱性,土壤 pH 极大值为 8.67,极小值为 5.19,基准值为 8.09,与舟山市基准值接近,明显高于浙江省基准值。

深层土壤各元素/指标中,绝大多数元素/指标变异系数小于 0.40,分布相对均匀;仅 Mo、Cl、pH、F、Se、S、Au、CaO、I、Br、MgO、Ni、TC 共 13 项元素/指标变异系数大于 0.40,其中 Mo、Cl、pH、F、Se、S 变异系数大于 0.80,空间变异性较大。

与舟山市土壤基准值相比,Au 基准值略低于舟山市基准值,为舟山市基准值的 78%;CaO、P、MgO、TC 基准值略高于舟山市基准值;其他元素/指标基准值与舟山市基准值基本接近。

与浙江省土壤基准值相比,As、Co、Li、Mn、Mo、N、Sb、Sc、Sn、Zn 基准值略高于浙江省基准值,为浙江省基准值的 1.2～1.4 倍;Bi、Br、Cl、Cu、F、I、Ni、P、S、MgO、CaO、Na_2O、TC 基准值明显高于浙江省基准值,为浙江省基准值的 1.4 倍以上,其中 Br、Cl、Cu、Ni、P、S、MgO、CaO、Na_2O 基准值为浙江省基准值的 2.5 倍以上;其他元素/指标基准值与浙江省基准值基本接近(表 3-3)。

四、岱山县土壤地球化学基准值

岱山县深层土壤总体呈碱性,土壤 pH 极大值为 8.44,极小值为 5.45,基准值为 8.07,接近于舟山市基准值,明显高于浙江省基准值。

深层土壤各元素/指标中,绝大多数元素/指标变异系数小于 0.40,分布相对均匀;仅 Cl、Au、S、pH、Br、CaO、Hg、Se、MgO、TC 共 10 项元素/指标变异系数大于 0.40,其中 Cl、Au、S、pH 变异系数大于 0.80,空间变异性较大。

与舟山市土壤基准值相比,Br 基准值略高于舟山市基准值,为舟山市基准值的 1.26 倍;其他元素/指标基准值与舟山市基准值基本接近。

与浙江省土壤基准值相比,Au、Bi、Br、Cl、Cu、I、Mo、Ni、P、S、MgO、CaO、Na_2O 基准值明显高于浙江省基准值,为浙江省基准值的 1.4 倍以上,其中 Br、Cl、Ni、MgO、CaO、Na_2O 基准值为浙江省基准值的 2.0 倍以上;As、Co、F、Sc、Sn、TC 基准值略高于浙江省基准值,为浙江省基准值的 1.2～1.4 倍;B 基准值略低于浙江省基准值,为浙江省基准值的 78%;其他元素/指标基准值与浙江省基准值基本接近(表 3-4)。

第二节　主要土壤母质类型地球化学基准值

结合 1∶25 万多目标区域地球化学调查深层样分布情况,本节仅对舟山市松散岩类沉积物和中酸性火成岩类风化物两种土壤母质进行统计与分析。

表 3-3 普陀区土壤地球化学基准值参数统计表

元素/指标	N	$X_{5\%}$	$X_{10\%}$	$X_{25\%}$	$X_{50\%}$	$X_{75\%}$	$X_{90\%}$	$X_{95\%}$	$\bar{X}$	S	$\bar{X}_g$	S_g	X_{max}	X_{min}	CV	X_{me}	X_{mo}	普陀区基准值	舟山市基准值	浙江省基准值
Ag	24	50.9	51.6	60.4	65.9	70.7	76.3	86.1	66.0	11.34	65.1	10.83	94.3	41.57	0.17	65.9	66.5	65.9	67.8	70.0
As	27	4.43	5.06	7.06	9.42	11.72	12.26	12.53	9.13	2.92	8.60	3.61	13.90	3.37	0.32	9.42	8.14	9.42	8.78	6.83
Au	27	0.74	0.75	0.93	1.23	2.28	2.96	4.09	1.70	1.18	1.40	1.91	5.16	0.35	0.69	1.23	1.23	1.23	1.57	1.10
B	27	25.35	36.81	45.93	64.1	74.2	77.1	79.3	57.7	18.84	53.5	10.19	80.9	11.73	0.33	64.1	59.2	64.1	60.4	73.0
Ba	27	439	450	463	505	584	680	706	532	97.5	524	36.02	807	419	0.18	505	527	505	473	482
Be	27	2.07	2.13	2.28	2.48	2.61	2.89	3.29	2.62	0.81	2.55	1.76	6.36	2.04	0.31	2.48	2.63	2.48	2.51	2.31
Bi	27	0.24	0.25	0.32	0.37	0.44	0.45	0.48	0.37	0.09	0.36	1.93	0.57	0.20	0.23	0.37	0.37	0.37	0.38	0.24
Br	27	2.51	2.61	4.24	4.90	6.05	8.57	13.72	5.89	3.61	5.17	2.81	18.28	2.11	0.61	4.90	5.68	4.90	4.54	1.50
Cd	27	0.06	0.07	0.10	0.11	0.13	0.15	0.18	0.11	0.04	0.11	0.01	0.20	0.05	0.31	0.11	0.11	0.11	0.11	0.11
Ce	27	76.5	76.6	79.2	81.1	85.5	91.5	95.1	83.8	9.27	83.4	12.58	123	76.4	0.11	81.1	84.1	81.1	87.7	84.1
Cl	27	61.9	65.0	86.4	242	397	763	2125	453	708	234	26.30	2979	51.3	1.57	242	479	242	206	39.00
Co	27	6.73	9.16	12.26	15.87	16.74	18.43	18.49	14.58	4.67	13.80	4.66	28.77	5.76	0.32	15.87	14.62	15.87	14.42	11.90
Cr	27	30.72	34.74	47.20	70.4	83.2	86.1	87.1	64.4	22.34	60.1	10.67	107	24.10	0.35	70.4	83.6	70.4	61.7	71.0
Cu	27	13.08	13.29	16.36	22.90	29.30	31.64	32.88	22.74	7.39	21.50	5.99	35.53	10.26	0.32	22.90	22.90	22.90	21.77	11.20
F	27	259	275	398	644	711	760	774	667	602	559	38.50	3535	232	0.90	644	659	644	559	431
Ga	27	17.00	17.88	19.35	20.20	21.40	22.40	23.56	20.27	2.09	20.16	5.57	25.40	15.30	0.10	20.20	20.20	20.20	19.80	18.92
Ge	27	1.35	1.37	1.42	1.47	1.53	1.65	1.70	1.52	0.21	1.51	1.31	2.44	1.33	0.14	1.47	1.52	1.47	1.51	1.50
Hg	27	0.02	0.02	0.03	0.04	0.05	0.06	0.08	0.04	0.02	0.04	6.85	0.09	0.01	0.39	0.04	0.02	0.04	0.04	0.048
I	27	2.70	3.33	4.79	7.54	10.00	13.82	16.74	8.18	5.15	6.89	3.46	25.01	2.46	0.63	7.54	8.13	7.54	7.67	3.86
La	27	39.74	40.96	42.00	43.17	44.84	47.53	50.9	44.24	5.15	43.99	8.72	65.8	37.55	0.12	43.17	43.84	43.17	46.01	41.00
Li	27	20.66	24.45	29.60	47.79	58.8	60.5	61.3	44.67	15.05	41.85	8.75	64.2	19.60	0.34	47.79	46.70	47.79	43.64	37.51
Mn	27	603	719	791	894	934	979	1150	871	174	853	47.06	1332	418	0.20	894	866	894	874	713
Mo	27	0.62	0.63	0.71	0.81	1.10	1.73	3.97	2.41	7.12	1.05	2.28	37.78	0.56	2.95	0.81	1.93	0.81	0.99	0.62
N	27	0.41	0.45	0.50	0.59	0.68	0.77	0.82	0.59	0.13	0.58	1.50	0.88	0.31	0.23	0.59	0.59	0.59	0.56	0.49
Nb	27	18.04	18.24	18.42	18.99	20.02	22.95	24.78	19.76	2.11	19.66	5.49	25.85	17.77	0.11	18.99	18.42	18.99	20.14	19.60
Ni	27	11.46	15.38	20.50	33.52	40.25	44.08	46.47	32.53	16.79	28.88	7.30	94.2	10.33	0.52	33.52	33.02	33.52	30.01	11.00
P	27	0.24	0.30	0.38	0.57	0.63	0.67	0.83	0.52	0.19	0.49	1.76	0.99	0.21	0.36	0.57	0.51	0.57	0.47	0.24
Pb	27	22.93	24.26	26.26	29.07	31.06	42.26	44.47	30.83	7.86	30.00	6.88	54.8	18.99	0.25	29.07	30.59	29.07	30.22	30.00

续表 3-3

元素/指标	N	$X_{5\%}$	$X_{10\%}$	$X_{25\%}$	$X_{50\%}$	$X_{75\%}$	$X_{90\%}$	$X_{95\%}$	$\bar{X}$	S	$\bar{X}_g$	S_g	X_{max}	X_{min}	CV	X_{me}	X_{mo}	普陀区基准值	舟山市基准值	浙江省基准值
Rb	27	118	124	130	136	144	148	151	135	12.39	135	16.47	157	96.1	0.09	136	134	136	137	128
S	27	101	111	131	244	383	630	855	328	280	250	23.79	1282	89.0	0.85	244	306	244	242	114
Sb	27	0.41	0.45	0.50	0.67	0.74	0.81	0.84	0.64	0.16	0.62	1.46	1.04	0.40	0.25	0.67	0.74	0.67	0.60	0.53
Sc	27	7.12	8.09	10.04	13.30	14.35	16.00	16.10	12.38	3.27	11.92	4.23	19.49	6.03	0.26	13.30	12.32	13.30	12.06	9.70
Se	27	0.13	0.14	0.15	0.21	0.34	0.42	0.45	0.28	0.24	0.23	2.74	1.36	0.12	0.86	0.21	0.16	0.21	0.21	0.21
Sn	27	2.70	2.88	3.28	3.52	3.75	4.04	4.30	3.50	0.49	3.47	2.07	4.55	2.35	0.14	3.52	3.52	3.52	3.62	2.60
Sr	27	85.8	91.7	103	127	142	148	149	122	24.74	119	15.36	155	53.7	0.20	127	124	127	114	112
Th	27	10.92	12.38	13.68	14.49	15.28	17.16	18.85	14.63	2.23	14.47	4.64	20.20	9.69	0.15	14.49	14.74	14.49	15.66	14.50
Ti	27	3468	3724	4108	4951	5025	5297	5797	4721	846	4648	124	7286	2999	0.18	4951	4691	4951	4560	4602
Tl	27	0.70	0.70	0.74	0.79	0.90	1.10	1.13	0.84	0.14	0.83	1.21	1.14	0.66	0.17	0.79	0.84	0.79	0.83	0.82
U	27	2.28	2.35	2.46	2.63	2.94	3.56	3.60	2.80	0.53	2.76	1.81	4.37	2.13	0.19	2.63	2.85	2.63	2.96	3.14
V	27	50.6	59.3	73.2	97.8	110	115	117	91.9	25.01	88.1	13.13	142	40.50	0.27	97.8	93.4	97.8	88.4	110
W	27	1.41	1.47	1.69	1.83	1.93	2.05	2.39	1.85	0.35	1.82	1.46	3.14	1.30	0.19	1.83	1.86	1.83	1.86	1.93
Y	27	20.92	21.59	23.09	27.19	28.87	29.53	30.65	26.34	3.36	26.12	6.46	31.30	20.26	0.13	27.19	26.57	27.19	27.70	26.13
Zn	27	59.3	62.9	87.9	97.2	111	118	119	96.3	21.96	93.5	13.08	145	46.30	0.23	97.2	96.9	97.2	88.4	77.4
Zr	27	204	217	226	251	296	343	366	268	54.7	263	24.22	405	197	0.20	251	272	251	276	287
SiO$_2$	27	59.2	59.3	59.9	63.2	67.1	70.8	72.9	64.3	4.80	64.1	10.85	75.7	58.9	0.07	63.2	64.6	63.2	66.3	70.5
Al$_2$O$_3$	27	12.97	13.93	14.91	15.47	16.15	17.69	18.10	15.60	1.60	15.52	4.80	19.53	12.07	0.10	15.47	15.65	15.47	15.04	14.82
TFe$_2$O$_3$	27	2.94	3.29	4.50	5.63	5.93	6.13	6.22	5.17	1.30	5.00	2.59	8.59	2.80	0.25	5.63	4.99	5.63	4.97	4.70
MgO	27	0.49	0.62	0.82	1.96	2.54	2.69	2.75	1.84	1.04	1.53	2.00	4.88	0.42	0.56	1.96	1.91	1.96	1.62	0.67
CaO	27	0.37	0.42	0.54	1.82	3.27	3.52	3.60	1.91	1.27	1.39	2.47	3.91	0.22	0.67	1.82	1.84	1.82	1.45	0.22
Na$_2$O	27	0.71	0.84	0.99	1.23	1.33	1.44	1.52	1.16	0.26	1.13	1.29	1.68	0.58	0.23	1.23	1.15	1.23	1.21	0.16
K$_2$O	27	2.32	2.55	2.77	2.86	3.01	3.24	3.29	2.87	0.28	2.85	1.83	3.37	2.21	0.10	2.86	2.86	2.86	2.89	2.99
TC	27	0.22	0.25	0.42	0.75	1.06	1.24	1.31	0.75	0.38	0.64	1.93	1.45	0.21	0.51	0.75	0.75	0.75	0.62	0.43
Corg	27	0.21	0.26	0.36	0.44	0.51	0.62	0.64	0.44	0.13	0.42	1.86	0.65	0.20	0.29	0.44	0.44	0.44	0.39	0.42
pH	27	5.32	5.48	6.16	8.09	8.44	8.53	8.63	6.08	5.76	7.44	3.18	8.67	5.19	0.95	8.09	8.44	8.09	8.44	5.12

表 3-4 岱山县土壤地球化学基准值参数统计表

元素/指标	N	$X_{5\%}$	$X_{10\%}$	$X_{25\%}$	$X_{50\%}$	$X_{75\%}$	$X_{90\%}$	$X_{95\%}$	$\overline{X}$	S	$\overline{X}_g$	S_g	X_{max}	X_{min}	CV	X_{me}	X_{mo}	岱山县基准值	舟山市基准值	浙江省基准值
Ag	22	56.5	57.5	63.3	66.9	74.3	91.3	97.8	71.5	14.16	70.4	11.24	113	56.2	0.20	66.9	70.2	66.9	67.8	70.0
As	22	4.46	5.51	7.27	8.98	10.69	11.12	11.64	8.86	2.37	8.51	3.56	12.78	4.31	0.27	8.98	7.35	8.98	8.78	6.83
Au	22	1.01	1.14	1.28	1.67	1.99	2.54	7.43	2.40	2.83	1.79	2.07	13.47	0.60	1.18	1.67	1.68	1.67	1.57	1.10
B	22	27.97	43.20	48.44	57.0	73.6	81.2	82.6	58.4	16.89	55.6	10.05	84.1	22.76	0.29	57.0	58.6	57.0	60.4	73.0
Ba	22	420	429	467	515	609	737	807	548	123	536	36.77	833	391	0.23	515	543	515	473	482
Be	22	2.29	2.37	2.41	2.60	2.76	2.84	2.89	2.57	0.25	2.56	1.75	3.03	1.92	0.10	2.60	2.58	2.60	2.51	2.31
Bi	22	0.25	0.27	0.31	0.36	0.42	0.52	0.61	0.38	0.11	0.37	1.86	0.62	0.21	0.29	0.36	0.38	0.36	0.38	0.24
Br	22	2.74	3.44	4.64	5.72	8.11	10.33	20.33	7.26	4.91	6.22	3.35	21.30	2.60	0.68	5.72	5.75	5.72	4.54	1.50
Cd	22	0.08	0.08	0.09	0.10	0.11	0.13	0.14	0.10	0.02	0.01	0.01	0.16	0.08	0.21	0.10	0.10	0.10	0.11	0.11
Ce	22	77.2	78.1	86.8	90.5	91.9	96.7	99.9	89.5	7.60	89.2	12.84	108	75.5	0.08	90.5	89.8	90.5	87.7	84.1
Cl	22	84.4	94.4	99.2	184	1131	1454	3029	738	985	332	39.66	3673	54.6	1.33	184	886	184	206	39.00
Co	22	10.24	11.02	12.88	14.44	16.38	19.01	21.77	14.95	3.75	14.54	4.69	25.41	8.96	0.25	14.44	14.78	14.44	14.42	11.90
Cr	22	42.22	46.49	48.42	61.2	76.6	80.9	91.8	62.4	16.86	60.2	10.49	94.6	33.60	0.27	61.2	64.8	61.2	61.7	71.0
Cu	22	16.04	16.26	17.62	21.56	24.61	29.40	29.97	22.13	5.88	21.46	5.92	38.95	14.73	0.27	21.56	22.41	21.56	21.77	11.20
F	22	379	402	457	589	667	747	797	573	137	557	38.32	826	325	0.24	589	566	589	559	431
Ga	22	17.50	17.55	18.60	19.50	20.62	21.19	23.57	19.71	1.77	19.64	5.54	24.00	17.20	0.09	19.50	19.50	19.50	19.80	18.92
Ge	22	1.35	1.40	1.42	1.50	1.53	1.58	1.59	1.48	0.08	1.48	1.25	1.61	1.28	0.06	1.50	1.48	1.50	1.51	1.50
Hg	22	0.02	0.02	0.03	0.04	0.05	0.07	0.08	0.04	0.02	0.04	6.88	0.11	0.02	0.47	0.04	0.03	0.04	0.04	0.048
I	22	3.78	4.24	5.71	7.44	9.23	10.51	10.93	7.68	2.97	7.16	3.23	16.44	3.10	0.39	7.44	7.67	7.44	7.67	3.86
La	22	40.31	41.74	42.46	46.92	48.46	52.1	52.9	46.76	4.71	46.54	8.80	59.4	40.21	0.10	46.92	46.90	46.92	46.01	41.00
Li	22	27.05	28.08	34.41	39.58	48.29	57.0	65.6	41.93	11.70	40.47	8.54	68.2	25.90	0.28	39.58	39.57	39.58	43.64	37.51
Mn	22	580	589	694	818	939	1100	1424	871	348	822	47.27	2106	434	0.40	818	878	818	874	713
Mo	22	0.70	0.76	0.85	1.04	1.38	1.65	1.99	1.14	0.41	1.08	1.39	2.11	0.67	0.36	1.04	1.10	1.04	0.99	0.62
N	22	0.44	0.46	0.48	0.53	0.61	0.81	0.88	0.57	0.14	0.56	1.51	0.89	0.36	0.24	0.53	0.57	0.53	0.56	0.49
Nb	22	17.03	17.31	17.81	19.04	22.44	24.72	25.89	20.28	3.34	20.04	5.42	29.14	16.45	0.16	19.04	20.12	19.04	20.14	19.60
Ni	22	18.51	19.58	23.36	26.67	34.64	39.36	46.79	29.52	8.70	28.38	7.03	49.52	18.30	0.29	26.67	31.26	26.67	30.01	11.00
P	22	0.30	0.31	0.34	0.46	0.50	0.61	0.62	0.44	0.11	0.43	1.73	0.62	0.25	0.26	0.46	0.43	0.46	0.47	0.24
Pb	22	24.73	24.95	26.84	29.27	31.44	34.35	34.63	29.37	3.39	29.19	6.94	36.07	24.39	0.12	29.27	29.44	29.27	30.22	30.00

续表 3-4

元素/指标	N	$X_{5\%}$	$X_{10\%}$	$X_{25\%}$	$X_{50\%}$	$X_{75\%}$	$X_{90\%}$	$X_{95\%}$	$\bar{X}$	S	$\bar{X}_g$	S_g	X_{max}	X_{min}	CV	X_{me}	X_{mo}	岱山县基准值	舟山市基准值	浙江省基准值
Rb	22	109	116	127	135	149	159	161	136	16.50	135	16.73	166	104	0.12	135	137	135	137	128
S	22	129	135	160	197	367	526	649	320	304	251	26.88	1509	117	0.95	197	321	197	242	114
Sb	22	0.44	0.45	0.52	0.58	0.69	0.71	0.71	0.60	0.13	0.59	1.43	0.99	0.40	0.21	0.58	0.58	0.58	0.60	0.53
Sc	22	8.55	8.95	10.16	12.34	13.35	16.43	17.54	12.27	2.74	11.98	4.25	17.81	8.23	0.22	12.34	12.15	12.34	12.06	9.70
Se	22	0.11	0.11	0.15	0.25	0.31	0.43	0.44	0.25	0.11	0.22	2.79	0.45	0.10	0.45	0.25	0.10	0.25	0.21	0.21
Sn	22	2.57	3.05	3.30	3.43	4.05	4.47	4.62	3.62	0.76	3.55	2.13	5.86	2.24	0.21	3.43	3.56	3.43	3.62	2.60
Sr	22	68.9	75.3	92.3	112	144	155	175	117	34.48	112	15.37	188	59.2	0.29	112	106	112	114	112
Th	22	13.76	13.80	15.20	16.08	17.86	18.49	18.69	16.35	1.81	16.26	4.92	20.13	13.61	0.11	16.08	16.29	16.08	15.66	14.50
Ti	22	3493	3844	4033	4502	4912	5137	5221	4606	973	4527	121	8251	3290	0.21	4502	4630	4502	4560	4602
Tl	22	0.67	0.67	0.71	0.79	0.85	0.88	0.89	0.78	0.08	0.78	1.18	0.90	0.62	0.11	0.79	0.78	0.79	0.83	0.82
U	22	2.42	2.58	2.72	3.08	3.39	3.52	3.77	3.13	0.62	3.08	1.95	5.28	2.39	0.20	3.08	3.14	3.08	2.96	3.14
V	22	63.4	66.6	75.8	88.8	102	124	128	90.5	20.58	88.4	13.14	133	60.1	0.23	88.8	89.1	88.8	88.4	110
W	22	1.37	1.54	1.76	1.85	2.02	2.16	2.20	1.84	0.26	1.82	1.44	2.27	1.23	0.14	1.85	1.83	1.85	1.86	1.93
Y	22	20.72	23.22	26.91	28.67	30.71	31.31	31.48	28.08	3.39	27.87	6.66	31.81	20.37	0.12	28.67	27.87	28.67	27.70	26.13
Zn	22	62.3	62.8	70.1	80.1	87.1	100.0	110	81.9	15.91	80.6	12.50	125	61.5	0.19	80.1	62.3	80.1	88.4	77.4
Zr	22	193	200	225	262	299	357	392	273	72.6	265	23.25	482	181	0.27	262	269	262	276	287
SiO$_2$	22	60.3	60.9	64.2	67.1	69.0	72.4	75.1	66.9	5.14	66.7	10.91	80.1	57.2	0.08	67.1	67.0	67.1	66.3	70.5
Al$_2$O$_3$	22	12.29	13.32	14.02	14.62	15.41	16.44	16.53	14.67	1.31	14.61	4.71	16.61	11.58	0.09	14.62	14.79	14.62	15.04	14.82
TFe$_2$O$_3$	22	3.83	3.91	4.22	4.93	5.49	6.36	6.64	4.99	0.89	4.91	2.55	6.79	3.80	0.18	4.93	4.97	4.93	4.97	4.70
MgO	22	0.76	0.86	0.97	1.58	1.97	2.50	2.66	1.55	0.67	1.41	1.66	2.94	0.55	0.44	1.58	1.56	1.58	1.62	0.67
CaO	22	0.35	0.39	0.77	1.30	1.57	2.97	3.06	1.38	0.91	1.10	2.08	3.06	0.25	0.66	1.30	1.43	1.30	1.45	0.22
Na$_2$O	22	0.74	0.77	1.18	1.29	1.43	1.59	1.66	1.30	0.41	1.25	1.39	2.69	0.70	0.31	1.29	1.32	1.29	1.21	0.16
K$_2$O	22	2.36	2.55	2.70	2.85	3.12	3.22	3.25	2.87	0.30	2.86	1.87	3.36	2.19	0.11	2.85	2.88	2.85	2.89	2.99
TC	22	0.32	0.36	0.45	0.56	0.74	0.94	1.11	0.63	0.27	0.58	1.62	1.33	0.31	0.42	0.56	0.63	0.56	0.62	0.43
Corg	22	0.28	0.30	0.33	0.36	0.46	0.63	0.65	0.42	0.13	0.40	1.84	0.70	0.26	0.31	0.36	0.43	0.36	0.39	0.42
pH	22	5.74	6.07	6.45	8.07	8.17	8.27	8.35	6.42	6.07	7.46	3.20	8.44	5.45	0.95	8.07	8.15	8.07	8.44	5.12

一、松散岩类沉积物土壤母质地球化学基准值

松散岩类沉积物区深层土壤总体呈碱性,土壤pH极大值为8.59,极小值为7.20,基准值为8.39,与舟山市基准值接近。

深层土壤各元素/指标中,多数元素/指标变异系数均小于0.40,说明分布较为均匀;Au、Cl、pH变异系数大于0.80,空间变异性较大。

与舟山市土壤基准值相比,Au、Mo、I、Se基准值略低;Cl、CaO、TC、MgO、S基准值明显高于舟山市基准值,Cl基准值最高,为舟山市基准值的2.84倍;其他元素/指标基准值与舟山市基准值接近(表3-5)。

二、中酸性火成岩类风化物土壤母质地球化学基准值

中酸性火成岩类风化物区基准值数据经正态分布检验,结果表明,原始数据中Ag、Au、Be、Br、Cl、F、Mo符合对数正态分布,S、pH符合偏峰分布,其余45项元素/指标均符合正态分布(表3-6)。

中酸性火成岩类风化物区深层土壤总体为弱碱性,土壤pH极大值为8.65,极小值为5.15,基准值为7.78,与舟山市基准值接近。

深层土壤各元素/指标中,大多数元素/指标变异系数小于0.40,说明分布较为均匀;Mo、Cl、Au、pH变异系数大于0.80,空间变异性较大。

与舟山市土壤基准值相比,S、Cl基准值略低,均在舟山市基准值的70%以下;仅Se基准值略高于舟山市基准值,为舟山市基准值的1.33倍;其他元素/指标基准值与舟山市基准值接近。

第三节 主要土壤类型地球化学基准值

一、红壤土壤地球化学基准值

红壤区深层土壤总体为中性,土壤pH极大值为8.65,极小值为5.15,基准值为7.37,与舟山市基准值接近。

深层土壤各元素/指标中,大多数元素/指标变异系数小于0.40,说明分布较为均匀;其中F、pH变异系数大于0.80,空间变异性较大。

与舟山市土壤基准值相比,Au、Hg、TC、CaO、Cl、S基准值略低于舟山市基准值;仅Ba基准值略高于舟山市基准值,为舟山市基准值的1.23倍,其他元素/指标基准值基本与舟山市基准值接近(表3-7)。

二、粗骨土土壤地球化学基准值

粗骨土区深层土壤总体为中性,土壤pH极大值为8.54,极小值为5.30,基准值为6.75,略低于舟山市基准值。

深层土壤各元素/指标中,大多数元素/指标变异系数小于0.40,说明分布较为均匀;其中Mo、Cl、Au、S、pH、CaO、Br、Se变异系数大于0.80,空间变异性较大。

与舟山市土壤基准值相比,P、Cu、Cr、Li、TC、Ni、S基准值略低于舟山市基准值;MgO、Cl、CaO基准值明显低于舟山市基准值,其中CaO基准值仅为舟山市基准值的37%;其他元素/指标基准值与舟山市基准值基本接近(表3-8)。

第三章 土壤地球化学基准值

表3-5 松散岩类沉积物土壤母质地球化学基准值参数统计表

元素/指标	N	$X_{5\%}$	$X_{10\%}$	$X_{25\%}$	$X_{50\%}$	$X_{75\%}$	$X_{90\%}$	$X_{95\%}$	$\bar{X}$	S	$\bar{X}_g$	S_g	X_{max}	X_{min}	CV	X_{me}	X_{mo}	松散岩沉积物基准值	舟山市基准值
Ag	17	54.8	58.4	65.2	68.1	73.6	75.9	79.7	68.2	8.26	67.7	11.01	84.3	49.33	0.12	68.1	68.1	68.1	67.8
As	17	6.91	8.01	9.03	11.12	11.86	12.26	12.46	10.33	1.89	10.15	3.69	12.57	6.55	0.18	11.12	11.12	11.12	8.78
Au	17	0.89	0.95	1.07	1.23	2.01	3.49	6.82	2.28	3.06	1.59	2.10	13.47	0.82	1.34	1.23	1.23	1.23	1.57
B	17	51.4	56.0	64.1	70.8	76.8	80.7	81.4	69.8	9.86	69.1	11.04	81.4	48.40	0.14	70.8	69.7	70.8	60.4
Ba	17	448	450	456	473	516	569	650	502	76.3	498	34.68	739	446	0.15	473	515	473	473
Be	17	2.37	2.38	2.40	2.57	2.64	2.74	2.75	2.55	0.14	2.55	1.70	2.77	2.35	0.05	2.57	2.56	2.57	2.51
Bi	17	0.31	0.33	0.36	0.39	0.41	0.44	0.45	0.39	0.05	0.38	1.78	0.45	0.28	0.12	0.39	0.38	0.39	0.38
Br	17	2.84	3.56	4.36	5.83	7.85	13.58	18.88	7.27	5.16	6.05	3.27	21.30	1.67	0.71	5.83	7.85	5.83	4.54
Cd	17	0.08	0.09	0.09	0.11	0.12	0.13	0.14	0.11	0.20	0.11	14.00	0.14	0.58	0.19	0.11	0.11	0.11	0.11
Ce	17	77.8	78.1	78.2	81.3	84.9	92.4	94.7	83.0	5.87	82.8	12.38	96.5	77.2	0.07	81.3	82.3	81.3	87.7
Cl	17	124	146	245	586	1202	2076	3006	876	922	536	40.54	3110	110	1.05	586	752	586	206
Co	17	12.81	13.37	14.59	16.17	17.57	18.43	18.47	15.89	2.10	15.75	4.71	18.50	11.48	0.13	16.17	16.00	16.17	14.42
Cr	17	52.5	59.2	68.6	73.3	82.7	86.1	86.9	74.1	11.09	73.3	11.26	87.3	52.4	0.15	73.3	73.3	73.3	61.7
Cu	17	17.47	20.58	23.07	24.91	29.51	31.64	32.10	25.85	4.86	25.39	6.13	33.35	16.03	0.19	24.91	24.91	24.91	21.77
F	17	566	586	619	645	734	754	759	663	78.1	659	39.47	776	488	0.12	645	645	645	559
Ga	17	18.46	18.80	19.50	20.20	21.20	21.70	22.12	20.29	1.20	20.25	5.50	22.60	18.30	0.06	20.20	20.20	20.20	19.80
Ge	17	1.35	1.38	1.42	1.52	1.58	1.65	1.69	1.51	0.11	1.50	1.28	1.71	1.35	0.07	1.52	1.52	1.52	1.51
Hg	17	0.02	0.03	0.04	0.05	0.05	0.06	0.06	0.04	0.01	0.04	6.40	0.06	0.02	0.27	0.05	0.05	0.05	0.04
I	17	3.06	3.29	3.83	5.25	7.27	7.59	7.72	5.47	1.77	5.17	2.83	7.95	2.53	0.32	5.25	5.25	5.25	7.67
La	17	41.14	41.57	42.08	42.85	44.65	47.63	50.8	43.85	3.00	43.76	8.59	51.1	40.21	0.07	42.85	43.84	42.85	46.01
Li	17	39.98	41.60	47.79	51.4	59.2	61.0	62.1	52.3	8.41	51.6	9.20	64.2	34.05	0.16	51.4	51.4	51.4	43.64
Mn	17	586	633	737	836	906	956	967	815	128	805	44.23	976	575	0.16	836	808	836	874
Mo	17	0.61	0.63	0.67	0.69	0.80	0.95	0.99	0.75	0.13	0.74	1.25	1.05	0.58	0.17	0.69	0.76	0.69	0.99
N	17	0.45	0.47	0.49	0.59	0.63	0.68	0.69	0.57	0.09	0.57	1.45	0.71	0.43	0.15	0.59	0.56	0.59	0.56
Nb	17	17.47	17.69	17.95	18.61	19.36	19.59	19.74	18.62	0.85	18.60	5.28	20.12	17.01	0.05	18.61	17.95	18.61	20.14
Ni	17	23.74	28.38	33.08	35.15	42.05	44.08	45.36	36.64	6.98	35.95	7.49	47.13	22.50	0.19	35.15	35.15	35.15	30.01
P	17	0.44	0.46	0.49	0.57	0.62	0.63	0.64	0.55	0.08	0.55	1.48	0.64	0.38	0.14	0.57	0.55	0.57	0.47
Pb	17	24.74	24.92	26.85	27.97	29.32	31.94	35.81	28.78	4.04	28.54	6.71	41.30	24.39	0.14	27.97	29.07	27.97	30.22

续表 3-5

元素/指标	N	$X_{5\%}$	$X_{10\%}$	$X_{25\%}$	$X_{50\%}$	$X_{75\%}$	$X_{90\%}$	$X_{95\%}$	$\bar{X}$	S	$\bar{X}_g$	S_g	X_{max}	X_{min}	CV	X_{me}	X_{mo}	松散岩沉积物基准值	舟山市基准值
Rb	17	127	127	130	139	145	148	151	139	9.40	138	16.48	159	125	0.07	139	139	139	137
S	17	120	146	288	352	626	866	1060	470	358	368	31.17	1509	95.1	0.76	352	533	352	242
Sb	17	0.45	0.49	0.57	0.65	0.77	0.81	0.84	0.66	0.13	0.65	1.41	0.84	0.42	0.20	0.65	0.70	0.65	0.60
Sc	17	11.76	12.18	12.83	14.29	15.04	16.00	16.05	13.93	1.66	13.84	4.39	16.13	10.21	0.12	14.29	14.29	14.29	12.06
Se	17	0.10	0.11	0.13	0.14	0.15	0.21	0.27	0.15	0.05	0.15	3.10	0.31	0.10	0.36	0.14	0.10	0.14	0.21
Sn	17	3.28	3.34	3.42	3.60	3.68	3.78	3.87	3.58	0.23	3.57	2.05	4.18	3.14	0.06	3.60	3.60	3.60	3.62
Sr	17	112	116	126	136	143	146	147	133	13.38	132	16.11	150	101	0.10	136	132	136	114
Th	17	13.52	13.70	13.83	14.56	15.13	16.27	18.19	14.92	1.69	14.84	4.66	20.13	13.18	0.11	14.56	15.00	14.56	15.66
Ti	17	4187	4358	4702	4897	4987	5056	5095	4803	323	4792	123	5227	3992	0.07	4897	4816	4897	4560
Tl	17	0.69	0.70	0.71	0.74	0.83	0.90	0.93	0.78	0.09	0.77	1.20	0.95	0.69	0.11	0.74	0.77	0.74	0.83
U	17	2.36	2.40	2.48	2.59	2.72	3.18	3.31	2.68	0.31	2.67	1.78	3.35	2.27	0.11	2.59	2.68	2.59	2.96
V	17	85.9	88.8	96.8	102	111	115	117	102	11.08	101	13.60	118	76.0	0.11	102	102	102	88.4
W	17	1.72	1.77	1.78	1.89	1.95	2.04	2.28	1.94	0.36	1.92	1.48	3.25	1.57	0.18	1.89	1.94	1.89	1.86
Y	17	26.57	27.05	27.64	28.56	29.07	29.89	30.54	28.45	1.32	28.42	6.69	30.83	25.53	0.05	28.56	28.44	28.56	27.70
Zn	17	77.1	78.6	82.5	98.9	103	109	114	95.1	12.89	94.2	13.05	115	72.9	0.14	98.9	95.2	98.9	88.4
Zr	17	199	200	212	224	248	275	299	233	30.55	232	22.43	300	197	0.13	224	235	224	276
SiO$_2$	17	59.1	59.2	59.8	61.6	64.6	67.4	68.0	62.7	3.25	62.6	10.61	68.5	58.9	0.05	61.6	61.6	61.6	66.3
Al$_2$O$_3$	17	14.04	14.05	14.45	15.13	15.77	16.17	16.37	15.16	0.81	15.14	4.65	16.43	13.98	0.05	15.13	15.13	15.13	15.04
TFe$_2$O$_3$	17	4.85	4.93	5.33	5.61	5.89	6.13	6.21	5.57	0.47	5.55	2.62	6.23	4.62	0.08	5.61	5.61	5.61	4.97
MgO	17	1.36	1.58	1.99	2.45	2.59	2.70	2.75	2.22	0.47	2.17	1.60	2.75	1.30	0.21	2.45	2.14	2.45	1.62
CaO	17	1.02	1.09	1.82	2.63	3.06	3.42	3.46	2.43	0.90	2.23	1.84	3.55	0.77	0.37	2.63	2.54	2.63	1.45
Na$_2$O	17	1.18	1.20	1.24	1.34	1.44	1.56	1.61	1.36	0.15	1.35	1.23	1.66	1.12	0.11	1.34	1.34	1.34	1.21
K$_2$O	17	2.70	2.76	2.80	2.89	3.01	3.17	3.28	2.91	0.20	2.91	1.84	3.29	2.46	0.07	2.89	2.90	2.89	2.89
TC	17	0.38	0.47	0.73	0.94	1.08	1.16	1.19	0.85	0.28	0.80	1.52	1.21	0.32	0.33	0.94	0.86	0.94	0.62
Corg	17	0.23	0.29	0.35	0.41	0.48	0.50	0.51	0.40	0.10	0.39	1.88	0.53	0.17	0.24	0.41	0.40	0.41	0.39
pH	17	7.91	8.09	8.14	8.39	8.45	8.49	8.51	8.08	7.85	8.27	3.32	8.59	7.20	0.97	8.39	8.40	8.39	8.44

注：氧化物、TC、Corg 单位为 %，N、P 单位为 g/kg，Au、Ag 单位为 μg/kg，pH 为无量纲，其他元素、指标单位为 mg/kg；后表单位相同。

表 3-6 中酸性火成岩类风化物土壤母质地球化学基准值参数统计表

元素/指标	N	$X_{5\%}$	$X_{10\%}$	$X_{25\%}$	$X_{50\%}$	$X_{75\%}$	$X_{90\%}$	$X_{95\%}$	$\overline{X}$	S	$\overline{X}_g$	S_g	X_{max}	X_{min}	CV	X_{me}	X_{mo}	分布类型	中酸性火成岩类风化物基准值	舟山市基准值
Ag	48	56.7	57.4	60.4	66.0	79.2	90.8	118	73.3	20.54	71.2	11.75	154	51.0	0.28	66.0	74.1	对数正态分布	71.2	67.8
As	48	4.33	5.25	7.18	8.21	9.48	10.76	11.48	8.19	2.12	7.88	3.42	12.78	3.37	0.26	8.21	8.14	正态分布	8.19	8.78
Au	48	0.64	0.72	0.90	1.38	2.35	3.28	4.13	2.03	2.58	1.50	2.07	18.11	0.35	1.27	1.38	1.30	对数正态分布	1.50	1.57
B	48	33.62	36.95	45.97	53.6	70.9	81.0	82.5	56.8	17.11	53.8	10.24	84.6	11.73	0.30	53.6	57.5	正态分布	56.8	60.4
Ba	48	454	469	496	565	672	745	811	586	116	575	38.80	872	391	0.20	565	586	正态分布	586	473
Be	48	2.10	2.19	2.28	2.53	2.68	2.86	3.12	2.58	0.63	2.53	1.73	6.36	1.92	0.24	2.53	2.31	对数正态分布	2.53	2.51
Bi	48	0.24	0.25	0.29	0.38	0.43	0.50	0.65	0.38	0.12	0.36	1.91	0.77	0.22	0.32	0.38	0.38	正态分布	0.38	0.38
Br	48	2.08	2.31	2.92	3.90	4.96	6.30	8.44	4.46	2.98	3.93	2.48	20.85	1.57	0.67	3.90	4.31	对数正态分布	3.93	4.54
Cd	48	0.07	0.08	0.09	0.10	0.13	0.15	0.17	0.11	0.03	0.10	0.01	0.20	0.06	0.29	0.10	0.11	正态分布	0.11	0.11
Ce	48	78.8	81.0	86.6	90.2	93.3	99.3	101	90.5	8.16	90.2	13.39	119	76.5	0.09	90.2	90.6	正态分布	90.5	87.7
Cl	48	51.2	52.4	61.6	116	206	400	580	249	539	134	19.55	3673	49.90	2.16	116	51.3	对数正态分布	134	206
Co	48	9.44	9.75	11.12	13.69	16.58	17.18	18.69	14.01	3.79	13.54	4.51	28.77	6.77	0.27	13.69	14.12	正态分布	14.01	14.42
Cr	48	30.19	34.99	43.05	50.4	74.6	84.2	87.1	57.1	20.45	53.4	10.01	107	16.60	0.36	50.4	50.4	正态分布	57.1	61.7
Cu	48	13.11	13.42	16.21	19.00	24.31	26.66	29.57	20.09	5.90	19.29	5.61	38.95	9.37	0.29	19.00	20.14	正态分布	20.09	21.77
F	48	307	345	404	542	665	698	733	590	458	527	36.89	3535	254	0.78	542	591	对数正态分布	527	559
Ga	48	17.14	17.50	18.00	19.10	20.57	21.69	23.77	19.58	1.97	19.49	5.48	25.40	16.70	0.10	19.10	19.00	正态分布	19.58	19.80
Ge	48	1.33	1.39	1.43	1.51	1.57	1.63	1.65	1.52	0.16	1.51	1.29	2.44	1.33	0.11	1.51	1.52	正态分布	1.52	1.51
Hg	48	0.02	0.03	0.03	0.04	0.04	0.06	0.06	0.04	0.02	0.04	6.76	0.11	0.01	0.39	0.04	0.04	正态分布	0.04	0.04
I	48	3.79	4.82	6.46	8.62	10.31	11.56	14.54	8.75	3.75	8.08	3.43	25.01	3.10	0.43	8.62	8.13	正态分布	8.75	7.67
La	48	41.11	41.88	42.77	46.43	49.15	53.1	57.6	47.06	5.52	46.77	9.19	65.5	37.55	0.12	46.43	47.08	正态分布	47.06	46.01
Li	48	21.43	25.89	29.50	37.92	53.5	60.3	60.6	40.53	13.58	38.30	8.30	66.0	18.58	0.33	37.92	40.54	正态分布	40.53	43.64
Mn	48	603	652	761	911	996	1180	1337	912	235	883	49.27	1622	434	0.26	911	918	正态分布	912	874
Mo	48	0.64	0.72	0.79	0.97	1.22	1.69	2.07	1.90	5.33	1.12	1.90	37.78	0.62	2.81	0.97	1.91	对数正态分布	1.12	0.99
N	48	0.38	0.40	0.46	0.53	0.58	0.72	0.83	0.55	0.13	0.53	1.54	0.89	0.31	0.24	0.53	0.55	正态分布	0.55	0.56
Nb	48	17.64	18.37	18.89	20.21	22.11	23.68	25.49	20.76	2.47	20.63	5.73	28.11	17.30	0.12	20.21	21.71	正态分布	20.76	20.14
Ni	48	12.62	15.09	19.29	23.88	35.92	40.60	45.40	27.90	13.83	25.39	6.61	94.2	10.20	0.50	23.88	27.33	正态分布	27.90	30.01
P	48	0.26	0.30	0.32	0.39	0.52	0.62	0.66	0.43	0.14	0.41	1.85	0.88	0.21	0.32	0.39	0.28	正态分布	0.43	0.47
Pb	48	24.85	25.81	27.21	30.03	34.64	38.96	45.10	31.62	6.36	31.07	7.26	52.8	22.74	0.20	30.03	31.67	正态分布	31.62	30.22

续表 3-6

元素/指标	N	$X_{5\%}$	$X_{10\%}$	$X_{25\%}$	$X_{50\%}$	$X_{75\%}$	$X_{90\%}$	$X_{95\%}$	$\overline{X}$	S	$\overline{X}_g$	S_g	X_{max}	X_{min}	CV	X_{me}	X_{mo}	分布类型	中酸性火成岩类风化物基准值	舟山市基准值
Rb	48	114	120	131	138	146	155	160	138	14.15	137	16.90	166	96.1	0.10	138	138	正态分布	138	137
S	43	106	109	124	142	196	246	292	166	62.7	157	18.54	362	89.0	0.38	142	167	偏峰分布	167	242
Sb	48	0.42	0.45	0.51	0.58	0.63	0.68	0.74	0.58	0.11	0.57	1.45	0.99	0.38	0.19	0.58	0.54	正态分布	0.58	0.60
Sc	48	8.08	8.40	9.18	10.66	13.52	14.78	16.21	11.40	2.76	11.09	4.02	19.49	7.41	0.24	10.66	11.13	正态分布	11.40	12.06
Se	48	0.12	0.15	0.17	0.23	0.33	0.41	0.47	0.28	0.19	0.24	2.63	1.36	0.10	0.69	0.23	0.22	正态分布	0.28	0.21
Sn	48	2.71	3.10	3.32	3.59	3.96	4.20	4.39	3.61	0.50	3.57	2.11	4.63	2.35	0.14	3.59	3.60	正态分布	3.61	3.62
Sr	48	62.9	71.0	84.8	103	121	140	153	105	30.08	101	14.21	200	53.7	0.29	103	85.5	正态分布	105	114
Th	48	12.64	14.09	14.74	15.59	17.44	18.65	19.25	16.01	2.28	15.84	4.99	22.34	9.69	0.14	15.59	15.95	正态分布	16.01	15.66
Ti	48	3480	3534	4010	4595	4968	5110	5329	4510	708	4459	124	7286	3425	0.16	4595	4560	正态分布	4510	4560
Tl	48	0.73	0.74	0.77	0.84	0.92	1.12	1.14	0.86	0.14	0.85	1.19	1.25	0.62	0.16	0.84	0.86	正态分布	0.86	0.83
U	48	2.28	2.41	2.67	3.02	3.47	3.71	3.79	3.08	0.53	3.04	1.96	4.37	2.13	0.17	3.02	3.03	正态分布	3.08	2.96
V	48	53.5	58.8	66.5	79.8	100.0	112	118	84.2	21.96	81.4	12.50	142	48.70	0.26	79.8	79.8	正态分布	84.2	88.4
W	48	1.54	1.59	1.76	1.84	2.03	2.27	2.48	1.92	0.33	1.90	1.49	3.14	1.36	0.17	1.84	1.93	正态分布	1.92	1.86
Y	48	21.43	22.86	25.22	27.12	30.62	31.36	32.06	27.43	3.42	27.21	6.74	33.84	20.26	0.12	27.12	27.17	正态分布	27.43	27.70
Zn	48	61.8	62.3	69.0	85.6	96.0	105	118	84.9	17.60	83.1	12.53	125	58.3	0.21	85.6	96.9	正态分布	84.9	88.4
Zr	48	216	225	247	283	336	368	388	293	61.7	287	26.02	482	181	0.21	283	281	正态分布	293	276
SiO₂	48	61.3	62.4	64.0	67.9	70.6	72.8	74.3	67.6	4.57	67.4	11.31	80.1	57.2	0.07	67.9	67.5	正态分布	67.6	66.3
Al₂O₃	48	12.78	13.38	14.10	14.81	15.83	16.56	17.17	14.98	1.46	14.91	4.69	19.53	11.58	0.10	14.81	14.98	正态分布	14.98	15.04
TFe₂O₃	48	3.44	3.57	4.06	4.49	5.69	5.98	6.43	4.80	1.10	4.68	2.45	8.59	3.19	0.23	4.49	4.80	正态分布	4.80	4.97
MgO	48	0.47	0.57	0.70	1.11	1.99	2.46	2.59	1.41	0.88	1.18	1.83	4.88	0.41	0.62	1.11	1.40	正态分布	1.41	1.62
CaO	48	0.23	0.25	0.38	0.79	1.48	2.08	2.24	1.04	0.77	0.78	2.23	3.18	0.22	0.74	0.79	0.23	正态分布	1.04	1.45
Na₂O	48	0.72	0.77	0.96	1.19	1.31	1.41	1.49	1.13	0.26	1.09	1.28	1.80	0.58	0.23	1.19	1.36	正态分布	1.13	1.21
K₂O	48	2.36	2.59	2.75	2.86	3.01	3.19	3.33	2.88	0.29	2.87	1.85	3.79	2.21	0.10	2.86	2.86	正态分布	2.88	2.89
TC	48	0.24	0.28	0.35	0.45	0.57	0.75	1.00	0.51	0.25	0.46	1.86	1.33	0.22	0.49	0.45	0.24	正态分布	0.51	0.62
Corg	48	0.24	0.27	0.29	0.35	0.43	0.53	0.62	0.38	0.12	0.36	1.95	0.73	0.20	0.31	0.35	0.37	正态分布	0.38	0.39
pH	48	5.32	5.50	5.77	7.68	8.21	8.46	8.53	5.98	5.77	7.12	3.12	8.65	5.15	0.97	7.68	7.78	偏峰分布	7.78	8.44

表 3-7 红壤土壤地球化学基准值参数统计表

元素/指标	N	$X_{5\%}$	$X_{10\%}$	$X_{25\%}$	$X_{50\%}$	$X_{75\%}$	$X_{90\%}$	$X_{95\%}$	$\bar{X}$	S	$\bar{X}_g$	S_g	X_{max}	X_{min}	CV	X_{me}	X_{mo}	红壤基准值	舟山市基准值
Ag	18	49.62	57.1	64.3	66.3	81.9	95.1	115	73.2	20.99	70.7	11.70	129	41.57	0.29	66.3	73.4	66.3	67.8
As	18	4.72	5.18	6.69	7.71	8.36	9.39	10.19	7.55	1.83	7.33	3.20	11.58	4.28	0.24	7.71	7.35	7.71	8.78
Au	18	0.68	0.75	0.82	1.23	1.69	2.48	2.87	1.42	0.82	1.23	1.76	3.58	0.35	0.58	1.23	1.44	1.23	1.57
B	18	19.24	40.26	50.7	55.1	70.2	77.0	78.2	56.4	18.23	52.0	10.46	80.9	11.73	0.32	55.1	56.5	55.1	60.4
Ba	18	470	474	499	580	654	683	710	583	96.9	575	37.38	807	450	0.17	580	583	580	473
Be	18	2.14	2.17	2.27	2.36	2.60	2.76	3.31	2.62	0.96	2.52	1.74	6.36	2.07	0.37	2.36	2.62	2.36	2.51
Bi	18	0.26	0.27	0.30	0.35	0.38	0.41	0.47	0.36	0.09	0.35	1.89	0.67	0.24	0.27	0.35	0.36	0.35	0.38
Br	18	2.59	2.91	3.23	4.06	4.78	5.82	6.32	4.21	1.29	4.03	2.26	7.30	2.55	0.31	4.06	4.15	4.06	4.54
Cd	18	0.06	0.07	0.08	0.10	0.12	0.14	0.16	0.10	0.03	0.10	0.01	0.17	0.05	0.31	0.10	0.10	0.10	0.11
Ce	18	77.9	80.0	81.1	88.0	92.3	97.3	100.0	88.5	8.14	88.1	13.01	108	76.5	0.09	88.0	88.8	88.0	87.7
Cl	18	52.7	54.1	65.3	145	210	377	397	170	122	133	16.36	414	51.3	0.72	145	168	145	206
Co	18	9.07	10.46	12.27	14.04	16.26	19.28	25.91	14.73	5.28	13.91	4.61	28.77	5.76	0.36	14.04	14.62	14.04	14.42
Cr	18	36.94	39.34	46.33	54.5	73.0	83.5	87.0	60.0	20.36	56.7	10.07	107	24.10	0.34	54.5	50.4	54.5	61.7
Cu	18	12.64	13.29	16.23	18.84	22.57	27.48	29.17	19.54	5.47	18.81	5.48	29.60	10.26	0.28	18.84	20.05	18.84	21.77
F	18	307	362	422	542	629	702	1146	688	722	560	36.25	3535	272	1.05	542	687	542	559
Ga	18	17.87	18.00	18.80	19.10	20.75	21.90	23.02	19.82	1.96	19.74	5.41	25.40	17.10	0.10	19.10	18.80	19.10	19.8
Ge	18	1.35	1.40	1.45	1.50	1.59	1.63	1.79	1.56	0.24	1.54	1.31	2.44	1.33	0.15	1.50	1.56	1.50	1.51
Hg	18	0.02	0.03	0.03	0.03	0.04	0.04	0.05	0.03	0.01	0.03	7.30	0.06	0.01	0.28	0.03	0.03	0.03	0.04
I	18	5.12	5.22	6.72	8.62	9.62	10.84	11.98	8.51	2.64	8.15	3.37	15.79	4.86	0.31	8.62	8.48	8.62	7.67
La	18	41.64	41.81	42.18	43.15	48.81	51.2	52.6	45.82	4.87	45.59	8.92	59.4	40.74	0.11	43.15	46.46	43.15	46.01
Li	18	25.74	28.23	30.09	39.47	50.3	58.9	60.3	40.66	12.40	38.86	8.03	60.4	21.07	0.31	39.47	40.54	39.47	43.64
Mn	18	584	647	814	899	979	1127	1193	893	215	866	47.25	1332	434	0.24	899	894	899	874
Mo	18	0.72	0.73	0.82	0.98	1.12	1.22	1.33	1.01	0.29	0.98	1.29	1.91	0.62	0.28	0.98	0.99	0.98	0.99
N	18	0.45	0.48	0.51	0.54	0.57	0.68	0.73	0.56	0.10	0.56	1.47	0.82	0.40	0.17	0.54	0.56	0.54	0.56
Nb	18	18.42	18.49	19.39	21.57	23.10	23.79	24.99	21.56	2.70	21.41	5.85	29.14	18.42	0.13	21.57	18.42	21.57	20.14
Ni	18	15.41	18.18	22.40	24.45	34.76	40.11	48.64	30.51	17.90	27.28	6.70	94.2	10.33	0.59	24.45	29.65	24.45	30.01
P	18	0.24	0.27	0.32	0.45	0.55	0.66	0.74	0.45	0.18	0.42	1.90	0.88	0.21	0.39	0.45	0.46	0.45	0.47
Pb	18	25.41	25.90	26.69	27.70	32.84	36.68	37.15	29.69	4.41	29.40	6.99	37.64	22.74	0.15	27.70	29.99	27.70	30.22

续表 3-7

元素/指标	N	$X_{5\%}$	$X_{10\%}$	$X_{25\%}$	$X_{50\%}$	$X_{75\%}$	$X_{90\%}$	$X_{95\%}$	$\bar{X}$	S	$\bar{X}_g$	S_g	X_{max}	X_{min}	CV	X_{me}	X_{mo}	红壤基准值	舟山市基准值
Rb	18	121	125	131	137	139	149	153	136	11.26	135	16.32	159	108	0.08	137	136	137	137
S	18	109	114	136	149	184	311	373	187	102	169	18.25	503	89.0	0.55	149	185	149	242
Sb	18	0.42	0.44	0.51	0.54	0.59	0.64	0.73	0.55	0.09	0.54	1.46	0.74	0.40	0.16	0.54	0.54	0.54	0.60
Sc	18	7.88	8.81	9.84	11.30	14.13	15.61	17.87	11.93	3.33	11.49	4.07	19.49	6.03	0.28	11.30	11.94	11.30	12.06
Se	18	0.14	0.15	0.16	0.25	0.43	0.46	0.49	0.29	0.14	0.26	2.49	0.54	0.11	0.48	0.25	0.27	0.25	0.21
Sn	18	2.94	3.05	3.22	3.64	3.91	4.35	4.41	3.62	0.56	3.58	2.13	4.63	2.35	0.15	3.64	3.62	3.64	3.62
Sr	18	69.2	71.0	86.8	104	137	149	160	112	33.45	108	14.13	188	68.6	0.30	104	106	104	114
Th	18	11.71	13.34	14.53	15.47	16.63	17.53	17.75	15.27	2.04	15.12	4.85	18.00	9.69	0.13	15.47	15.25	15.47	15.66
Ti	18	3705	3961	4139	4656	4984	6102	7431	4842	1217	4719	124	8251	2999	0.25	4656	4785	4656	4560
Tl	18	0.72	0.75	0.78	0.84	0.94	1.11	1.16	0.88	0.15	0.87	1.20	1.25	0.67	0.17	0.84	0.86	0.84	0.83
U	18	2.44	2.47	2.67	2.93	3.36	3.53	3.55	2.99	0.40	2.96	1.91	3.59	2.39	0.13	2.93	3.00	2.93	2.96
V	18	59.4	63.0	73.4	85.6	99.8	117	135	88.2	25.35	84.7	12.58	142	40.50	0.29	85.6	91.0	85.6	88.4
W	18	1.47	1.60	1.78	1.90	2.13	2.41	2.65	1.98	0.43	1.95	1.55	3.25	1.30	0.22	1.90	1.98	1.90	1.86
Y	18	22.15	22.33	25.09	27.12	30.25	31.45	32.11	27.40	3.52	27.18	6.65	33.84	21.20	0.13	27.12	27.17	27.12	27.70
Zn	18	63.4	66.0	71.3	88.1	93.8	107	114	86.3	16.23	84.8	12.43	118	61.8	0.19	88.1	85.8	88.1	88.4
Zr	18	225	230	263	297	330	356	365	299	50.9	295	25.78	405	221	0.17	297	281	297	276
SiO_2	18	61.3	61.6	63.3	67.7	70.3	71.1	71.6	67.0	4.05	66.9	11.05	72.5	59.6	0.06	67.7	67.5	67.7	66.3
Al_2O_3	18	13.76	13.96	14.20	14.85	15.60	16.72	17.88	15.15	1.49	15.09	4.62	19.53	13.30	0.10	14.85	15.17	14.85	15.04
TFe_2O_3	18	3.35	3.51	4.22	4.60	5.74	6.09	6.75	4.98	1.30	4.83	2.48	8.59	3.14	0.26	4.60	4.99	4.60	4.97
MgO	18	0.58	0.64	0.81	1.45	1.99	2.49	2.95	1.56	1.06	1.30	1.85	4.88	0.42	0.68	1.45	1.56	1.45	1.62
CaO	18	0.24	0.31	0.39	1.07	1.60	2.21	2.41	1.15	0.84	0.86	2.30	3.18	0.23	0.73	1.07	1.26	1.07	1.45
Na_2O	18	0.69	0.76	0.96	1.21	1.36	1.47	1.53	1.14	0.28	1.10	1.30	1.53	0.67	0.25	1.21	1.20	1.21	1.21
K_2O	18	2.26	2.51	2.68	2.82	2.87	3.20	3.30	2.81	0.29	2.79	1.81	3.37	2.19	0.11	2.82	2.86	2.82	2.89
TC	18	0.26	0.29	0.34	0.46	0.57	0.77	0.88	0.51	0.25	0.46	1.89	1.29	0.22	0.50	0.46	0.51	0.46	0.62
Corg	18	0.24	0.27	0.29	0.36	0.46	0.58	0.63	0.39	0.13	0.37	1.94	0.65	0.21	0.33	0.36	0.37	0.36	0.39
pH	18	5.18	5.25	5.73	7.37	8.18	8.41	8.47	5.83	5.62	7.00	3.05	8.65	5.15	0.96	7.37	7.78	7.37	8.44

注：氧化物、TC、Corg 单位为%，N、P 单位为 g/kg，Au、Ag 单位为 μg/kg，pH 为无量纲，其他元素/指标单位为 mg/kg；后表单位相同。

第三章 土壤地球化学基准值

表3-8 粗骨土土壤地球化学基准值参数统计表

元素/指标	N	$X_{5\%}$	$X_{10\%}$	$X_{25\%}$	$X_{50\%}$	$X_{75\%}$	$X_{90\%}$	$X_{95\%}$	$\bar{X}$	S	$\bar{X}_g$	S_g	X_{max}	X_{min}	CV	X_{me}	X_{mo}	粗骨土基准值	舟山市基准值
Ag	22	57.4	57.8	60.6	68.8	77.5	89.9	131	75.9	24.13	73.2	11.60	154	57.4	0.32	68.8	77.2	68.8	67.8
As	22	3.94	4.45	6.34	8.66	10.23	11.12	12.23	8.30	2.67	7.82	3.46	12.57	3.37	0.32	8.66	11.12	8.66	8.78
Au	22	0.69	0.74	0.83	1.35	2.21	3.70	4.47	2.40	3.66	1.56	2.25	18.11	0.66	1.53	1.35	2.21	1.35	1.57
B	22	32.30	36.85	41.19	51.4	70.2	78.6	82.0	54.6	17.23	52.1	9.84	84.1	31.84	0.32	51.4	53.6	51.4	60.4
Ba	22	442	457	468	562	668	741	787	583	125	571	37.54	872	427	0.21	562	586	562	473
Be	22	2.20	2.22	2.30	2.49	2.66	3.02	3.10	2.54	0.32	2.52	1.70	3.36	2.19	0.13	2.49	2.55	2.49	2.51
Bi	22	0.24	0.24	0.27	0.39	0.44	0.49	0.52	0.38	0.11	0.36	1.96	0.67	0.23	0.30	0.39	0.39	0.39	0.38
Br	22	1.58	1.84	2.48	3.74	5.00	8.92	9.91	4.78	4.30	3.79	2.67	21.30	1.50	0.90	3.74	4.55	3.74	4.54
Cd	22	0.08	0.08	0.08	0.11	0.13	0.15	0.18	0.11	0.03	0.11	0.01	0.20	0.07	0.31	0.11	0.11	0.11	0.11
Ce	22	79.2	82.7	85.7	91.3	95.8	101	115	92.3	10.14	91.8	13.22	119	76.4	0.11	91.3	92.0	91.3	87.7
Cl	22	50.7	51.1	55.8	80.2	321	629	875	329	661	137	22.34	3110	49.90	2.01	80.2	342	80.2	206
Co	22	6.85	8.47	9.96	12.87	15.76	17.08	18.34	12.78	4.11	12.09	4.24	21.90	4.62	0.32	12.87	12.48	12.87	14.42
Cr	22	24.62	27.12	33.85	46.35	75.9	82.3	87.1	51.6	22.69	46.76	9.34	92.4	16.60	0.44	46.35	51.0	46.35	61.7
Cu	22	11.36	12.60	13.85	16.98	24.45	26.49	29.82	19.25	6.53	18.21	5.37	33.35	9.37	0.34	16.98	19.70	16.98	21.77
F	22	306	356	404	494	641	696	700	513	144	494	35.33	799	297	0.28	494	527	494	559
Ga	22	17.50	17.50	17.92	19.60	20.18	21.59	23.59	19.55	1.90	19.46	5.42	23.80	16.90	0.10	19.60	17.50	19.60	19.80
Ge	22	1.33	1.40	1.44	1.51	1.58	1.63	1.64	1.51	0.11	1.51	1.28	1.78	1.33	0.07	1.51	1.51	1.51	1.51
Hg	22	0.03	0.03	0.03	0.04	0.05	0.06	0.07	0.04	0.02	0.04	6.27	0.11	0.02	0.42	0.04	0.05	0.04	0.04
I	22	3.49	3.75	5.16	7.75	10.33	11.83	16.89	8.55	5.04	7.42	3.37	25.01	2.69	0.59	7.75	8.74	7.75	7.67
La	22	40.50	42.54	44.64	47.38	52.1	58.8	61.3	48.91	6.88	48.47	9.25	65.5	37.55	0.14	47.38	49.23	47.38	46.01
Li	22	21.23	22.25	27.86	32.78	53.0	60.0	60.3	38.75	14.79	36.19	8.11	68.2	18.58	0.38	32.78	37.19	32.78	43.64
Mn	22	499	600	684	807	936	1198	1602	879	388	805	46.32	2106	205	0.44	807	878	807	874
Mo	22	0.66	0.69	0.80	0.97	1.34	1.59	4.68	2.85	7.85	1.23	2.37	37.78	0.62	2.75	0.97	1.60	0.97	0.99
N	22	0.37	0.38	0.43	0.48	0.61	0.71	0.82	0.53	0.15	0.51	1.61	0.88	0.31	0.28	0.48	0.52	0.48	0.56
Nb	22	17.64	18.80	18.99	20.87	22.21	26.27	27.03	21.41	3.05	21.22	5.75	28.11	17.58	0.14	20.87	21.71	20.87	20.14
Ni	22	10.96	12.29	16.16	20.39	34.64	40.04	43.36	24.53	11.55	22.10	6.16	49.52	10.20	0.47	20.39	23.82	20.39	30.01
P	22	0.25	0.29	0.31	0.37	0.53	0.58	0.59	0.40	0.12	0.39	1.87	0.59	0.21	0.31	0.37	0.44	0.37	0.47
Pb	22	24.73	25.04	28.71	32.02	40.30	45.63	46.15	34.45	7.95	33.62	7.32	52.8	24.37	0.23	32.02	34.64	32.02	30.22

续表 3-8

元素/指标	N	$X_{5\%}$	$X_{10\%}$	$X_{25\%}$	$X_{50\%}$	$X_{75\%}$	$X_{90\%}$	$X_{95\%}$	$\bar{X}$	S	$\bar{X}_g$	S_g	X_{max}	X_{min}	CV	X_{me}	X_{mo}	粗骨土基准值	舟山市基准值
Rb	22	119	129	132	138	147	156	161	140	12.47	139	16.65	162	113	0.09	138	139	138	137
S	22	109	116	125	150	268	444	923	282	332	202	22.64	1509	104	1.18	150	276	150	242
Sb	22	0.40	0.45	0.52	0.62	0.64	0.71	0.74	0.60	0.11	0.58	1.45	0.84	0.38	0.19	0.62	0.62	0.62	0.60
Sc	22	7.69	7.94	8.65	9.79	13.17	13.98	15.88	10.79	2.90	10.45	3.88	17.81	7.41	0.27	9.79	10.82	9.79	12.06
Se	22	0.14	0.15	0.17	0.22	0.33	0.39	0.40	0.29	0.25	0.24	2.76	1.36	0.10	0.87	0.22	0.17	0.22	0.21
Sn	22	2.81	3.17	3.31	3.47	3.99	4.13	4.18	3.65	0.65	3.60	2.13	5.86	2.66	0.18	3.47	3.58	3.47	3.62
Sr	22	54.0	61.1	76.9	99.8	116	126	142	97.0	28.16	92.6	13.41	150	40.10	0.29	99.8	95.9	99.8	114
Th	22	13.74	14.48	15.30	16.60	18.76	20.11	21.01	17.08	2.37	16.92	5.02	22.34	13.61	0.14	16.60	16.83	16.60	15.66
Ti	22	3443	3477	3532	4330	4944	5047	5063	4247	666	4197	116	5141	3425	0.16	4330	4258	4330	4560
Tl	22	0.74	0.75	0.79	0.87	0.96	1.12	1.14	0.89	0.14	0.88	1.19	1.15	0.69	0.16	0.87	0.89	0.87	0.83
U	22	2.40	2.58	2.69	3.36	3.70	3.88	4.12	3.27	0.59	3.21	1.99	4.37	2.21	0.18	3.36	3.30	3.36	2.96
V	22	48.76	49.95	58.3	74.5	99.5	111	115	77.9	24.67	74.2	11.76	126	40.10	0.32	74.5	79.7	74.5	88.4
W	22	1.57	1.61	1.78	1.85	2.02	2.23	2.89	1.95	0.40	1.92	1.48	3.14	1.46	0.20	1.85	1.95	1.85	1.86
Y	22	23.89	24.67	25.83	27.89	30.73	31.18	31.63	27.94	3.04	27.77	6.75	32.29	20.26	0.11	27.89	27.92	27.89	27.70
Zn	22	62.3	62.5	68.4	89.3	100.0	114	118	86.9	19.64	84.7	12.37	120	61.7	0.23	89.3	87.1	89.3	88.4
Zr	22	194	223	247	288	351	376	393	297	64.6	290	25.69	398	187	0.22	288	290	288	276
SiO$_2$	22	60.8	61.7	64.1	68.7	71.9	74.5	75.2	68.0	4.91	67.9	11.21	75.7	58.9	0.07	68.7	68.3	68.7	66.3
Al$_2$O$_3$	22	12.94	13.47	14.04	14.60	16.09	16.93	17.25	15.07	1.46	15.00	4.65	17.84	12.24	0.10	14.60	14.64	14.60	15.04
TFe$_2$O$_3$	22	3.35	3.54	3.82	4.28	5.51	5.97	6.20	4.61	1.03	4.50	2.40	6.65	3.19	0.22	4.28	4.80	4.28	4.97
MgO	22	0.42	0.43	0.58	0.87	2.07	2.50	2.53	1.25	0.82	1.01	1.94	2.57	0.41	0.65	0.87	1.32	0.87	1.62
CaO	22	0.22	0.23	0.34	0.54	1.43	1.97	3.01	1.01	0.92	0.68	2.51	3.36	0.20	0.91	0.54	1.02	0.54	1.45
Na$_2$O	22	0.59	0.71	0.87	1.11	1.25	1.33	1.64	1.08	0.32	1.03	1.38	1.80	0.43	0.30	1.11	1.05	1.11	1.21
K$_2$O	22	2.45	2.62	2.78	2.94	3.01	3.25	3.54	2.93	0.32	2.92	1.85	3.79	2.37	0.11	2.94	2.94	2.94	2.89
TC	22	0.24	0.24	0.29	0.44	0.68	0.87	0.95	0.51	0.27	0.46	1.93	1.21	0.24	0.52	0.44	0.24	0.44	0.62
Corg	22	0.24	0.24	0.29	0.34	0.42	0.53	0.60	0.37	0.12	0.35	1.98	0.65	0.20	0.33	0.34	0.37	0.34	0.39
pH	22	5.36	5.39	5.63	6.75	8.17	8.49	8.50	5.85	5.77	6.91	3.07	8.54	5.30	0.99	6.75	5.39	6.75	8.44

三、水稻土土壤地球化学基准值

水稻土区深层土壤总体为碱性,土壤pH极大值为8.58,极小值为7.46,基准值为8.31,接近于舟山市基准值。

深层土壤各元素/指标中,大多数元素/指标变异系数小于0.40,说明分布较为均匀;仅pH变异系数大于0.80,空间变异性较大。

与舟山市土壤基准值相比,MgO、B、Li、F基准值略高于舟山市基准值;Mo、Au、Se基准值略低于舟山市基准值;其他各项元素/指标基准值与舟山市基准值基本接近(表3-9)。

四、潮土土壤地球化学基准值

潮土区深层土壤总体为碱性,土壤pH极大值为8.59,极小值为8.11,基准值为8.45,接近于舟山市基准值。

与舟山市土壤基准值相比,P、Br、TC、CaO、Hg、MgO、Cr基准值略高于舟山市基准值;Au、Mo、I基准值略低于舟山市基准值;其他各项元素/指标基准值与舟山市基准值基本接近(表3-10)。

五、滨海盐土土壤地球化学基准值

滨海盐土区深层土壤总体为碱性,土壤pH极大值为8.49,极小值为8.08,基准值为8.46,接近于舟山市基准值。

与舟山市土壤基准值相,Cl、Br、CaO、S、MgO、TC、Ni基准值明显偏高,均为舟山市基准值的1.4倍以上,Cl基准值达到舟山市基准值的7.73倍;Zr、Au、Se、Mo基准值略低于舟山市基准值,I基准值仅为舟山市基准值的48%;其他元素/指标基准值与舟山市基准值基本接近(表3-11)。

第四节 主要土地利用类型地球化学基准值

根据1:25万深层样品分布情况,本节仅对水田、旱地和林地进行统计分析。

一、水田土壤地球化学基准值

水田区深层土壤总体为中性,土壤pH极大值为8.58,极小值为6.19,基准值为7.92,与舟山市基准值接近。

与舟山市土壤基准值相比,Cr、MgO、Li、B、Ni基准值略高于舟山市基准值;CaO、S、Cl、Se、TC、Br基准值略低于舟山市基准值;其他元素/指标基准值与舟山市基准值基本接近(表3-12)。

二、旱地土壤地球化学基准值

旱地区深层土壤总体为中性,土壤pH极大值为8.37,极小值为5.79,基准值为6.82,与舟山市基准值接近。

与舟山市土壤基准值相比,Ba、I、Se基准值略高;Li、Br、F、TC、Cl、MgO基准值略低;S、CaO基准值明显低于舟山市基准值;其他元素/指标基准值与舟山市基准值基本接近(表3-13)。

表 3-9 水稻土土壤地球化学基准值参数统计表

元素/指标	N	$X_{5\%}$	$X_{10\%}$	$X_{25\%}$	$X_{50\%}$	$X_{75\%}$	$X_{90\%}$	$X_{95\%}$	$\overline{X}$	S	$\overline{X}_g$	S_g	X_{max}	X_{min}	CV	X_{me}	X_{mo}	水稻土基准值	舟山市基准值
Ag	9	52.2	55.0	57.2	59.8	71.1	79.7	82.0	64.7	11.41	63.9	10.69	84.3	49.33	0.18	59.8	67.2	59.8	67.8
As	9	6.82	7.10	8.55	9.03	9.42	11.16	11.23	9.05	1.56	8.92	3.41	11.30	6.55	0.17	9.03	9.03	9.03	8.78
Au	9	0.74	0.85	0.98	1.11	1.43	3.39	3.86	1.65	1.24	1.36	1.81	4.32	0.63	0.75	1.11	1.43	1.11	1.57
B	9	49.99	51.4	68.5	78.1	81.4	83.5	84.1	72.0	13.40	70.7	10.59	84.6	48.56	0.19	78.1	70.8	78.1	60.4
Ba	9	452	455	485	521	538	741	743	551	112	542	35.25	745	448	0.20	521	538	521	473
Be	9	2.36	2.37	2.57	2.61	2.64	2.81	2.97	2.62	0.22	2.61	1.72	3.12	2.35	0.09	2.61	2.61	2.61	2.51
Bi	9	0.32	0.35	0.37	0.40	0.41	0.43	0.44	0.39	0.05	0.39	1.74	0.45	0.29	0.12	0.40	0.38	0.40	0.38
Br	9	2.14	2.61	2.94	3.77	4.00	6.81	7.93	4.20	2.20	3.77	2.57	9.05	1.67	0.52	3.77	4.00	3.77	4.54
Cd	9	0.07	0.08	0.09	0.09	0.13	0.13	0.14	0.10	0.03	0.10	0.01	0.14	0.06	0.27	0.09	0.09	0.09	0.11
Ce	9	78.2	78.2	80.1	84.9	88.6	90.1	90.7	84.3	5.08	84.2	12.05	91.3	78.1	0.06	84.9	84.9	84.9	87.7
Cl	9	129	149	175	188	245	348	550	251	192	215	22.78	752	110	0.76	188	247	188	206
Co	9	12.01	12.53	13.72	16.17	17.42	18.30	19.67	15.78	2.91	15.55	4.63	21.03	11.48	0.18	16.17	16.17	16.17	14.42
Cr	9	49.82	51.5	72.9	74.0	83.6	85.0	85.9	73.0	13.95	71.7	10.75	86.7	48.10	0.19	74.0	72.9	74.0	61.7
Cu	9	17.79	17.82	23.07	24.91	28.48	30.12	30.70	24.77	4.78	24.33	5.87	31.29	17.75	0.19	24.91	24.91	24.91	21.77
F	9	527	566	619	674	697	710	724	651	76.4	646	37.67	738	488	0.12	674	662	674	559
Ga	9	19.00	19.00	19.00	20.00	20.60	21.94	22.82	20.28	1.54	20.23	5.37	23.70	19.00	0.08	20.00	19.00	20.00	19.80
Ge	9	1.46	1.50	1.53	1.58	1.62	1.67	1.69	1.58	0.09	1.57	1.28	1.71	1.42	0.06	1.58	1.58	1.58	1.51
Hg	9	0.03	0.03	0.04	0.04	0.05	0.05	0.05	0.04	0.01	0.04	6.16	0.05	0.02	0.22	0.04	0.04	0.04	0.04
I	9	3.52	3.68	5.00	6.81	9.24	9.97	10.37	6.95	2.66	6.46	2.84	10.77	3.36	0.38	6.81	6.81	6.81	7.67
La	9	41.65	41.93	42.19	45.58	46.05	47.16	47.59	44.47	2.47	44.41	8.42	48.02	41.37	0.06	45.58	45.58	45.58	46.01
Li	9	40.33	41.09	51.3	53.4	57.8	61.7	63.7	53.2	8.54	52.6	9.08	65.7	39.57	0.16	53.4	53.4	53.4	43.64
Mn	9	640	705	808	965	1067	1360	1400	984	274	950	48.13	1440	575	0.28	965	983	965	874
Mo	9	0.62	0.62	0.67	0.77	0.93	1.29	1.37	0.87	0.29	0.83	1.35	1.45	0.62	0.34	0.77	0.93	0.77	0.99
N	9	0.46	0.49	0.52	0.56	0.65	0.71	0.77	0.59	0.12	0.58	1.41	0.84	0.43	0.20	0.56	0.58	0.56	0.56
Nb	9	17.95	18.14	18.52	19.08	19.65	20.49	21.24	19.31	1.25	19.28	5.24	22.00	17.77	0.06	19.08	19.08	19.08	20.14
Ni	9	24.13	24.20	33.08	35.15	40.88	44.99	45.35	35.82	8.00	34.96	7.19	45.72	24.05	0.22	35.15	35.15	35.15	30.01
P	9	0.41	0.45	0.47	0.55	0.59	0.61	0.61	0.53	0.08	0.52	1.50	0.62	0.38	0.15	0.55	0.55	0.55	0.47
Pb	9	25.61	26.24	27.77	29.11	29.54	30.34	31.20	28.55	2.05	28.49	6.59	32.06	24.99	0.07	29.11	29.11	29.11	30.22

续表 3-9

元素/指标	N	$X_{5\%}$	$X_{10\%}$	$X_{25\%}$	$X_{50\%}$	$X_{75\%}$	$X_{90\%}$	$X_{95\%}$	$\bar{X}$	S	$\bar{X}_g$	S_g	X_{max}	X_{min}	CV	X_{me}	X_{mo}	水稻土基准值	舟山市基准值
Rb	9	127	130	135	139	145	155	157	141	10.85	141	16.13	160	125	0.08	139	139	139	137
S	9	104	113	183	220	328	452	632	282	217	232	24.12	812	95.1	0.77	220	328	220	242
Sb	9	0.45	0.46	0.46	0.57	0.62	0.69	0.73	0.57	0.11	0.57	1.44	0.77	0.44	0.19	0.57	0.62	0.57	0.60
Sc	9	10.39	10.57	12.20	13.56	15.04	15.69	16.20	13.55	2.20	13.39	4.25	16.71	10.21	0.16	13.56	13.56	13.56	12.06
Se	9	0.10	0.11	0.11	0.13	0.18	0.27	0.28	0.16	0.07	0.15	2.96	0.29	0.10	0.42	0.13	0.15	0.13	0.21
Sn	9	3.33	3.35	3.55	3.60	3.84	4.04	4.21	3.69	0.33	3.68	2.07	4.39	3.31	0.09	3.60	3.61	3.60	3.62
Sr	9	96.5	99.3	106	120	140	156	178	127	32.11	124	15.46	200	93.7	0.25	120	127	120	114
Th	9	13.97	14.11	14.34	14.56	15.32	15.58	15.97	14.85	0.77	14.83	4.58	16.36	13.83	0.05	14.56	15.11	14.56	15.66
Ti	9	4289	4342	4759	4977	5093	5258	5321	4877	379	4864	116	5384	4236	0.08	4977	4816	4977	4560
Tl	9	0.71	0.71	0.71	0.76	0.83	0.90	0.91	0.78	0.08	0.78	1.18	0.92	0.71	0.10	0.76	0.76	0.76	0.83
U	9	2.29	2.30	2.54	2.72	2.88	3.02	3.06	2.69	0.29	2.68	1.80	3.10	2.27	0.11	2.72	2.72	2.72	2.96
V	9	77.5	79.0	96.8	98.2	108	117	117	99.6	14.56	98.6	12.91	118	76.0	0.15	98.2	98.2	98.2	88.4
W	9	1.76	1.77	1.80	1.83	1.97	2.07	2.10	1.88	0.13	1.88	1.44	2.12	1.75	0.07	1.83	1.83	1.83	1.86
Y	9	25.81	26.08	27.25	28.71	30.16	30.73	31.00	28.59	1.96	28.53	6.51	31.26	25.53	0.07	28.71	28.56	28.71	27.70
Zn	9	79.7	80.6	82.5	96.5	101	105	105	93.5	10.46	92.9	12.62	106	78.8	0.11	96.5	91.5	96.5	88.4
Zr	9	218	222	247	249	264	299	300	255	29.48	253	22.45	300	213	0.12	249	249	249	276
SiO_2	9	61.2	61.3	62.5	64.3	67.1	68.0	68.3	64.6	2.78	64.5	10.39	68.5	61.2	0.04	64.3	64.3	64.3	66.3
Al_2O_3	9	14.21	14.37	14.48	15.13	15.31	16.25	16.36	15.13	0.79	15.11	4.57	16.46	14.06	0.05	15.13	15.13	15.13	15.04
TFe_2O_3	9	4.62	4.62	5.13	5.49	5.78	6.15	6.34	5.48	0.64	5.45	2.56	6.54	4.62	0.12	5.49	4.62	5.49	4.97
MgO	9	1.48	1.59	1.71	2.14	2.41	2.52	2.54	2.05	0.41	2.01	1.53	2.55	1.37	0.20	2.14	2.14	2.14	1.62
CaO	9	0.76	0.96	1.08	1.63	2.04	2.42	2.93	1.67	0.86	1.48	1.76	3.44	0.56	0.51	1.63	1.63	1.63	1.45
Na_2O	9	1.07	1.10	1.18	1.28	1.32	1.37	1.38	1.24	0.12	1.24	1.16	1.39	1.04	0.09	1.28	1.28	1.28	1.21
K_2O	9	2.61	2.75	2.83	2.99	3.01	3.26	3.26	2.95	0.24	2.94	1.86	3.27	2.46	0.08	2.99	2.83	2.99	2.89
TC	9	0.33	0.35	0.46	0.55	0.73	1.12	1.15	0.66	0.31	0.60	1.63	1.18	0.32	0.46	0.55	0.70	0.55	0.62
Corg	9	0.21	0.26	0.30	0.33	0.41	0.55	0.64	0.38	0.16	0.35	1.90	0.73	0.17	0.42	0.33	0.36	0.33	0.39
pH	9	7.73	8.01	8.26	8.31	8.39	8.51	8.55	8.10	7.99	8.26	3.27	8.58	7.46	0.99	8.31	8.31	8.31	8.44

表 3-10 潮土土壤地球化学基准值参数统计表

元素/指标	N	$X_{5\%}$	$X_{10\%}$	$X_{25\%}$	$X_{50\%}$	$X_{75\%}$	$X_{90\%}$	$X_{95\%}$	$\overline{X}$	S	$\overline{X}_g$	S_g	X_{max}	X_{min}	CV	X_{me}	X_{mo}	潮土基准值	舟山市基准值
Ag	3	61.0	61.5	62.8	65.2	66.6	67.5	67.8	64.6	3.83	64.5	9.03	68.1	60.5	0.06	65.2	65.2	65.2	67.8
As	3	9.28	9.39	9.75	10.34	11.24	11.78	11.96	10.55	1.50	10.48	3.32	12.14	9.16	0.14	10.34	10.34	10.34	8.78
Au	3	0.97	1.00	1.09	1.23	1.62	1.85	1.93	1.39	0.55	1.33	1.47	2.01	0.94	0.40	1.23	1.23	1.23	1.57
B	3	64.5	64.9	66.0	67.8	71.0	72.9	73.5	68.7	5.05	68.6	9.08	74.1	64.1	0.07	67.8	67.8	67.8	60.4
Ba	3	468	469	470	473	494	506	510	485	25.38	485	26.16	514	467	0.05	473	473	473	473
Be	3	2.43	2.46	2.55	2.70	2.72	2.73	2.74	2.62	0.19	2.61	1.63	2.74	2.40	0.07	2.70	2.70	2.70	2.51
Bi	3	0.33	0.33	0.35	0.37	0.41	0.44	0.44	0.38	0.07	0.38	1.80	0.45	0.32	0.18	0.37	0.37	0.37	0.38
Br	3	4.33	4.50	5.00	5.83	5.95	6.03	6.05	5.36	1.04	5.28	2.43	6.08	4.17	0.19	5.83	5.83	5.83	4.54
Cd	3	0.10	0.10	0.10	0.11	0.11	0.11	0.12	0.11	0.01	0.11	0.01	0.12	0.10	0.10	0.11	0.11	0.11	0.11
Ce	3	78.6	79.0	80.3	82.3	85.1	86.7	87.2	82.8	4.81	82.7	10.37	87.8	78.2	0.06	82.3	82.3	82.3	87.7
Cl	3	201	201	202	203	399	516	555	333	227	289	17.15	594	201	0.68	203	203	203	206
Co	3	16.08	16.17	16.41	16.82	17.66	18.16	18.33	17.11	1.27	17.07	4.36	18.50	16.00	0.07	16.82	16.82	16.82	14.42
Cr	3	70.9	71.3	72.7	74.9	80.3	83.5	84.6	77.0	7.86	76.7	9.55	85.7	70.4	0.10	74.9	74.9	74.9	61.7
Cu	3	24.05	24.08	24.17	24.31	27.42	29.28	29.90	26.29	3.67	26.12	5.38	30.52	24.02	0.14	24.31	24.31	24.31	21.77
F	3	646	647	652	659	718	753	764	693	72.2	691	30.41	776	644	0.10	659	659	659	559
Ga	3	19.79	19.98	20.55	21.50	21.70	21.82	21.86	21.00	1.23	20.98	4.92	21.90	19.60	0.06	21.50	21.50	21.50	19.80
Ge	3	1.41	1.42	1.43	1.44	1.46	1.46	1.46	1.44	0.03	1.44	1.21	1.47	1.41	0.02	1.44	1.44	1.44	1.51
Hg	3	0.05	0.05	0.05	0.05	0.05	0.05	0.05	0.05	0.001	0.05	4.84	0.05	0.05	0.02	0.05	0.05	0.05	0.04
I	3	5.10	5.10	5.11	5.12	6.33	7.06	7.30	5.92	1.40	5.82	2.72	7.54	5.10	0.24	5.12	5.12	5.12	7.67
La	3	41.92	42.14	42.78	43.84	45.12	45.89	46.15	43.99	2.35	43.94	7.43	46.40	41.71	0.05	43.84	43.84	43.84	46.01
Li	3	48.18	48.57	49.74	51.7	57.9	61.7	62.9	54.5	8.55	54.1	7.83	64.2	47.79	0.16	51.7	51.7	51.7	43.64
Mn	3	885	891	911	945	957	965	968	931	47.63	930	36.36	970	878	0.05	945	945	945	874
Mo	3	0.64	0.65	0.66	0.69	0.74	0.78	0.79	0.71	0.08	0.71	1.21	0.80	0.64	0.11	0.69	0.69	0.69	0.99
N	3	0.63	0.63	0.63	0.63	0.66	0.68	0.68	0.65	0.03	0.65	1.26	0.69	0.63	0.05	0.63	0.63	0.63	0.56
Nb	3	18.09	18.24	18.66	19.36	19.46	19.51	19.53	18.96	0.87	18.94	4.78	19.55	17.95	0.05	19.36	19.36	19.36	20.14
Ni	3	33.72	33.92	34.52	35.52	40.22	43.04	43.98	37.99	6.09	37.68	6.47	44.92	33.52	0.16	35.52	35.52	35.52	30.01
P	3	0.52	0.53	0.57	0.62	0.63	0.63	0.64	0.59	0.07	0.59	1.35	0.64	0.51	0.12	0.62	0.62	0.62	0.47
Pb	3	26.12	26.45	27.43	29.07	29.83	30.29	30.44	28.48	2.45	28.41	5.76	30.59	25.79	0.09	29.07	29.07	29.07	30.22

续表 3-10

元素/指标	N	$X_{5\%}$	$X_{10\%}$	$X_{25\%}$	$X_{50\%}$	$X_{75\%}$	$X_{90\%}$	$X_{95\%}$	$\overline{X}$	S	$\overline{X}_g$	S_g	X_{max}	X_{min}	CV	X_{me}	X_{mo}	潮土基准值	舟山市基准值
Rb	3	131	133	137	143	144	145	145	139	8.31	139	13.31	145	130	0.06	143	143	143	137
S	3	138	150	185	244	298	330	341	241	113	221	15.23	352	126	0.47	244	244	244	242
Sb	3	0.66	0.66	0.66	0.67	0.71	0.73	0.74	0.69	0.05	0.69	1.25	0.74	0.65	0.07	0.67	0.67	0.67	0.60
Sc	3	13.32	13.35	13.41	13.53	14.83	15.61	15.87	14.32	1.57	14.26	3.94	16.13	13.30	0.11	13.53	13.53	13.53	12.06
Se	3	0.14	0.14	0.15	0.18	0.20	0.21	0.22	0.18	0.04	0.17	2.45	0.22	0.13	0.25	0.18	0.18	0.18	0.21
Sn	3	3.57	3.58	3.60	3.64	3.91	4.07	4.13	3.79	0.34	3.78	2.07	4.18	3.56	0.09	3.64	3.64	3.64	3.62
Sr	3	98.6	102	111	126	129	131	132	118	19.74	117	12.13	132	95.5	0.17	126	126	126	114
Th	3	13.29	13.41	13.75	14.32	14.73	14.97	15.05	14.21	0.98	14.19	3.97	15.13	13.18	0.07	14.32	14.32	14.32	15.66
Ti	3	4710	4730	4788	4885	4954	4995	5009	4866	167	4864	87.2	5022	4691	0.03	4885	4885	4885	4560
Tl	3	0.71	0.71	0.73	0.77	0.81	0.84	0.85	0.78	0.08	0.77	1.18	0.86	0.70	0.10	0.77	0.77	0.77	0.83
U	3	2.29	2.30	2.35	2.42	2.45	2.46	2.47	2.39	0.10	2.39	1.56	2.48	2.27	0.04	2.42	2.42	2.42	2.96
V	3	98.6	99.4	102	106	112	115	116	107	9.90	107	11.40	118	97.8	0.09	106	106	106	88.4
W	3	1.73	1.75	1.81	1.90	1.97	2.02	2.03	1.88	0.17	1.88	1.42	2.04	1.71	0.09	1.90	1.90	1.90	1.86
Y	3	27.31	27.43	27.79	28.38	28.58	28.70	28.74	28.12	0.83	28.11	5.77	28.78	27.19	0.03	28.38	28.38	28.38	27.70
Zn	3	95.4	95.5	96.1	96.9	100.0	102	103	98.7	4.61	98.6	11.08	104	95.2	0.05	96.9	96.9	96.9	88.4
Zr	3	201	205	217	237	244	248	249	228	27.74	227	18.21	251	197	0.12	237	237	237	276
SiO_2	3	59.8	60.1	61.1	62.8	63.7	64.3	64.4	62.3	2.64	62.2	8.95	64.6	59.4	0.04	62.8	62.8	62.8	66.3
Al_2O_3	3	15.00	15.12	15.47	16.05	16.15	16.21	16.23	15.73	0.74	15.72	4.23	16.25	14.88	0.05	16.05	16.05	16.05	15.04
TFe_2O_3	3	5.54	5.59	5.73	5.96	6.09	6.18	6.20	5.90	0.37	5.89	2.50	6.23	5.50	0.06	5.96	5.96	5.96	4.97
MgO	3	1.96	1.97	1.97	1.99	2.37	2.60	2.67	2.23	0.45	2.20	1.48	2.75	1.96	0.20	1.99	1.99	1.99	1.62
CaO	3	1.33	1.39	1.55	1.82	2.40	2.75	2.86	2.03	0.87	1.91	1.53	2.98	1.28	0.43	1.82	1.82	1.82	1.45
Na_2O	3	1.02	1.05	1.12	1.24	1.28	1.30	1.31	1.18	0.17	1.18	1.15	1.32	1.00	0.14	1.24	1.24	1.24	1.21
K_2O	3	2.77	2.79	2.85	2.96	2.99	3.01	3.02	2.91	0.14	2.91	1.74	3.03	2.75	0.05	2.96	2.96	2.96	2.89
TC	3	0.65	0.67	0.71	0.78	0.90	0.97	0.99	0.81	0.19	0.80	1.30	1.02	0.64	0.24	0.78	0.78	0.78	0.62
Corg	3	0.39	0.40	0.41	0.42	0.45	0.47	0.48	0.43	0.05	0.43	1.55	0.48	0.39	0.11	0.42	0.42	0.42	0.39
pH	3	8.15	8.18	8.28	8.45	8.52	8.57	8.58	8.34	8.56	8.39	3.05	8.59	8.11	1.03	8.45	8.45	8.45	8.44

表 3-11 滨海盐土土壤地球化学基准值参数统计表

元素/指标	N	$X_{5\%}$	$X_{10\%}$	$X_{25\%}$	$X_{50\%}$	$X_{75\%}$	$X_{90\%}$	$X_{95\%}$	$\overline{X}$	S	$\overline{X}_g$	S_g	X_{max}	X_{min}	CV	X_{me}	X_{mo}	滨海盐土基准值	舟山市基准值
Ag	4	60.8	61.7	64.4	66.2	67.3	68.9	69.4	65.6	4.18	65.5	9.44	69.9	59.9	0.06	66.2	66.0	66.2	67.8
As	4	11.09	11.15	11.34	11.65	11.93	12.06	12.10	11.62	0.49	11.61	3.76	12.14	11.02	0.04	11.65	11.44	11.65	8.78
Au	4	1.02	1.05	1.13	1.21	1.44	1.80	1.93	1.36	0.47	1.31	1.40	2.05	1.00	0.34	1.21	1.23	1.21	1.57
B	4	74.7	75.0	76.2	77.8	79.1	79.6	79.8	77.5	2.48	77.4	10.53	79.9	74.3	0.03	77.8	76.8	77.8	60.4
Ba	4	437	440	447	453	460	470	473	454	17.00	454	27.11	476	435	0.04	453	455	453	473
Be	4	2.43	2.46	2.55	2.60	2.63	2.69	2.71	2.58	0.14	2.58	1.66	2.73	2.40	0.05	2.60	2.60	2.60	2.51
Bi	4	0.35	0.36	0.39	0.43	0.44	0.44	0.44	0.41	0.05	0.41	1.68	0.44	0.34	0.12	0.43	0.41	0.43	0.38
Br	4	5.06	5.17	5.50	10.51	16.07	17.39	17.84	11.06	6.75	9.42	3.47	18.28	4.95	0.61	10.51	15.34	10.51	4.54
Cd	4	0.10	0.10	0.10	0.11	0.12	0.12	0.12	0.11	0.01	0.11	0.01	0.12	0.09	0.11	0.11	0.11	0.11	0.11
Ce	4	79.9	80.1	80.8	81.7	83.1	84.6	85.1	82.2	2.53	82.2	10.85	85.6	79.7	0.03	81.7	82.2	81.7	87.7
Cl	4	322	369	509	1593	2695	2866	2923	1610	1377	1058	43.84	2979	275	0.85	1593	2600	1593	206
Co	4	16.13	16.38	17.15	17.91	18.30	18.40	18.43	17.54	1.17	17.51	4.64	18.47	15.87	0.07	17.91	17.57	17.91	14.42
Cr	4	81.4	82.2	84.4	86.2	86.9	87.1	87.2	85.1	3.02	85.1	10.95	87.3	80.7	0.04	86.2	85.6	86.2	61.7
Cu	4	27.34	27.50	27.99	29.90	31.61	31.71	31.75	29.69	2.32	29.62	6.12	31.79	27.18	0.08	29.90	28.26	29.90	21.77
F	4	687	695	720	741	749	752	753	729	34.46	728	34.88	754	678	0.05	741	734	741	559
Ga	4	20.24	20.37	20.77	21.15	21.48	21.79	21.89	21.10	0.79	21.09	5.18	22.00	20.10	0.04	21.15	21.00	21.15	19.80
Ge	4	1.38	1.40	1.48	1.58	1.65	1.67	1.68	1.55	0.15	1.54	1.31	1.69	1.35	0.10	1.58	1.53	1.58	1.51
Hg	4	0.04	0.04	0.05	0.05	0.05	0.05	0.05	0.05	0.005	0.05	5.34	0.05	0.04	0.10	0.05	0.05	0.05	0.04
I	4	3.24	3.28	3.41	3.66	4.08	4.52	4.67	3.83	0.70	3.79	2.03	4.81	3.19	0.18	3.66	3.83	3.66	7.67
La	4	42.94	43.04	43.33	43.63	44.15	44.82	45.04	43.85	1.02	43.84	7.72	45.27	42.85	0.02	43.63	43.78	43.63	46.01
Li	4	55.3	56.0	58.1	59.9	60.9	61.3	61.5	59.0	3.14	59.0	8.97	61.6	54.5	0.05	59.9	59.2	59.9	43.64
Mn	4	748	750	758	831	902	905	906	829	86.7	825	36.60	906	745	0.10	831	763	831	874
Mo	4	0.56	0.57	0.58	0.62	0.69	0.74	0.75	0.64	0.10	0.64	1.34	0.77	0.56	0.15	0.62	0.66	0.62	0.99
N	4	0.52	0.53	0.57	0.60	0.64	0.68	0.69	0.60	0.08	0.60	1.37	0.71	0.51	0.14	0.60	0.62	0.60	0.56
Nb	4	18.42	18.42	18.42	18.52	18.68	18.81	18.85	18.59	0.22	18.59	4.86	18.89	18.42	0.01	18.52	18.42	18.52	20.14
Ni	4	38.98	39.52	41.14	42.78	44.42	46.05	46.59	42.78	3.60	42.67	7.51	47.13	38.44	0.08	42.78	43.52	42.78	30.01
P	4	0.57	0.57	0.58	0.59	0.62	0.63	0.63	0.60	0.03	0.60	1.34	0.64	0.56	0.06	0.59	0.61	0.59	0.47
Pb	4	23.88	24.40	25.97	28.08	29.56	29.99	30.14	27.45	3.09	27.32	5.83	30.28	23.36	0.11	28.08	26.85	28.08	30.22

续表 3-11

元素/指标	N	$X_{5\%}$	$X_{10\%}$	$X_{25\%}$	$X_{50\%}$	$X_{75\%}$	$X_{90\%}$	$X_{95\%}$	$\overline{X}$	S	$\overline{X}_g$	S_g	X_{max}	X_{min}	CV	X_{me}	X_{mo}	滨海盐土基准值	舟山市基准值
Rb	4	132	133	138	142	144	147	147	140	7.58	140	14.39	148	130	0.05	142	141	142	137
S	4	361	364	375	503	629	636	638	501	153	483	27.89	640	357	0.31	503	380	503	242
Sb	4	0.64	0.65	0.69	0.74	0.80	0.83	0.84	0.74	0.09	0.74	1.26	0.84	0.63	0.12	0.74	0.70	0.74	0.60
Sc	4	13.86	14.06	14.64	15.33	15.78	15.93	15.98	15.09	1.05	15.06	4.28	16.03	13.67	0.07	15.33	14.97	15.33	12.06
Se	4	0.12	0.13	0.14	0.14	0.15	0.16	0.16	0.14	0.02	0.14	2.93	0.16	0.12	0.12	0.14	0.14	0.14	0.21
Sn	4	3.55	3.57	3.64	3.73	3.78	3.78	3.79	3.69	0.12	3.69	2.02	3.79	3.52	0.03	3.73	3.68	3.73	3.62
Sr	4	126	127	130	138	144	146	146	137	10.13	137	14.19	147	125	0.07	138	132	138	114
Th	4	13.57	13.68	14.00	14.59	15.06	15.17	15.21	14.47	0.81	14.46	4.18	15.25	13.46	0.06	14.59	14.19	14.59	15.66
Ti	4	4970	4973	4982	5007	5036	5051	5056	5011	42.24	5010	99.6	5062	4967	0.01	5007	5027	5007	4560
Tl	4	0.72	0.72	0.75	0.77	0.79	0.82	0.83	0.77	0.05	0.77	1.17	0.83	0.71	0.07	0.77	0.77	0.77	0.83
U	4	2.31	2.34	2.42	2.53	2.59	2.59	2.59	2.48	0.15	2.48	1.62	2.59	2.29	0.06	2.53	2.46	2.53	2.96
V	4	105	106	109	113	115	116	117	111	5.77	111	12.64	117	104	0.05	113	111	113	88.4
W	4	1.68	1.70	1.75	1.86	1.97	2.01	2.03	1.86	0.17	1.85	1.37	2.04	1.67	0.09	1.86	1.77	1.86	1.86
Y	4	28.61	28.63	28.69	29.11	29.84	30.44	30.64	29.41	1.03	29.40	6.22	30.83	28.59	0.04	29.11	29.51	29.11	27.70
Zn	4	96.3	97.5	101	103	104	105	106	102	4.78	102	12.08	107	95.2	0.05	103	103	103	88.4
Zr	4	202	204	209	217	228	239	242	220	19.29	219	18.67	246	200	0.09	217	222	217	276
SiO_2	4	59.2	59.2	59.2	59.5	60.2	60.9	61.1	59.9	1.00	59.9	9.14	61.3	59.2	0.02	59.5	59.8	59.5	66.3
Al_2O_3	4	15.12	15.22	15.50	15.72	15.93	16.23	16.33	15.72	0.57	15.71	4.41	16.43	15.02	0.04	15.72	15.77	15.72	15.04
TFe_2O_3	4	5.67	5.71	5.82	5.99	6.12	6.17	6.19	5.95	0.25	5.95	2.60	6.21	5.63	0.04	5.99	5.89	5.99	4.97
MgO	4	2.56	2.57	2.58	2.62	2.68	2.72	2.74	2.64	0.09	2.64	1.67	2.75	2.55	0.03	2.62	2.66	2.62	1.62
CaO	4	2.55	2.57	2.61	3.03	3.46	3.51	3.53	3.04	0.53	3.00	1.80	3.55	2.54	0.17	3.03	3.44	3.03	1.45
Na_2O	4	1.21	1.23	1.29	1.40	1.54	1.63	1.66	1.42	0.21	1.41	1.25	1.68	1.20	0.15	1.40	1.49	1.40	1.21
K_2O	4	2.80	2.81	2.87	2.90	2.92	2.98	2.99	2.90	0.09	2.89	1.77	3.01	2.78	0.03	2.90	2.90	2.90	2.89
TC	4	0.95	0.95	0.96	1.00	1.07	1.12	1.13	1.02	0.09	1.02	1.08	1.15	0.94	0.09	1.00	1.04	1.00	0.62
Corg	4	0.35	0.35	0.38	0.41	0.44	0.47	0.49	0.41	0.07	0.41	1.69	0.50	0.34	0.16	0.41	0.42	0.41	0.39
pH	4	8.14	8.19	8.35	8.46	8.49	8.49	8.49	8.34	8.61	8.37	3.17	8.49	8.08	1.03	8.46	8.49	8.46	8.44

表3-12 水田土壤地球化学基准值参数统计表

元素/指标	N	$X_{5\%}$	$X_{10\%}$	$X_{25\%}$	$X_{50\%}$	$X_{75\%}$	$X_{90\%}$	$X_{95\%}$	$\bar{X}$	S	$\bar{X}_g$	S_g	X_{max}	X_{min}	CV	X_{me}	X_{mo}	水田基准值	舟山市基准值
Ag	6	56.5	56.7	57.9	63.1	67.0	98.3	114	72.7	28.15	69.3	9.94	129	56.2	0.39	63.1	67.2	63.1	67.8
As	6	6.17	7.01	8.74	9.17	10.50	11.08	11.19	9.09	2.11	8.84	3.59	11.30	5.34	0.23	9.17	8.92	9.17	8.78
Au	6	0.70	0.77	0.92	1.68	2.45	2.81	2.98	1.75	1.04	1.48	1.98	3.15	0.63	0.60	1.68	2.39	1.68	1.57
B	6	48.54	48.68	54.4	74.5	80.4	82.2	82.8	68.5	15.89	66.8	10.41	83.3	48.40	0.23	74.5	70.8	74.5	60.4
Ba	6	487	490	497	510	519	525	527	508	16.67	508	31.46	529	485	0.03	510	505	510	473
Be	6	2.29	2.38	2.57	2.62	2.71	2.92	3.02	2.64	0.30	2.63	1.75	3.12	2.20	0.11	2.62	2.68	2.62	2.51
Bi	6	0.28	0.29	0.32	0.38	0.39	0.42	0.44	0.36	0.06	0.36	1.80	0.45	0.28	0.18	0.38	0.37	0.38	0.38
Br	6	2.47	2.50	2.62	2.89	3.62	4.72	5.16	3.37	1.20	3.22	2.15	5.60	2.45	0.36	2.89	2.94	2.89	4.54
Cd	6	0.07	0.08	0.09	0.09	0.09	0.11	0.12	0.09	0.02	0.09	0.01	0.13	0.07	0.20	0.09	0.09	0.09	0.11
Ce	6	77.7	78.9	82.7	87.4	90.3	91.2	91.3	85.8	5.85	85.7	11.85	91.3	76.5	0.07	87.4	86.8	87.4	87.7
Cl	6	70.3	89.3	128	151	183	215	230	152	65.7	137	17.55	245	51.3	0.43	151	175	151	206
Co	6	10.89	12.12	14.98	16.51	17.28	19.22	20.13	15.95	3.75	15.54	4.83	21.03	9.66	0.24	16.51	16.17	16.51	14.42
Cr	6	42.67	45.95	57.6	78.2	84.0	85.4	86.0	69.9	19.56	67.2	10.80	86.7	39.40	0.28	78.2	72.9	78.2	61.7
Cu	6	14.05	14.71	17.79	24.28	26.10	28.06	28.94	22.35	6.36	21.51	5.74	29.82	13.39	0.28	24.28	23.07	24.28	21.77
F	6	382	450	601	653	675	709	723	604	150	583	36.36	738	314	0.25	653	586	653	559
Ga	6	18.12	18.25	18.88	20.10	20.43	22.10	22.90	20.15	2.00	20.07	5.29	23.70	18.00	0.10	20.10	20.20	20.10	19.80
Ge	6	1.44	1.45	1.49	1.55	1.58	1.62	1.64	1.54	0.08	1.54	1.27	1.66	1.42	0.05	1.55	1.53	1.55	1.51
Hg	6	0.02	0.02	0.03	0.04	0.04	0.04	0.04	0.03	0.01	0.03	6.65	0.05	0.02	0.27	0.04	0.04	0.04	0.04
I	6	5.88	5.89	6.13	7.17	8.24	9.12	9.45	7.39	1.53	7.27	2.96	9.77	5.87	0.21	7.17	7.54	7.17	7.67
La	6	41.07	41.41	42.96	45.83	46.82	48.89	49.79	45.38	3.58	45.26	8.35	50.7	40.74	0.08	45.83	45.62	45.83	46.01
Li	6	30.22	31.49	38.36	54.4	58.1	62.0	63.8	49.28	14.60	47.24	8.84	65.7	28.94	0.30	54.4	51.3	54.4	43.64
Mn	6	644	700	850	1016	1078	1211	1275	975	257	945	43.90	1340	588	0.26	1016	965	1016	874
Mo	6	0.62	0.62	0.70	0.96	1.05	1.16	1.21	0.91	0.25	0.88	1.33	1.25	0.62	0.28	0.96	0.94	0.96	0.99
N	6	0.43	0.46	0.51	0.53	0.56	0.62	0.64	0.53	0.09	0.53	1.43	0.67	0.40	0.16	0.53	0.54	0.53	0.56
Nb	6	19.01	19.04	19.18	19.50	19.90	21.01	21.50	19.85	1.11	19.82	5.20	22.00	18.99	0.06	19.50	20.02	19.50	20.14
Ni	6	19.86	20.74	25.67	36.81	40.07	43.16	44.44	33.57	10.57	31.99	7.17	45.72	18.98	0.31	36.81	35.15	36.81	30.01
P	6	0.36	0.39	0.46	0.51	0.59	0.64	0.65	0.51	0.12	0.50	1.52	0.67	0.32	0.24	0.51	0.55	0.51	0.47
Pb	6	25.30	25.50	26.06	27.82	29.20	30.65	31.35	27.99	2.61	27.89	6.37	32.06	25.09	0.09	27.82	29.10	27.82	30.22

续表 3-12

元素/指标	N	$X_{5\%}$	$X_{10\%}$	$X_{25\%}$	$X_{50\%}$	$X_{75\%}$	$X_{90\%}$	$X_{95\%}$	$\bar{X}$	S	$\bar{X}_g$	S_g	X_{max}	X_{min}	CV	X_{me}	X_{mo}	水田基准值	舟山市基准值
Rb	6	129	132	137	138	139	150	155	140	10.87	139	15.29	160	127	0.08	138	139	138	137
S	6	93.2	97.4	119	179	215	274	301	183	87.0	167	18.72	328	89.0	0.47	179	198	179	242
Sb	6	0.42	0.43	0.48	0.52	0.56	0.60	0.61	0.52	0.08	0.51	1.44	0.62	0.40	0.15	0.52	0.51	0.52	0.60
Sc	6	9.36	10.52	12.96	13.92	14.73	15.76	16.24	13.40	2.88	13.09	4.39	16.71	8.21	0.21	13.92	13.35	13.92	12.06
Se	6	0.11	0.12	0.14	0.15	0.25	0.30	0.30	0.19	0.09	0.17	2.74	0.31	0.10	0.46	0.15	0.16	0.15	0.21
Sn	6	3.07	3.10	3.19	3.48	3.63	4.02	4.20	3.53	0.48	3.50	2.03	4.39	3.05	0.14	3.48	3.60	3.48	3.62
Sr	6	94.7	95.7	102	118	125	134	137	116	17.69	115	14.13	140	93.7	0.15	118	116	118	114
Th	6	13.91	14.06	14.39	14.69	14.95	15.67	16.01	14.80	0.87	14.78	4.41	16.36	13.77	0.06	14.69	14.84	14.69	15.66
Ti	6	4076	4323	4836	4967	5121	5267	5326	4852	539	4824	111	5384	3829	0.11	4967	4816	4967	4560
Tl	6	0.71	0.72	0.73	0.75	0.82	0.85	0.85	0.77	0.06	0.77	1.20	0.86	0.71	0.08	0.75	0.76	0.75	0.83
U	6	2.37	2.42	2.56	2.70	3.17	3.44	3.52	2.86	0.49	2.82	1.79	3.59	2.31	0.17	2.70	2.80	2.70	2.96
V	6	71.6	80.5	99.1	104	108	113	116	99.2	19.12	97.3	13.22	118	62.7	0.19	104	98.2	104	88.4
W	6	1.52	1.53	1.63	1.82	2.05	2.13	2.14	1.83	0.27	1.81	1.45	2.15	1.50	0.15	1.82	1.83	1.82	1.86
Y	6	22.71	24.22	27.77	29.97	31.10	32.18	32.64	28.79	4.20	28.51	6.58	33.09	21.20	0.15	29.97	29.34	29.97	27.70
Zn	6	64.6	67.4	77.8	94.4	100.0	104	105	88.5	17.41	87.0	12.20	106	61.8	0.20	94.4	92.3	94.4	88.4
Zr	6	243	244	248	249	256	265	268	253	10.79	253	21.15	272	241	0.04	249	249	249	276
SiO_2	6	61.7	62.2	63.4	64.8	67.3	69.2	69.9	65.4	3.36	65.4	10.04	70.6	61.3	0.05	64.8	65.3	64.8	66.3
Al_2O_3	6	14.07	14.10	14.34	14.90	15.14	15.84	16.15	14.95	0.87	14.93	4.46	16.46	14.05	0.06	14.90	14.91	14.90	15.04
TFe_2O_3	6	3.88	4.37	5.39	5.64	5.88	6.22	6.38	5.41	1.08	5.30	2.69	6.54	3.38	0.20	5.64	5.36	5.64	4.97
MgO	6	0.93	1.05	1.46	2.05	2.19	2.36	2.44	1.82	0.64	1.70	1.69	2.52	0.80	0.35	2.05	1.96	2.05	1.62
CaO	6	0.50	0.52	0.61	1.12	1.85	2.01	2.03	1.22	0.71	1.04	1.81	2.04	0.48	0.58	1.12	1.48	1.12	1.45
Na_2O	6	1.10	1.16	1.30	1.36	1.41	1.43	1.43	1.32	0.15	1.31	1.21	1.44	1.04	0.11	1.36	1.36	1.36	1.21
K_2O	6	2.80	2.81	2.82	2.91	3.01	3.09	3.12	2.93	0.14	2.93	1.80	3.16	2.79	0.05	2.91	2.99	2.91	2.89
TC	6	0.25	0.28	0.36	0.44	0.65	0.71	0.72	0.48	0.20	0.44	1.77	0.73	0.22	0.42	0.44	0.48	0.44	0.62
Corg	6	0.23	0.25	0.29	0.32	0.36	0.37	0.37	0.31	0.06	0.31	1.88	0.37	0.21	0.19	0.32	0.30	0.32	0.39
pH	6	6.44	6.70	7.27	7.92	8.43	8.51	8.55	6.90	6.59	7.71	3.16	8.58	6.19	0.96	7.92	7.46	7.92	8.44

注：氧化物、TC、Corg 单位为%，N、P 单位为 g/kg，Au、Ag 单位为 μg/kg，pH 为无量纲，其他元素/指标单位为 mg/kg；后表单位相同。

表 3-13 旱地土壤地球化学基准值参数统计表

元素/指标	N	$X_{5\%}$	$X_{10\%}$	$X_{25\%}$	$X_{50\%}$	$X_{75\%}$	$X_{90\%}$	$X_{95\%}$	$\overline{X}$	S	$\overline{X}_g$	S_g	X_{max}	X_{min}	CV	X_{me}	X_{mo}	旱地基准值	舟山市基准值
Ag	4	66.2	67.6	71.8	77.2	98.9	132	143	93.4	41.15	87.9	10.31	154	64.9	0.44	77.2	80.3	77.2	67.8
As	4	7.05	7.09	7.22	7.62	8.09	8.35	8.43	7.69	0.68	7.67	2.95	8.52	7.00	0.09	7.62	7.94	7.62	8.78
Au	4	1.23	1.28	1.42	1.57	1.66	1.70	1.71	1.51	0.24	1.50	1.30	1.73	1.19	0.16	1.57	1.50	1.57	1.57
B	4	45.33	47.77	55.1	64.8	71.9	74.8	75.8	62.3	14.83	60.8	9.13	76.7	42.88	0.24	64.8	59.2	64.8	60.4
Ba	4	500	526	603	651	697	772	797	650	142	638	32.10	822	474	0.22	651	646	651	473
Be	4	1.96	2.00	2.11	2.21	2.37	2.60	2.68	2.27	0.35	2.25	1.58	2.75	1.92	0.15	2.21	2.24	2.21	2.51
Bi	4	0.36	0.37	0.40	0.43	0.53	0.67	0.72	0.50	0.19	0.47	1.67	0.77	0.35	0.38	0.43	0.45	0.43	0.38
Br	4	2.29	2.48	3.04	3.51	4.54	6.11	6.63	4.07	2.16	3.69	2.45	7.15	2.11	0.53	3.51	3.67	3.51	4.54
Cd	4	0.07	0.08	0.09	0.11	0.12	0.13	0.14	0.11	0.03	0.10	0.01	0.14	0.07	0.29	0.11	0.12	0.11	0.11
Ce	4	87.6	88.0	89.1	92.3	96.4	99.1	100.0	93.2	6.02	93.0	11.35	101	87.3	0.06	92.3	94.8	92.3	87.7
Cl	4	59.8	64.0	76.5	132	189	207	213	134	77.4	116	16.60	219	55.6	0.58	132	180	132	206
Co	4	13.03	13.58	15.21	16.32	16.61	16.79	16.85	15.51	2.04	15.40	4.56	16.90	12.48	0.13	16.32	16.12	16.32	14.42
Cr	4	52.3	53.5	57.3	62.1	67.2	71.6	73.0	62.4	9.85	61.8	9.72	74.5	51.0	0.16	62.1	64.8	62.1	61.7
Cu	4	17.31	17.91	19.70	20.71	21.10	21.79	22.02	20.09	2.37	19.98	5.23	22.25	16.72	0.12	20.71	20.70	20.71	21.77
F	4	329	334	347	398	502	613	650	452	164	432	27.55	687	325	0.36	398	441	398	559
Ga	4	17.61	17.71	18.02	18.60	19.48	20.33	20.61	18.90	1.47	18.86	4.91	20.90	17.50	0.08	18.60	19.00	18.60	19.80
Ge	4	1.34	1.35	1.39	1.44	1.50	1.54	1.55	1.44	0.10	1.44	1.23	1.56	1.33	0.07	1.44	1.47	1.44	1.51
Hg	4	0.03	0.03	0.03	0.04	0.05	0.06	0.06	0.04	0.02	0.04	5.50	0.07	0.03	0.39	0.04	0.04	0.04	0.04
I	4	8.28	8.39	8.70	9.71	10.61	10.72	10.76	9.60	1.28	9.54	3.35	10.80	8.18	0.13	9.71	8.87	9.71	7.67
La	4	43.26	43.74	45.18	47.51	50.4	52.9	53.7	48.08	5.00	47.89	7.95	54.5	42.78	0.10	47.51	49.04	47.51	46.01
Li	4	28.29	28.90	30.73	34.12	40.79	48.54	51.1	37.41	11.44	36.23	7.17	53.7	27.68	0.31	34.12	36.49	34.12	43.64
Mn	4	832	856	928	979	1009	1043	1055	958	108	953	41.71	1066	808	0.11	979	967	979	874
Mo	4	0.82	0.84	0.92	1.08	1.30	1.47	1.53	1.14	0.35	1.10	1.31	1.59	0.79	0.30	1.08	1.20	1.08	0.99
N	4	0.51	0.51	0.53	0.54	0.56	0.60	0.61	0.55	0.05	0.55	1.42	0.62	0.50	0.09	0.54	0.54	0.54	0.56
Nb	4	18.03	18.76	20.96	22.28	22.56	22.90	23.01	21.24	2.66	21.11	5.08	23.12	17.30	0.13	22.28	22.18	22.28	20.14
Ni	4	21.06	21.94	24.56	26.15	28.60	32.79	34.18	27.01	6.36	26.47	6.25	35.58	20.19	0.24	26.15	26.27	26.15	30.01
P	4	0.36	0.36	0.37	0.40	0.44	0.47	0.47	0.41	0.06	0.41	1.60	0.48	0.36	0.14	0.40	0.43	0.40	0.47
Pb	4	26.62	27.36	29.57	31.23	35.21	41.59	43.72	33.55	8.59	32.80	6.27	45.85	25.88	0.26	31.23	31.67	31.23	30.22

续表 3-13

元素/指标	N	$X_{5\%}$	$X_{10\%}$	$X_{25\%}$	$X_{50\%}$	$X_{75\%}$	$X_{90\%}$	$X_{95\%}$	$\bar{X}$	S	$\bar{X}_g$	S_g	X_{max}	X_{min}	CV	X_{me}	X_{mo}	旱地基准值	舟山市基准值
Rb	4	106	109	115	126	137	140	141	125	16.93	124	13.49	142	104	0.14	126	118	126	137
S	4	134	135	136	138	153	179	187	151	30.02	149	14.85	196	134	0.20	138	138	138	242
Sb	4	0.46	0.46	0.47	0.54	0.64	0.70	0.72	0.57	0.14	0.56	1.52	0.74	0.45	0.24	0.54	0.60	0.54	0.60
Sc	4	9.91	10.07	10.56	11.42	12.36	13.00	13.21	11.50	1.58	11.42	3.75	13.42	9.75	0.14	11.42	12.01	11.42	12.06
Se	4	0.16	0.17	0.20	0.26	0.31	0.32	0.32	0.25	0.08	0.24	2.40	0.33	0.15	0.32	0.26	0.22	0.26	0.21
Sn	4	2.70	2.85	3.32	3.78	4.00	4.02	4.02	3.53	0.69	3.48	1.92	4.03	2.54	0.20	3.78	3.58	3.78	3.62
Sr	4	84.4	84.6	85.2	93.7	114	135	142	105	30.52	102	13.13	149	84.2	0.29	93.7	102	93.7	114
Th	4	14.68	14.69	14.74	15.13	15.57	15.72	15.77	15.19	0.56	15.18	4.32	15.82	14.66	0.04	15.13	15.49	15.13	15.66
Ti	4	4295	4378	4626	4881	4999	5004	5006	4745	373	4734	95.7	5007	4212	0.08	4881	4764	4881	4560
Tl	4	0.65	0.67	0.74	0.85	0.92	0.93	0.93	0.81	0.15	0.80	1.27	0.93	0.62	0.18	0.85	0.78	0.85	0.83
U	4	2.68	2.69	2.72	2.88	3.07	3.15	3.18	2.91	0.25	2.90	1.74	3.20	2.67	0.09	2.88	3.03	2.88	2.96
V	4	80.1	80.4	81.2	81.9	86.6	94.8	97.6	86.0	9.60	85.6	11.25	100.0	79.8	0.11	81.9	82.1	81.9	88.4
W	4	1.58	1.63	1.77	1.86	1.99	2.22	2.29	1.90	0.34	1.88	1.42	2.37	1.54	0.18	1.86	1.87	1.86	1.86
Y	4	21.49	22.38	25.06	28.87	31.84	33.04	33.44	28.04	5.80	27.56	5.87	33.84	20.60	0.21	28.87	26.55	28.87	27.70
Zn	4	64.3	66.4	72.4	82.9	92.7	97.5	99.2	82.2	16.75	80.9	10.30	101	62.3	0.20	82.9	75.8	82.9	88.4
Zr	4	266	272	291	324	352	362	365	319	48.29	316	21.77	368	260	0.15	324	302	324	276
SiO_2	4	66.3	66.7	67.9	68.8	69.1	69.2	69.2	68.2	1.52	68.2	9.76	69.2	65.9	0.02	68.8	68.5	68.8	66.3
Al_2O_3	4	13.61	13.74	14.14	14.46	14.67	14.85	14.91	14.34	0.64	14.33	4.20	14.98	13.47	0.04	14.46	14.37	14.46	15.04
TFe_2O_3	4	4.14	4.17	4.29	4.43	4.79	5.31	5.49	4.65	0.69	4.62	2.33	5.66	4.10	0.15	4.43	4.50	4.43	4.97
MgO	4	0.73	0.75	0.82	0.99	1.38	1.83	1.98	1.21	0.64	1.10	1.55	2.13	0.71	0.53	0.99	1.13	0.99	1.62
CaO	4	0.43	0.45	0.54	0.59	0.79	1.12	1.24	0.73	0.42	0.66	1.59	1.35	0.40	0.57	0.59	0.60	0.59	1.45
Na_2O	4	0.84	0.87	0.96	1.11	1.26	1.35	1.38	1.11	0.26	1.09	1.26	1.42	0.81	0.23	1.11	1.20	1.11	1.21
K_2O	4	2.39	2.42	2.50	2.70	2.85	2.86	2.86	2.66	0.24	2.65	1.73	2.86	2.37	0.09	2.70	2.55	2.70	2.89
TC	4	0.37	0.38	0.40	0.44	0.48	0.50	0.50	0.44	0.06	0.43	1.56	0.51	0.36	0.15	0.44	0.42	0.44	0.62
Corg	4	0.29	0.29	0.29	0.36	0.43	0.43	0.43	0.36	0.08	0.35	1.84	0.43	0.29	0.22	0.36	0.42	0.36	0.39
pH	4	5.83	5.87	5.99	6.82	7.78	8.13	8.25	6.20	6.11	6.95	2.92	8.37	5.79	0.99	6.82	7.59	6.82	8.44

三、林地土壤地球化学基准值

林地区深层土壤总体为酸性，土壤pH极大值为8.54，极小值为5.15，基准值为6.15，略低于舟山市基准值。

深层土壤各元素/指标中，大多数元素/指标变异系数在0.40以下，说明分布较为均匀；Mo、Au、F、Cl、pH、CaO、MgO共7项元素/指标变异系数不小于0.80，表明空间变异性较大。

与舟山市土壤基准值相比，I、Ba基准值略高；Cr、F、P、Ni、Li、TC、Cu基准值略低；S、MgO、Cl、CaO基准值明显低于舟山市基准值，其中CaO基准值仅为舟山市基准值的36%；Se基准值明显高于舟山市基准值，为舟山市基准值的1.33部；其他元素/指标基准值基本接近于舟山市基准值（表3-14）。

表 3-14 林地土壤地球化学基准值参数统计表

元素/指标	N	$X_{5\%}$	$X_{10\%}$	$X_{25\%}$	$X_{50\%}$	$X_{75\%}$	$X_{90\%}$	$X_{95\%}$	$\bar{X}$	S	$\bar{X}_g$	S_g	X_{max}	X_{min}	CV	X_{me}	X_{mo}	林地基准值	舟山市基准值
Ag	27	57.4	57.5	63.6	70.3	83.7	88.7	95.7	74.5	16.70	73.0	11.81	133	51.0	0.22	70.3	77.3	70.3	67.8
As	27	4.29	4.35	6.24	7.65	8.60	10.04	10.47	7.51	2.09	7.20	3.27	11.58	3.37	0.28	7.65	7.53	7.65	8.78
Au	27	0.67	0.72	0.92	1.68	2.65	3.65	4.29	2.43	3.31	1.66	2.31	18.11	0.35	1.37	1.68	0.92	1.68	1.57
B	27	25.55	34.73	40.49	51.6	59.7	72.1	76.7	49.95	16.04	46.86	9.54	77.7	11.73	0.32	51.6	48.71	51.6	60.4
Ba	27	437	469	521	586	691	762	820	609	125	596	39.03	872	391	0.21	586	598	586	473
Be	27	2.10	2.18	2.30	2.40	2.60	2.94	3.29	2.62	0.80	2.54	1.74	6.36	2.04	0.31	2.40	2.31	2.40	2.51
Bi	27	0.24	0.24	0.27	0.37	0.43	0.51	0.62	0.38	0.12	0.36	1.96	0.67	0.23	0.32	0.37	0.37	0.37	0.38
Br	27	2.07	2.28	2.87	4.00	4.68	6.48	8.53	4.24	1.97	3.87	2.34	9.95	1.57	0.46	4.00	4.31	4.00	4.54
Cd	27	0.07	0.08	0.09	0.11	0.14	0.17	0.18	0.12	0.04	0.11	0.01	0.20	0.06	0.30	0.11	0.12	0.11	0.11
Ce	27	78.1	79.8	86.6	91.6	95.6	100.0	111	91.9	9.77	91.5	13.39	119	76.6	0.11	91.6	92.0	91.6	87.7
Cl	27	50.8	52.2	56.2	83.9	145	267	365	132	134	98.5	14.74	649	49.90	1.01	83.9	143	83.9	206
Co	27	8.66	9.50	10.29	12.21	14.49	16.32	16.93	12.86	4.15	12.34	4.21	28.77	6.77	0.32	12.21	13.25	12.21	14.42
Cr	27	27.56	30.96	38.70	48.40	56.5	77.5	82.0	50.8	19.71	47.33	9.20	107	16.60	0.39	48.40	50.4	48.40	61.7
Cu	27	12.69	13.15	14.24	17.34	22.52	25.36	25.46	18.44	4.98	17.79	5.29	29.09	9.37	0.27	17.34	17.83	17.34	21.77
F	27	299	341	395	436	569	673	715	584	602	491	34.70	3535	254	1.03	436	593	436	559
Ga	27	17.13	17.38	17.75	19.00	19.95	20.82	23.14	19.23	1.96	19.14	5.37	25.40	16.70	0.10	19.00	18.80	19.00	19.80
Ge	27	1.34	1.38	1.43	1.50	1.58	1.61	1.64	1.53	0.20	1.52	1.30	2.44	1.33	0.13	1.50	1.52	1.50	1.51
Hg	27	0.02	0.03	0.03	0.04	0.05	0.05	0.06	0.04	0.01	0.04	6.84	0.08	0.01	0.33	0.04	0.03	0.04	0.04
I	27	4.90	5.01	7.21	9.24	10.56	13.65	16.74	9.63	4.38	8.84	3.53	25.01	3.74	0.46	9.24	9.77	9.24	7.67
La	27	40.69	41.62	42.45	47.26	51.5	55.8	60.8	47.90	6.75	47.47	9.23	65.5	37.55	0.14	47.26	47.96	47.26	46.01
Li	27	20.70	21.60	27.16	32.63	40.89	57.0	58.4	35.87	12.35	33.96	7.69	60.2	18.58	0.34	32.63	35.49	32.63	43.64
Mn	27	525	606	699	824	954	1147	1294	859	255	825	46.01	1622	434	0.30	824	862	824	874
Mo	27	0.64	0.71	0.80	0.97	1.22	1.99	4.02	2.56	7.08	1.22	2.22	37.78	0.62	2.76	0.97	2.11	0.97	0.99
N	27	0.37	0.40	0.46	0.54	0.58	0.76	0.83	0.55	0.14	0.54	1.57	0.88	0.31	0.26	0.54	0.55	0.54	0.56
Nb	27	17.78	18.35	19.18	20.87	23.17	25.23	26.18	21.26	2.79	21.09	5.79	28.11	17.48	0.13	20.87	21.71	20.87	20.14
Ni	27	12.33	12.72	17.25	22.65	26.13	37.59	39.22	25.21	15.98	22.36	6.08	94.2	10.20	0.63	22.65	24.94	22.65	30.01
P	27	0.25	0.27	0.31	0.36	0.44	0.63	0.69	0.40	0.16	0.38	1.97	0.88	0.21	0.39	0.36	0.28	0.36	0.47
Pb	27	25.76	26.06	27.44	30.07	37.08	42.11	45.43	32.80	7.04	32.15	7.29	52.8	24.73	0.21	30.07	33.28	30.07	30.22

续表 3-14

元素/指标	N	$X_{5\%}$	$X_{10\%}$	$X_{25\%}$	$X_{50\%}$	$X_{75\%}$	$X_{90\%}$	$X_{95\%}$	$\bar{X}$	S	$\bar{X}_g$	S_g	X_{max}	X_{min}	CV	X_{me}	X_{mo}	林地基准值	舟山市基准值
Rb	27	114	119	131	138	145	152	156	136	14.06	135	16.53	162	96.1	0.10	138	138	138	137
S	22	108	113	118	139	164	178	183	142	26.70	140	16.89	196	104	0.19	139	142	139	242
Sb	27	0.42	0.45	0.49	0.58	0.64	0.68	0.71	0.57	0.10	0.56	1.46	0.74	0.38	0.18	0.58	0.54	0.58	0.60
Sc	27	7.86	8.38	8.93	9.99	11.57	13.71	14.25	10.63	2.66	10.36	3.81	19.49	7.41	0.25	9.99	10.66	9.99	12.06
Se	27	0.16	0.17	0.21	0.28	0.35	0.47	0.52	0.33	0.23	0.29	2.40	1.36	0.14	0.69	0.28	0.17	0.28	0.21
Sn	27	2.70	2.99	3.31	3.55	3.83	4.13	4.32	3.55	0.50	3.52	2.08	4.55	2.35	0.14	3.55	3.55	3.55	3.62
Sr	27	59.4	65.1	74.9	100.0	121	141	166	103	35.45	97.6	13.82	200	53.7	0.34	100.0	106	100.0	114
Th	27	11.46	14.18	15.24	16.36	17.95	19.19	19.94	16.42	2.68	16.19	5.04	22.34	9.69	0.16	16.36	16.36	16.36	15.66
Ti	27	3452	3484	3790	4377	4762	4956	4981	4379	795	4318	119	7286	3425	0.18	4377	4377	4377	4560
Tl	27	0.73	0.74	0.77	0.86	0.97	1.14	1.15	0.90	0.16	0.89	1.20	1.25	0.67	0.18	0.86	0.92	0.86	0.83
U	27	2.42	2.54	3.00	3.39	3.66	3.79	4.03	3.29	0.53	3.25	2.02	4.37	2.13	0.16	3.39	3.33	3.39	2.96
V	27	50.2	55.0	61.6	74.7	91.8	103	109	77.7	21.43	75.1	11.73	142	48.70	0.28	74.7	76.0	74.7	88.4
W	27	1.58	1.62	1.77	1.84	2.06	2.43	2.81	1.97	0.40	1.93	1.50	3.14	1.36	0.20	1.84	1.98	1.84	1.86
Y	27	22.45	24.25	25.16	26.57	29.57	31.23	31.61	26.97	3.06	26.80	6.64	32.29	20.26	0.11	26.57	27.06	26.57	27.70
Zn	27	61.6	62.1	68.7	80.0	93.0	110	118	83.0	17.92	81.2	12.10	120	58.3	0.22	80.0	85.5	80.0	88.4
Zr	27	229	247	267	313	355	384	402	313	64.0	307	26.83	482	187	0.20	313	247	313	276
SiO$_2$	27	62.6	63.6	64.8	68.5	72.2	74.1	75.1	68.7	4.71	68.6	11.34	80.1	59.6	0.07	68.5	68.5	68.5	66.3
Al$_2$O$_3$	27	12.38	13.06	14.01	14.56	15.84	17.10	17.67	14.95	1.75	14.86	4.63	19.53	11.58	0.12	14.56	15.12	14.56	15.04
TFe$_2$O$_3$	27	3.40	3.55	3.71	4.34	4.98	5.71	5.91	4.53	1.12	4.42	2.35	8.59	3.19	0.25	4.34	4.54	4.34	4.97
MgO	27	0.42	0.50	0.60	0.82	1.46	2.16	2.48	1.20	0.96	0.97	1.87	4.88	0.41	0.80	0.82	1.37	0.82	1.62
CaO	27	0.23	0.23	0.34	0.52	1.30	2.02	2.24	0.90	0.79	0.63	2.43	3.18	0.22	0.89	0.52	0.23	0.52	1.45
Na$_2$O	27	0.70	0.73	0.81	0.99	1.27	1.33	1.48	1.06	0.29	1.02	1.31	1.80	0.58	0.27	0.99	1.05	0.99	1.21
K$_2$O	27	2.29	2.50	2.70	2.84	2.97	3.27	3.47	2.87	0.34	2.85	1.85	3.79	2.21	0.12	2.84	2.87	2.84	2.89
TC	27	0.25	0.28	0.31	0.41	0.56	0.78	1.02	0.49	0.26	0.44	1.93	1.29	0.24	0.53	0.41	0.24	0.41	0.62
Corg	27	0.25	0.27	0.31	0.36	0.49	0.58	0.64	0.40	0.13	0.38	1.92	0.73	0.20	0.33	0.36	0.41	0.36	0.39
pH	27	5.28	5.34	5.57	6.15	8.14	8.31	8.40	5.77	5.69	6.64	3.00	8.54	5.15	0.99	6.15	8.31	6.15	8.44

第四章 土壤元素背景值

第一节 各行政区土壤元素背景值

一、舟山市土壤元素背景值

舟山市土壤元素背景值数据经正态分布检验，结果表明，原始数据中 Ba、Be、F、Ga、La、Rb、Sc、Th、Ti、U、Y、SiO_2、Al_2O_3、Na_2O、TC 共 15 项元素/指标符合正态分布，S、W、Zn、Zr 剔除异常值后符合正态分布，Ag、Au、Br、Ce、Ge、I、Li、N、Nb、Sb、Sn、Sr、Tl、TFe_2O_3、MgO、CaO、Corg 符合对数正态分布，Bi、P 剔除异常值后符合对数正态分布（简称剔除后对数分布），其余元素/指标不符合正态分布或对数正态分布（表 4-1）。

舟山市表层土壤总体呈酸性，土壤 pH 极大值为 8.87，极小值为 1.72，背景值为 4.88，与浙江省背景值接近，略低于中国背景值。

表层土壤各元素/指标中，绝大多数变异系数小于 0.40，分布相对均匀；仅 Au、CaO 变异系数大于 0.80，空间变异性较大。

与浙江省土壤元素背景值相比，B、Br、I、Mn、Se、Sn、MgO、CaO、Na_2O 背景值明显高于浙江省背景值，是浙江省背景值的 1.40 倍以上，Na_2O 背景值更是达到了浙江省背景值的 6.11 倍；Au、Ba、Bi、Cd、Cu、Nb、Zr 背景值略高于浙江省背景值，为浙江省背景值的 1.2~1.4 倍；Cr、Ni 背景值明显低于浙江省背景值，低于浙江省背景值的 60%；其他元素/指标背景值均接近于浙江省背景值。

与中国土壤元素背景值相比，Tl、Rb、Ce、Zr、Pb、La、Zn、B、Bi、U、Cd、Ag 背景值略高于中国背景值，为中国背景值的 1.2~1.4 倍；I、Hg、Br、Se、Corg、Sn、N、Mn、Nb、Au、V、Co、Th 背景值明显高于中国背景值，为中国背景值的 1.4 倍以上，其中 I 背景值为中国背景值的 6.31 倍；Cr、Na_2O 背景值略低于中国背景值，为中国背景值的 60%~80%；MgO、Sr、Ni、CaO 背景值明显低于中国背景值，不足中国背景值的 60%，其中 CaO 背景值仅为中国背景值的 22%；其他元素/指标背景值均接近于中国背景值。

二、定海区土壤元素背景值

定海区土壤元素背景值数据经正态分布检验，结果表明，原始数据中 Ba、Be、F、Ga、La、Rb、S、Sc、Sr、Th、Ti、U、Y、Zr、SiO_2、Al_2O_3、TFe_2O_3、Na_2O、TC 符合正态分布，Ce、Cu、Zn 剔除异常值后符合正态分布，As、Au、Bi、Br、Cl、Ge、I、Li、N、Nb、P、Sb、Sn、Tl、W、MgO、CaO、Corg 符合对数正态分布，Ag 剔除异常值后符合对数正态分布，其余元素/指标不符合正态分布或对数正态分布（表 4-2）。

定海区表层土壤总体呈酸性，土壤 pH 极大值为 8.10，极小值为 3.61，背景值为 4.85，与舟山市背景值、浙江省背景值基本接近。

在土壤各元素/指标中，绝大多数变异系数小于 0.40，表明其分布相对均匀；Au、W、pH、Cl、CaO 变异系数大于 0.80，空间变异性较大。

表 4-1 舟山市土壤元素背景值参数统计表

元素/指标	N	$X_{5\%}$	$X_{10\%}$	$X_{25\%}$	$X_{50\%}$	$X_{75\%}$	$X_{90\%}$	$X_{95\%}$	$\overline{X}$	S	$\overline{X}_g$	S_g	X_{max}	X_{min}	CV	X_{me}	X_{mo}	分布类型	舟山市背景值	浙江省背景值	中国背景值
Ag	320	65.5	69.6	77.9	89.1	110	144	188	103	49.01	96.5	14.40	491	49.64	0.47	89.1	97.6	对数正态分布	96.5	100.0	77.0
As	3331	2.87	3.44	4.65	6.34	8.61	10.60	11.60	6.73	2.68	6.18	3.05	14.70	1.32	0.40	6.34	10.10	其他分布	10.10	10.10	9.00
Au	320	0.83	1.01	1.38	1.91	2.64	3.72	4.72	2.45	2.88	1.97	2.02	41.78	0.35	1.17	1.91	2.10	对数正态分布	1.97	1.50	1.30
B	3359	17.20	22.17	34.40	52.2	69.3	82.0	89.4	52.4	22.27	46.85	9.75	116	4.90	0.42	52.2	58.0	其他分布	58.0	20.00	43.0
Ba	320	380	438	489	574	691	765	832	588	151	567	38.90	1104	132	0.26	574	516	正态分布	588	475	512
Be	320	1.74	1.84	2.00	2.21	2.45	2.64	2.78	2.24	0.34	2.22	1.63	3.72	1.54	0.15	2.21	2.28	正态分布	2.24	2.00	2.00
Bi	292	0.21	0.25	0.30	0.35	0.44	0.52	0.56	0.37	0.11	0.36	1.93	0.69	0.16	0.29	0.35	0.30	剔除后对数分布	0.36	0.28	0.30
Br	320	4.11	4.85	5.90	7.60	10.31	13.63	16.14	8.58	4.04	7.76	3.54	32.59	0.25	0.47	7.60	5.39	对数正态分布	7.76	2.20	2.20
Cd	3158	0.08	0.10	0.13	0.16	0.20	0.24	0.27	0.17	0.06	0.16	3.02	0.32	0.03	0.33	0.16	0.17	其他分布	0.17	0.14	0.137
Ce	320	70.0	73.6	80.1	87.4	94.3	105	113	88.4	13.15	87.4	13.19	144	56.5	0.15	87.4	88.0	对数正态分布	87.4	102	64.0
Cl	282	63.4	67.9	76.2	86.4	100.0	127	137	90.6	21.68	88.3	13.36	160	42.53	0.24	86.4	80.0	偏峰分布	80.0	71.0	78.0
Co	3354	4.40	5.24	7.00	10.40	14.70	16.80	17.60	10.84	4.39	9.87	3.94	25.20	1.73	0.40	10.40	15.80	其他分布	15.80	14.80	11.00
Cr	3359	18.80	22.60	32.15	48.40	79.3	88.3	92.5	54.3	25.65	47.67	9.65	146	9.20	0.47	48.40	37.60	其他分布	37.60	82.0	53.0
Cu	3265	11.00	12.80	17.20	23.37	29.40	34.40	37.58	23.64	8.28	22.10	6.22	48.90	3.92	0.35	23.37	19.70	其他分布	19.70	16.00	20.00
F	320	273	306	364	467	576	706	753	486	161	461	35.10	1251	193	0.33	467	393	正态分布	486	453	488
Ga	320	14.60	15.28	16.27	17.54	19.11	19.90	20.59	17.64	1.87	17.54	5.26	24.99	13.13	0.11	17.54	17.25	正态分布	17.64	16.00	15.00
Ge	3361	1.00	1.06	1.16	1.27	1.39	1.51	1.60	1.28	0.18	1.27	1.21	1.92	0.77	0.14	1.27	1.20	对数正态分布	1.27	1.44	1.30
Hg	3129	0.04	0.05	0.06	0.09	0.12	0.17	0.20	0.10	0.05	0.09	4.07	0.25	0.01	0.49	0.09	0.11	其他分布	0.11	0.110	0.026
I	320	3.41	3.68	5.03	6.76	9.46	13.81	16.76	7.91	4.36	6.94	3.41	30.99	0.90	0.55	6.76	7.44	对数正态分布	6.94	1.70	1.10
La	320	34.01	36.13	40.36	43.99	48.63	52.9	57.6	44.74	7.36	44.16	8.87	78.8	25.88	0.16	43.99	44.70	正态分布	44.74	41.00	33.00
Li	320	18.69	20.01	23.16	28.81	38.12	46.82	52.8	31.39	10.57	29.76	7.30	64.7	14.36	0.34	28.81	25.85	对数正态分布	29.76	25.00	30.00
Mn	3300	285	348	505	730	914	1072	1182	724	278	665	43.00	1547	143	0.38	730	942	其他分布	942	440	569
Mo	3106	0.49	0.55	0.65	0.79	1.01	1.29	1.46	0.86	0.29	0.81	1.41	1.76	0.25	0.34	0.79	0.70	其他分布	0.70	0.66	0.70
N	3361	0.62	0.74	0.94	1.23	1.61	2.01	2.27	1.31	0.51	1.21	1.53	3.73	0.07	0.39	1.23	1.00	对数正态分布	1.21	1.28	0.707
Nb	320	16.93	17.66	18.79	20.79	23.49	27.75	30.55	21.72	4.41	21.33	5.94	41.67	12.42	0.20	20.79	19.14	对数正态分布	21.33	16.83	13.00
Ni	3359	5.55	6.92	10.20	17.10	33.45	39.90	41.90	21.25	12.72	17.20	5.74	58.8	2.22	0.60	17.10	10.50	其他分布	10.50	35.00	24.00
P	3217	0.28	0.35	0.50	0.70	0.92	1.17	1.33	0.74	0.31	0.66	1.69	1.64	0.05	0.42	0.70	0.82	剔除后对数分布	0.66	0.60	0.57
Pb	3096	24.90	26.60	29.80	33.80	39.80	47.60	52.6	35.54	8.28	34.64	8.00	61.4	14.10	0.23	33.80	29.90	其他分布	29.90	32.00	22.00

续表 4-1

元素/指标	N	$X_{5\%}$	$X_{10\%}$	$X_{25\%}$	$X_{50\%}$	$X_{75\%}$	$X_{90\%}$	$X_{95\%}$	$\overline{X}$	S	$\overline{X}_g$	S_g	X_{max}	X_{min}	CV	X_{me}	X_{mo}	分布类型	舟山市背景值	浙江省背景值	中国背景值
Rb	320	108	113	122	131	142	151	161	132	16.21	131	16.74	184	76.8	0.12	131	123	正态分布	132	120	96.0
S	299	156	167	190	221	262	301	334	229	53.5	222	22.85	390	102	0.23	221	213	剔除后正态分布	229	248	245
Sb	320	0.40	0.46	0.54	0.63	0.75	0.85	0.95	0.66	0.21	0.63	1.45	2.54	0.30	0.32	0.63	0.61	对数正态分布	0.63	0.53	0.73
Sc	320	5.61	6.12	7.20	8.69	10.75	12.83	14.21	9.12	2.56	8.77	3.62	16.03	3.69	0.28	8.69	9.28	正态分布	9.12	8.70	10.00
Se	3240	0.13	0.16	0.23	0.31	0.39	0.48	0.53	0.32	0.12	0.29	2.22	0.65	0.04	0.38	0.31	0.36	其他分布	0.36	0.21	0.17
Sn	320	3.00	3.33	4.07	4.95	6.11	7.77	8.76	5.57	3.38	5.13	2.78	48.84	2.33	0.61	4.95	6.03	对数正态分布	5.13	3.60	3.00
Sr	320	49.08	55.5	73.4	101	122	145	169	103	41.29	95.7	14.07	340	26.46	0.40	101	101	对数正态分布	95.7	105	197
Th	320	12.02	12.81	13.84	15.26	16.74	18.13	19.49	15.40	2.34	15.23	4.83	24.95	9.52	0.15	15.26	15.70	正态分布	15.40	13.30	11.00
Ti	320	2980	3229	3619	4098	4607	4972	5189	4125	750	4060	121	9966	2305	0.18	4098	4095	正态分布	4125	4665	3498
Tl	320	0.65	0.68	0.73	0.81	0.93	1.04	1.10	0.84	0.16	0.83	1.23	1.64	0.43	0.19	0.81	0.78	对数正态分布	0.83	0.70	0.60
U	320	2.41	2.51	2.74	3.10	3.47	3.90	4.23	3.17	0.62	3.11	1.98	6.51	1.53	0.20	3.10	2.78	正态分布	3.17	2.90	2.50
V	3358	34.60	40.20	49.10	69.6	99.6	110	114	73.3	27.37	67.8	11.51	166	12.80	0.37	69.6	102	其他分布	102	106	70.0
W	295	1.33	1.50	1.69	1.90	2.06	2.23	2.41	1.88	0.31	1.85	1.50	2.70	1.13	0.16	1.90	1.93	剔除后正态分布	1.88	1.80	1.60
Y	320	18.29	19.62	22.29	26.17	29.61	32.60	34.17	25.97	5.07	25.45	6.51	39.55	12.36	0.20	26.17	25.13	正态分布	25.97	25.00	24.00
Zn	3231	55.1	61.0	73.6	89.4	104	118	128	89.4	21.97	86.6	13.36	153	31.10	0.25	89.4	101	剔除后正态分布	89.4	101	66.0
Zr	314	220	237	265	305	350	417	444	314	66.7	307	27.50	485	161	0.21	305	311	剔除后正态分布	314	243	230
SiO_2	320	62.0	63.6	66.7	70.5	72.9	75.2	76.8	69.9	4.52	69.7	11.57	83.5	56.9	0.06	70.5	70.8	正态分布	69.9	71.3	66.7
Al_2O_3	320	11.47	11.88	12.93	13.77	14.60	15.65	16.06	13.77	1.41	13.70	4.55	20.44	9.30	0.10	13.77	13.77	正态分布	13.77	13.20	11.90
TFe_2O_3	320	2.57	2.76	3.06	3.68	4.44	5.29	5.62	3.83	0.95	3.71	2.21	6.89	2.18	0.25	3.68	3.39	对数正态分布	3.71	3.74	4.20
MgO	320	0.35	0.39	0.46	0.74	1.25	1.85	2.31	0.94	0.60	0.79	1.84	2.92	0.26	0.63	0.74	0.41	对数正态分布	0.79	0.50	1.43
CaO	320	0.20	0.22	0.30	0.52	1.14	1.97	2.51	0.83	0.76	0.59	2.38	4.25	0.12	0.92	0.52	0.23	对数正态分布	0.59	0.24	2.74
Na_2O	320	0.64	0.77	0.90	1.13	1.35	1.54	1.76	1.16	0.36	1.10	1.38	2.80	0.30	0.31	1.13	1.28	正态分布	1.16	0.19	1.75
K_2O	3100	2.24	2.37	2.57	2.76	2.95	3.23	3.41	2.78	0.33	2.76	1.82	3.69	1.92	0.12	2.76	2.80	其他分布	2.80	2.35	2.36
TC	320	0.79	0.91	1.10	1.38	1.60	1.84	1.99	1.38	0.40	1.31	1.45	3.05	0.14	0.29	1.38	1.49	正态分布	1.38	1.43	1.30
Corg	3361	0.54	0.66	0.84	1.11	1.45	1.81	2.08	1.19	0.50	1.09	1.53	4.90	0.14	0.42	1.11	0.95	对数正态分布	1.09	1.31	0.60
pH	3354	4.19	4.36	4.77	5.40	6.83	7.85	8.16	4.44	3.24	5.79	2.74	8.87	1.72	0.73	5.40	4.88	其他分布	4.88	5.10	8.00

注：氧化物、TC、Corg 单位为%，N、P 单位为 g/kg，Au、Ag 单位为 μg/kg，pH 为无量纲，其他元素/指标单位为 mg/kg；浙江省背景值引自《浙江省土壤元素背景值》(黄春雷等，2023)；中国背景值引自《全国地球化学基准网建立与土壤地球化学基准值特征》(王学求等，2016)；后表单位和资料来源相同。

表 4-2 定海区土壤元素背景值参数统计表

元素/指标	N	$X_{5\%}$	$X_{10\%}$	$X_{25\%}$	$X_{50\%}$	$X_{75\%}$	$X_{90\%}$	$X_{95\%}$	$\overline{X}$	S	$\overline{X}_g$	S_g	X_{max}	X_{min}	CV	X_{me}	X_{mo}	分布类型	定海区背景值	舟山市背景值	浙江省背景值
Ag	131	69.0	72.5	82.5	93.9	113	141	152	100.0	24.97	97.5	14.12	165	60.3	0.25	93.9	88.2	剔除后对数分布	97.5	96.5	100.0
As	1644	2.73	3.26	4.33	5.85	7.91	9.88	11.00	6.34	3.02	5.78	2.95	45.90	1.32	0.48	5.85	10.10	对数正态分布	5.78	10.10	10.10
Au	140	0.97	1.16	1.50	2.02	2.71	3.65	4.72	2.55	3.57	2.06	2.00	41.78	0.58	1.40	2.02	2.20	对数正态分布	2.06	1.97	1.50
B	1643	16.70	21.63	34.50	51.6	66.2	77.5	84.5	50.5	20.76	45.38	9.55	111	4.90	0.41	51.6	58.0	其他分布	58.0	58.0	20.00
Ba	140	442	467	510	604	720	825	866	628	144	612	40.75	1025	272	0.23	604	505	正态分布	628	588	475
Be	140	1.73	1.77	1.98	2.17	2.43	2.62	2.69	2.21	0.33	2.19	1.61	3.34	1.54	0.15	2.17	2.14	正态分布	2.21	2.24	2.00
Bi	140	0.25	0.27	0.30	0.36	0.46	0.65	1.01	0.44	0.28	0.39	2.00	2.22	0.16	0.64	0.36	0.32	对数正态分布	0.39	0.36	0.28
Br	140	3.97	4.55	5.48	6.73	8.62	11.12	12.41	7.38	2.70	6.93	3.20	18.67	2.89	0.37	6.73	7.64	对数正态分布	6.93	7.76	2.20
Cd	1427	0.09	0.10	0.13	0.17	0.20	0.25	0.28	0.17	0.06	0.16	2.98	0.36	0.03	0.34	0.17	0.16	其他分布	0.16	0.17	0.14
Ce	129	75.7	78.6	83.5	89.7	94.3	101	106	89.5	8.59	89.1	13.33	110	69.7	0.10	89.7	93.5	剔除后正态分布	89.5	87.4	102
Cl	140	62.1	65.4	71.9	80.8	94.1	129	140	97.5	91.9	87.3	13.29	1066	52.3	0.94	80.8	80.0	对数正态分布	87.3	80.0	71.0
Co	1644	4.15	4.87	6.28	9.18	13.20	15.40	16.40	9.73	4.02	8.86	3.68	22.90	1.73	0.41	9.18	13.80	其他分布	13.80	15.80	14.80
Cr	1644	17.52	21.13	30.68	43.45	75.2	87.0	91.3	50.7	24.91	44.41	9.26	140	9.40	0.49	43.45	37.60	其他分布	37.60	37.60	82.0
Cu	1573	10.92	12.90	16.90	22.40	27.60	31.90	34.70	22.49	7.32	21.20	6.06	45.00	3.92	0.33	22.40	16.20	剔除后正态分布	22.49	19.70	16.00
F	140	309	320	380	462	569	678	744	488	153	467	35.18	1251	226	0.31	462	393	正态分布	488	486	453
Ga	140	15.08	15.67	16.27	17.44	18.47	19.50	20.09	17.50	1.55	17.43	5.20	21.46	13.62	0.09	17.44	17.25	正态分布	17.50	17.64	16.00
Ge	1644	0.96	1.01	1.10	1.21	1.32	1.44	1.51	1.22	0.17	1.21	1.19	1.80	0.77	0.14	1.21	1.12	对数正态分布	1.21	1.27	1.44
Hg	1516	0.05	0.05	0.07	0.09	0.13	0.17	0.20	0.10	0.05	0.09	3.86	0.24	0.02	0.45	0.09	0.11	其他分布	0.11	0.11	0.110
I	140	3.30	3.60	4.52	5.78	8.31	12.13	14.56	6.94	3.65	6.16	3.18	19.76	1.48	0.53	5.78	7.02	对数正态分布	6.16	6.94	1.70
La	140	35.78	37.61	40.82	44.11	49.25	52.7	56.2	45.39	6.88	44.91	9.02	78.8	31.71	0.15	44.11	40.77	正态分布	45.39	44.74	41.00
Li	140	19.78	20.52	23.07	27.36	34.39	42.82	46.20	30.01	9.01	28.83	7.09	64.1	17.81	0.30	27.36	25.85	对数正态分布	28.83	29.76	25.00
Mn	1617	247	294	418	648	877	1060	1185	668	299	598	40.37	1581	143	0.45	648	263	其他分布	263	942	440
Mo	1524	0.52	0.56	0.65	0.80	1.02	1.31	1.48	0.87	0.29	0.82	1.40	1.77	0.29	0.34	0.80	0.64	其他分布	0.64	0.70	0.66
N	1644	0.68	0.82	1.04	1.37	1.78	2.19	2.39	1.45	0.54	1.35	1.55	3.73	0.07	0.37	1.37	1.03	对数正态分布	1.35	1.21	1.28
Nb	140	18.21	18.94	20.13	22.00	24.16	28.40	31.13	22.88	4.07	22.56	6.08	38.16	16.74	0.18	22.00	19.14	对数正态分布	22.56	21.33	16.83
Ni	1644	5.16	6.35	9.50	14.15	29.08	36.40	39.57	18.66	11.48	15.16	5.33	49.70	2.22	0.62	14.15	10.70	其他分布	10.70	10.50	35.00
P	1644	0.28	0.35	0.49	0.71	0.97	1.36	1.63	0.80	0.48	0.69	1.78	5.69	0.09	0.59	0.71	0.70	对数正态分布	0.69	0.66	0.60
Pb	1507	26.70	28.20	31.10	35.30	41.70	48.94	55.5	37.27	8.57	36.36	8.25	64.3	14.10	0.23	35.30	33.80	其他分布	33.80	29.90	32.00

续表 4-2

元素/指标	N	$X_{5\%}$	$X_{10\%}$	$X_{25\%}$	$X_{50\%}$	$X_{75\%}$	$X_{90\%}$	$X_{95\%}$	$\overline{X}$	S	$\overline{X}_g$	S_g	X_{max}	X_{min}	CV	X_{me}	X_{mo}	分布类型	定海区背景值	舟山市背景值	浙江省背景值
Rb	140	115	120	125	132	143	150	155	134	12.92	133	16.79	168	104	0.10	132	123	正态分布	134	132	120
S	140	156	176	199	224	264	294	313	233	54.5	227	22.60	470	123	0.23	224	265	正态分布	233	229	248
Sb	140	0.51	0.54	0.59	0.67	0.76	0.86	0.98	0.70	0.21	0.68	1.37	2.54	0.40	0.31	0.67	0.61	对数正态分布	0.68	0.63	0.53
Sc	140	5.80	6.41	7.22	8.66	10.03	11.54	12.77	8.79	2.16	8.52	3.55	14.71	3.69	0.25	8.66	6.98	正态分布	8.79	9.12	8.70
Se	1578	0.16	0.20	0.26	0.34	0.41	0.50	0.55	0.34	0.11	0.32	2.04	0.66	0.09	0.33	0.34	0.38	其他分布	0.38	0.36	0.21
Sn	140	3.68	3.97	4.68	5.57	6.85	8.23	8.78	5.91	1.91	5.65	2.85	14.14	2.82	0.32	5.57	5.62	对数正态分布	5.65	5.13	3.60
Sr	140	50.5	54.9	70.2	88.5	112	126	137	91.8	28.92	87.4	13.41	202	40.47	0.32	88.5	87.2	正态分布	91.8	95.7	105
Th	140	13.44	13.85	14.75	15.72	17.09	18.29	18.87	15.98	1.78	15.89	4.94	21.35	12.51	0.11	15.72	14.76	正态分布	15.98	15.40	13.30
Ti	140	3214	3359	3657	4100	4529	4911	4997	4117	594	4073	121	5513	2305	0.14	4100	4123	正态分布	4117	4125	4665
Tl	140	0.68	0.70	0.76	0.86	0.94	1.07	1.17	0.88	0.17	0.87	1.22	1.64	0.60	0.20	0.86	0.86	对数正态分布	0.87	0.83	0.70
U	140	2.55	2.70	2.96	3.31	3.58	3.90	4.17	3.30	0.50	3.27	2.00	5.26	2.33	0.15	3.31	3.46	正态分布	3.30	3.17	2.90
V	1644	34.50	39.20	46.60	60.8	93.5	106	111	68.4	26.07	63.4	11.01	142	12.80	0.38	60.8	106	其他分布	106	102	106
W	140	1.57	1.62	1.77	1.98	2.19	2.68	2.94	2.35	2.82	2.08	1.74	33.58	1.39	1.20	1.98	2.11	对数正态分布	2.08	1.88	1.80
Y	140	19.55	20.73	23.18	26.91	30.59	33.85	35.10	27.20	4.90	26.75	6.67	39.55	16.69	0.18	26.91	26.75	正态分布	27.20	25.97	25.00
Zn	1565	58.0	62.9	74.8	89.2	103	118	128	90.0	21.12	87.5	13.34	151	34.80	0.23	89.2	101	剔除后正态分布	90.0	89.4	101
Zr	140	250	266	287	329	367	432	450	334	61.9	329	28.44	532	215	0.19	329	335	正态分布	334	314	243
SiO_2	140	64.4	65.8	68.2	71.3	73.3	75.0	75.9	70.8	3.64	70.7	11.64	83.5	61.2	0.05	71.3	70.9	正态分布	70.8	69.9	71.3
Al_2O_3	140	11.47	12.14	12.87	13.64	14.40	15.40	15.96	13.65	1.25	13.59	4.52	16.56	10.75	0.09	13.64	14.00	正态分布	13.65	13.77	13.20
TFe_2O_3	140	2.49	2.74	2.99	3.46	4.18	4.59	4.94	3.59	0.80	3.51	2.12	6.01	2.20	0.22	3.46	3.37	正态分布	3.59	3.71	3.74
MgO	140	0.36	0.38	0.43	0.62	1.03	1.46	1.71	0.79	0.47	0.69	1.76	2.45	0.29	0.59	0.62	0.41	对数正态分布	0.69	0.79	0.50
CaO	140	0.20	0.21	0.27	0.42	0.68	1.26	1.95	0.61	0.55	0.46	2.29	2.97	0.12	0.91	0.42	0.23	对数正态分布	0.46	0.59	0.24
Na_2O	140	0.64	0.77	0.89	1.08	1.29	1.48	1.58	1.10	0.32	1.06	1.36	2.62	0.40	0.29	1.08	0.87	正态分布	1.10	1.16	0.19
K_2O	1540	2.23	2.36	2.55	2.77	3.01	3.30	3.54	2.80	0.38	2.78	1.83	3.84	1.83	0.13	2.77	2.71	其他分布	2.71	2.80	2.35
TC	140	0.92	1.03	1.22	1.42	1.66	1.83	2.10	1.46	0.37	1.41	1.37	3.05	0.71	0.25	1.42	1.32	正态分布	1.46	1.38	1.43
Corg	1644	0.60	0.72	0.95	1.25	1.58	1.94	2.12	1.29	0.47	1.21	1.50	3.41	0.25	0.36	1.25	1.40	对数正态分布	1.21	1.09	1.31
pH	1602	4.12	4.24	4.60	5.10	5.91	7.14	7.55	4.72	4.56	5.37	2.63	8.10	3.61	0.97	5.10	4.85	其他分布	4.85	4.88	5.10

与舟山市土壤元素背景值相比，CaO背景值略低于舟山市背景值，为舟山市背景值的78%；As、Mn背景值明显低于舟山市背景值，Mn背景值仅为舟山市背景值的28%；其他元素/指标背景值则与舟山市背景值基本接近。

与浙江省土壤元素背景值相比，Au、Ba、Bi、Cl、Nb、Sb、Th、Tl、Zr、MgO背景值略高于浙江省背景值；B、Br、Cu、I、Se、Sn、CaO、Na$_2$O背景值明显高于浙江省背景值；As、Cr、Mn、Ni背景值明显低于浙江省背景值；其他元素/指标背景值基本接近于浙江省背景值。

三、普陀区土壤元素背景值

普陀区土壤元素背景值数据经正态分布检验，结果表明，原始数据中Ba、Be、Ce、F、Ga、Ge、La、Rb、Sb、Sc、Sr、Ti、Y、SiO$_2$、Al$_2$O$_3$、TFe$_2$O$_3$、Na$_2$O、TC符合正态分布，Mn、P、Zn、Zr剔除异常值后符合正态分布，Ag、Au、Bi、Br、I、Li、N、Nb、S、Sn、Th、Tl、U、W、MgO、CaO、Corg符合对数正态分布，Cl、Mo、Pb剔除异常值后符合对数正态分布，其余元素/指标不符合正态分布或对数正态分布（表4-3）。

普陀区表层土壤总体呈酸性，土壤pH极大值为8.87，极小值为4.07，背景值为4.88，与舟山市背景值一致，接近于浙江省背景值。

表层土壤各元素/指标中，绝大多数变异系数小于0.40，表明分布相对均匀；其中Au、pH、Sn、S、CaO变异系数大于0.80，空间变异性较大。

与舟山市土壤元素背景值相比，Cu、CaO、B背景值略高于舟山市背景值；Cr背景值明显高于舟山市背景值，是舟山市背景值的2.19倍；其他元素/指标背景值基本接近于舟山市背景值。

与浙江省土壤元素背景值相比，Au、Cd、Cl、Li、Mo、Nb、P、Sb、Sn、Zr背景值略高于浙江省背景值；B、Bi、Br、Cu、I、Mn、Se、MgO、CaO、Na$_2$O背景值明显高于浙江省背景值，其中Na$_2$O背景值为浙江省背景值的6.11倍；Corg背景值略低于浙江省背景值；Ni背景值明显低于浙江省背景值；其他元素/指标背景值与浙江省背景值基本接近。

四、岱山县土壤元素背景值

岱山县土壤元素背景值数据经正态分布检验，结果表明，原始数据As、B、Ba、Be、Br、Ce、F、Ga、Ge、I、La、Li、Mn、Rb、Sb、Sc、Sr、Th、Ti、Tl、U、W、Y、Zr、SiO$_2$、Al$_2$O$_3$、TFe$_2$O$_3$、MgO、Na$_2$O、TC共30项元素/指标符合正态分布，Cu、S剔除异常值后符合正态分布，Ag、Au、Bi、N、Nb、Se、Sn、Zn、CaO、Corg共10项元素/指标符合对数正态分布，Cl、Hg、Mo、P、Pb剔除异常值后符合对数正态分布，其余元素/指标不符合正态分布或对数正态分布（表4-4）。

岱山县表层土壤总体呈酸性，土壤pH极大值为8.84，极小值为1.72，背景值为5.38，与舟山市背景值、浙江省背景值基本接近。

表层在土壤各元素/指标中，绝大多数变异系数小于0.40，表明其分布相对均匀；其中Bi、CaO变异系数大于0.80，空间变异性较大。

与舟山市土壤元素背景值相比，Cl、MgO、Cr、Cu、Br、Sr、I、CaO背景值略高于舟山市背景值；Ni背景值明显高于于舟山市背景值，是舟山市背景值的3.54倍；As、Se、Hg、Mn背景值略低于舟山市背景值；其他元素/指标背景值与舟山市背景值接近。

与浙江省土壤元素背景值相比，Au、Ba、Bi、Li、Se、Sn、Zr背景值略高于浙江省背景值；B、Br、Cl、Cu、I、Mn、MgO、CaO、Na$_2$O背景值明显高于浙江省背景值，其中Na$_2$O背景值为浙江省背景值的6.53倍；As、Hg、Corg背景值略低于浙江省背景值；Cr背景值明显低于浙江省背景值，为浙江省背景值的59%；其他元素/指标背景值与浙江省背景值接近。

五、嵊泗县土壤元素背景值

嵊泗县土壤元素背景值数据经正态分布检验，结果表明，原始数据As、B、Cd、Co、Cr、Cu、Mn、Mo、N、

表 4-3　普陀区土壤元素背景值参数统计表

元素/指标	N	$X_{5\%}$	$X_{10\%}$	$X_{25\%}$	$X_{50\%}$	$X_{75\%}$	$X_{90\%}$	$X_{95\%}$	$\overline{X}$	S	$\overline{X}_g$	S_g	X_{max}	X_{min}	CV	X_{me}	X_{mo}	分布类型	普陀区背景值	舟山市背景值	浙江省背景值
Ag	100	65.5	71.4	78.0	88.7	108	138	168	103	52.6	95.7	13.93	491	52.0	0.51	88.7	103	对数正态分布	95.7	96.5	100.0
As	1017	3.02	3.60	4.97	6.82	9.41	11.44	12.30	7.22	2.90	6.61	3.17	16.20	1.71	0.40	6.82	10.40	其他分布	10.40	10.10	10.10
Au	100	0.83	0.91	1.33	1.84	2.58	3.38	5.05	2.48	2.65	1.95	2.02	19.77	0.65	1.07	1.84	1.72	对数正态分布	1.95	1.97	1.50
B	1022	19.01	23.40	33.70	55.2	74.6	87.0	93.0	55.4	24.10	49.15	9.93	124	6.70	0.44	55.2	69.9	其他分布	69.9	58.0	20.00
Ba	100	255	416	457	538	651	721	737	542	142	518	36.29	821	132	0.26	538	500	正态分布	542	588	475
Be	100	1.78	1.84	2.00	2.25	2.53	2.76	2.84	2.30	0.40	2.27	1.67	3.72	1.67	0.17	2.25	2.13	正态分布	2.30	2.24	2.00
Bi	100	0.21	0.27	0.31	0.38	0.49	0.68	0.78	0.43	0.18	0.40	1.96	1.24	0.18	0.43	0.38	0.34	对数正态分布	0.40	0.36	0.28
Br	100	4.11	5.37	6.73	8.30	11.81	14.67	17.66	9.38	4.50	8.50	3.72	32.59	1.73	0.48	8.30	9.46	对数正态分布	8.50	7.76	2.20
Cd	893	0.09	0.11	0.14	0.18	0.22	0.27	0.31	0.19	0.07	0.17	2.88	0.39	0.04	0.36	0.18	0.17	其他分布	0.17	0.17	0.14
Ce	100	67.6	71.0	76.5	82.2	88.9	94.8	99.3	83.0	10.41	82.4	12.81	115	58.5	0.13	82.2	82.7	正态分布	83.0	87.4	102
Cl	90	69.0	73.5	79.5	90.3	102	128	138	93.8	20.30	91.8	13.79	149	56.0	0.22	90.3	93.4	剔除后对数分布	91.8	80.0	71.0
Co	1020	4.41	5.58	7.71	12.00	15.80	17.30	17.90	11.66	4.52	10.64	4.12	27.50	2.76	0.39	12.00	14.40	其他分布	14.40	15.80	14.80
Cr	1022	20.20	23.50	31.90	52.7	80.2	86.3	89.2	55.2	25.14	48.83	9.79	133	9.20	0.46	52.7	82.2	其他分布	82.2	37.60	82.0
Cu	1003	11.30	13.30	17.50	25.00	31.45	35.80	38.50	24.78	8.73	23.11	6.37	51.6	5.83	0.35	25.00	26.00	其他分布	26.00	19.70	16.00
F	100	246	273	344	433	621	726	774	483	183	450	35.83	1018	195	0.38	433	357	正态分布	483	486	453
Ga	100	14.50	14.98	16.63	18.42	19.62	20.69	21.28	18.16	2.16	18.03	5.34	24.99	13.23	0.12	18.42	19.70	正态分布	18.16	17.64	16.00
Ge	1022	1.06	1.11	1.20	1.30	1.41	1.50	1.55	1.30	0.15	1.29	1.21	1.77	0.92	0.12	1.30	1.26	正态分布	1.30	1.27	1.44
Hg	942	0.04	0.05	0.07	0.09	0.13	0.17	0.19	0.10	0.05	0.09	3.97	0.24	0.01	0.47	0.09	0.12	偏峰分布	0.12	0.11	0.110
I	100	3.60	4.06	5.42	7.17	9.85	16.18	19.40	8.81	5.32	7.64	3.56	30.99	2.88	0.60	7.17	7.44	对数正态分布	7.64	6.94	1.70
La	100	31.40	34.01	37.78	42.04	45.45	48.80	51.9	41.82	6.64	41.30	8.66	66.6	25.88	0.16	42.04	40.56	正态分布	41.82	44.74	41.00
Li	100	16.50	19.00	22.89	28.81	40.63	52.5	55.8	32.85	12.64	30.57	7.69	64.7	14.36	0.38	28.81	22.46	对数正态分布	30.57	29.76	25.00
Mn	972	415	483	650	800	937	1095	1178	795	228	758	45.88	1415	226	0.29	800	942	剔除后正态分布	795	942	440
Mo	931	0.50	0.56	0.66	0.80	1.02	1.32	1.51	0.87	0.30	0.83	1.41	1.80	0.36	0.34	0.80	0.70	剔除后对数分布	0.83	0.70	0.66
N	1022	0.63	0.72	0.91	1.16	1.47	1.78	2.00	1.22	0.43	1.14	1.47	3.23	0.30	0.35	1.16	1.22	对数正态分布	1.14	1.21	1.28
Nb	100	17.20	17.83	18.56	19.87	21.92	25.03	30.82	20.99	4.12	20.67	5.84	37.72	16.84	0.20	19.87	20.15	对数正态分布	20.67	21.33	16.83
Ni	1022	5.81	7.28	10.40	20.95	37.10	41.40	43.40	23.41	13.71	18.82	6.08	48.30	2.48	0.59	20.95	10.50	其他分布	10.50	10.50	35.00
P	989	0.29	0.37	0.56	0.78	0.97	1.20	1.31	0.78	0.31	0.71	1.67	1.64	0.05	0.39	0.78	0.82	剔除后正态分布	0.78	0.66	0.60
Pb	928	24.56	25.80	28.20	31.90	37.53	44.49	50.4	33.79	7.70	32.99	7.76	58.0	17.40	0.23	31.90	29.90	剔除后对数分布	32.99	29.90	32.00

续表 4－3

元素/指标	N	$X_{5\%}$	$X_{10\%}$	$X_{25\%}$	$X_{50\%}$	$X_{75\%}$	$X_{90\%}$	$X_{95\%}$	$\overline{X}$	S	$\overline{X}_g$	S_g	X_{max}	X_{min}	CV	X_{me}	X_{mo}	分布类型	普陀区背景值	舟山市背景值	浙江省背景值
Rb	100	109	113	119	128	138	152	169	131	17.97	130	16.44	183	76.8	0.14	128	129	正态分布	131	132	120
S	100	156	162	194	238	297	368	430	279	246	247	25.07	2513	102	0.88	238	207	对数正态分布	247	229	248
Sb	100	0.40	0.44	0.50	0.61	0.74	0.86	0.93	0.65	0.23	0.62	1.48	2.07	0.31	0.35	0.61	0.65	正态分布	0.65	0.63	0.53
Sc	100	5.61	6.10	7.42	9.10	11.89	14.14	14.54	9.56	2.90	9.13	3.75	16.03	4.58	0.30	9.10	7.07	正态分布	9.56	9.12	8.70
Se	992	0.12	0.14	0.19	0.28	0.37	0.46	0.52	0.29	0.12	0.26	2.33	0.66	0.07	0.43	0.28	0.30	其他分布	0.30	0.36	0.21
Sn	100	2.89	3.15	3.75	4.64	5.71	6.76	8.65	5.53	5.20	4.82	2.71	48.84	2.52	0.94	4.64	5.36	对数正态分布	4.82	5.13	3.60
Sr	100	52.4	60.1	85.2	108	128	146	160	107	35.77	100.0	14.31	250	26.46	0.34	108	101	正态分布	107	95.7	105
Th	100	11.18	11.90	13.06	13.93	15.51	17.83	20.65	14.60	2.77	14.36	4.63	24.95	9.70	0.19	13.93	13.61	对数正态分布	14.36	15.40	13.30
Ti	100	2885	3172	3543	4102	4770	5156	5224	4169	932	4080	122	9966	2332	0.22	4102	4167	正态分布	4169	4125	4665
Tl	100	0.66	0.68	0.72	0.78	0.93	1.03	1.10	0.83	0.16	0.82	1.24	1.60	0.57	0.19	0.78	0.78	对数正态分布	0.82	0.83	0.70
U	100	2.33	2.43	2.58	2.77	3.40	3.98	4.44	3.06	0.72	2.99	1.90	6.51	2.19	0.24	2.77	2.74	对数正态分布	2.99	3.17	2.90
V	1020	32.69	39.80	50.3	76.2	102	110	114	75.8	27.97	69.9	11.79	166	15.70	0.37	76.2	102	其他分布	102	102	106
W	100	1.33	1.56	1.71	1.90	2.08	2.29	2.78	2.02	0.97	1.93	1.58	10.73	1.26	0.48	1.90	1.90	对数正态分布	1.93	1.88	1.80
Y	100	15.21	18.03	20.50	24.52	27.84	29.74	30.91	23.92	4.84	23.39	6.37	33.34	12.51	0.20	24.52	25.13	正态分布	23.92	25.97	25.00
Zn	975	59.7	64.2	78.6	94.3	106	119	129	93.0	20.88	90.5	13.62	151	37.30	0.22	94.3	106	剔除后正态分布	93.0	89.4	101
Zr	96	214	226	245	291	321	370	417	292	57.0	287	26.46	425	182	0.20	291	292	剔除后正态分布	292	314	243
SiO_2	100	60.7	62.9	65.3	68.6	71.3	74.2	75.9	68.4	4.65	68.3	11.39	82.6	56.9	0.07	68.6	66.7	正态分布	68.4	69.9	71.3
Al_2O_3	100	11.52	12.50	13.28	13.96	14.88	15.71	16.17	14.05	1.51	13.97	4.56	20.44	9.30	0.11	13.96	13.89	正态分布	14.05	13.77	13.20
TFe_2O_3	100	2.60	2.81	3.21	3.88	4.86	5.59	5.85	4.05	1.05	3.91	2.33	6.46	2.21	0.26	3.88	4.19	正态分布	4.05	3.71	3.74
MgO	100	0.37	0.41	0.52	0.81	1.56	2.19	2.35	1.07	0.69	0.88	1.88	2.92	0.26	0.64	0.81	0.73	对数正态分布	0.88	0.79	0.50
CaO	100	0.19	0.26	0.40	0.60	1.43	2.22	2.69	0.99	0.84	0.72	2.29	3.97	0.14	0.85	0.60	0.19	对数正态分布	0.72	0.59	0.24
Na_2O	100	0.69	0.82	1.01	1.15	1.34	1.48	1.57	1.16	0.27	1.12	1.30	1.89	0.39	0.24	1.15	1.35	正态分布	1.16	1.16	0.19
K_2O	925	2.33	2.42	2.58	2.72	2.90	3.17	3.33	2.75	0.29	2.74	1.81	3.55	2.02	0.10	2.72	2.72	其他分布	2.72	2.80	2.35
TC	100	0.75	0.88	1.14	1.42	1.58	1.90	2.00	1.40	0.43	1.33	1.47	2.86	0.28	0.31	1.42	1.67	正态分布	1.40	1.38	1.43
Corg	1022	0.50	0.63	0.78	0.99	1.29	1.61	1.79	1.07	0.40	0.99	1.48	2.78	0.19	0.38	0.99	0.94	对数正态分布	0.99	1.09	1.31
pH	1022	4.29	4.48	4.88	5.61	7.43	8.02	8.20	4.98	4.76	6.03	2.80	8.87	4.07	0.96	5.61	4.88	其他分布	4.88	4.88	5.10

表 4-4　岱山县土壤元素背景值参数统计表

元素/指标	N	$X_{5\%}$	$X_{10\%}$	$X_{25\%}$	$X_{50\%}$	$X_{75\%}$	$X_{90\%}$	$X_{95\%}$	$\overline{X}$	S	$\overline{X}_g$	S_g	X_{max}	X_{min}	CV	X_{me}	X_{mo}	分布类型	岱山县背景值	舟山市背景值	浙江省背景值
Ag	80	55.7	64.0	72.9	81.8	93.4	115	135	93.5	53.6	86.5	13.65	439	49.64	0.57	81.8	85.1	对数正态分布	86.5	96.5	100.0
As	648	3.21	3.85	5.48	7.37	9.45	11.00	11.83	7.52	2.79	6.98	3.27	19.16	2.17	0.37	7.37	10.10	正态分布	7.52	10.10	10.10
Au	80	0.69	0.94	1.31	1.85	2.59	3.98	4.59	2.23	1.48	1.87	2.04	10.13	0.35	0.66	1.85	1.38	对数正态分布	1.87	1.97	1.50
B	648	18.04	24.04	36.64	52.5	69.7	84.2	93.6	53.7	22.61	48.23	10.00	122	6.61	0.42	52.5	43.40	正态分布	53.7	58.0	20.00
Ba	80	352	411	482	554	663	785	813	576	157	555	37.16	1104	232	0.27	554	516	正态分布	576	588	475
Be	80	1.81	1.91	2.02	2.19	2.38	2.57	2.66	2.22	0.28	2.20	1.60	3.19	1.68	0.13	2.19	2.19	正态分布	2.22	2.24	2.00
Bi	80	0.20	0.22	0.28	0.36	0.45	0.64	0.74	0.44	0.45	0.37	2.15	4.09	0.18	1.03	0.36	0.45	对数正态分布	0.37	0.36	0.28
Br	80	4.41	5.18	6.19	8.14	12.16	16.46	18.21	9.67	4.81	8.44	3.95	24.79	0.25	0.50	8.14	6.86	正态分布	9.67	7.76	2.20
Cd	553	0.07	0.09	0.11	0.15	0.19	0.23	0.26	0.16	0.06	0.15	3.13	0.36	0.04	0.37	0.15	0.14	其他分布	0.14	0.17	0.14
Ce	80	70.5	73.5	80.6	88.6	96.5	109	117	89.9	14.98	88.7	13.41	144	56.5	0.17	88.6	85.4	正态分布	89.9	87.4	102
Cl	68	70.2	75.2	84.2	100.0	138	198	221	119	53.7	110	15.13	317	42.53	0.45	100.0	94.5	剔除后对数分布	110	80.0	71.0
Co	645	5.80	6.62	8.75	13.00	16.23	17.68	18.50	12.55	4.39	11.69	4.30	26.80	3.87	0.35	13.00	15.90	其他分布	15.90	15.80	14.80
Cr	646	19.73	25.60	39.30	63.3	86.7	94.5	98.7	62.4	26.90	55.5	10.53	146	9.90	0.43	63.3	48.40	其他分布	48.40	37.60	82.0
Cu	637	10.68	12.30	17.70	24.70	30.93	36.54	40.10	24.70	9.12	22.90	6.37	51.9	7.40	0.37	24.70	20.00	剔除后正态分布	24.70	19.70	16.00
F	80	283	297	371	484	562	673	753	484	148	462	35.42	951	193	0.30	484	297	正态分布	484	486	453
Ga	80	14.50	14.88	15.78	17.15	18.62	19.80	20.29	17.23	1.84	17.14	5.13	21.46	13.13	0.11	17.15	17.15	正态分布	17.23	17.64	16.00
Ge	648	1.11	1.16	1.26	1.38	1.52	1.64	1.71	1.39	0.18	1.38	1.25	1.92	0.95	0.13	1.38	1.29	正态分布	1.39	1.27	1.44
Hg	591	0.03	0.04	0.05	0.07	0.09	0.14	0.15	0.08	0.04	0.07	4.68	0.19	0.01	0.49	0.07	0.11	剔除后对数分布	0.07	0.11	0.110
I	80	3.52	4.58	6.30	7.49	10.00	13.32	16.18	8.50	3.86	7.56	3.62	20.36	0.90	0.45	7.49	9.87	正态分布	8.50	6.94	1.70
La	80	35.36	37.84	42.66	46.53	50.8	57.7	61.1	47.25	7.90	46.61	9.26	69.0	30.98	0.17	46.53	47.32	正态分布	47.25	44.74	41.00
Li	80	18.89	20.24	24.57	30.61	38.51	45.93	50.2	31.97	10.08	30.42	7.37	58.9	15.52	0.32	30.61	38.51	正态分布	31.97	29.76	25.00
Mn	648	349	421	560	758	926	1051	1138	750	248	704	44.72	1755	167	0.33	758	711	正态分布	750	942	440
Mo	613	0.42	0.49	0.62	0.75	0.97	1.18	1.34	0.80	0.27	0.76	1.45	1.61	0.25	0.34	0.75	0.78	剔除后对数分布	0.76	0.70	0.66
N	648	0.53	0.62	0.81	1.05	1.40	1.73	2.07	1.14	0.46	1.05	1.51	3.12	0.21	0.41	1.05	1.02	对数正态分布	1.05	1.21	1.28
Nb	80	15.08	15.98	17.73	19.15	21.85	26.89	29.53	20.60	4.86	20.11	5.81	41.67	12.42	0.24	19.15	18.22	对数正态分布	20.11	21.33	16.83
Ni	646	6.30	8.55	13.06	23.50	37.08	41.50	43.80	24.80	12.90	20.86	6.31	58.8	2.45	0.52	23.50	37.20	其他分布	37.20	10.50	35.00
P	618	0.28	0.34	0.48	0.66	0.82	1.02	1.14	0.67	0.25	0.62	1.63	1.40	0.17	0.38	0.66	0.69	剔除后对数分布	0.62	0.66	0.60
Pb	613	22.70	25.02	28.76	33.30	38.80	46.35	49.97	34.27	8.07	33.34	7.79	56.5	17.10	0.24	33.30	32.40	剔除后对数分布	33.34	29.90	32.00

续表 4-4

元素/指标	N	$X_{5\%}$	$X_{10\%}$	$X_{25\%}$	$X_{50\%}$	$X_{75\%}$	$X_{90\%}$	$X_{95\%}$	$\overline{X}$	S	$\overline{X}_g$	S_g	X_{max}	X_{min}	CV	X_{me}	X_{mo}	分布类型	岱山县背景值	舟山市背景值	浙江省背景值
Rb	80	102	108	118	131	141	154	162	130	18.77	129	16.76	184	77.3	0.14	131	144	正态分布	130	132	120
S	69	158	165	186	203	244	275	299	215	49.09	210	21.74	373	115	0.23	203	186	剔除后正态分布	215	229	248
Sb	80	0.33	0.39	0.49	0.59	0.71	0.81	0.88	0.61	0.18	0.58	1.51	1.22	0.30	0.30	0.59	0.63	正态分布	0.61	0.63	0.53
Sc	80	5.50	6.11	6.83	8.68	10.80	12.84	14.35	9.13	2.67	8.76	3.54	15.35	4.16	0.29	8.68	9.28	正态分布	9.13	9.12	8.70
Se	648	0.10	0.13	0.20	0.28	0.37	0.46	0.54	0.30	0.14	0.26	2.41	1.06	0.07	0.47	0.28	0.34	对数正态分布	0.26	0.36	0.21
Sn	80	2.98	3.12	3.70	4.47	5.46	7.44	8.69	5.04	2.27	4.68	2.70	13.95	2.33	0.45	4.47	5.33	对数正态分布	4.68	5.13	3.60
Sr	80	48.59	53.3	74.9	113	142	178	235	118	57.8	106	14.23	340	31.85	0.49	113	113	正态分布	118	95.7	105
Th	80	11.54	12.70	14.11	15.38	16.61	17.70	18.77	15.39	2.34	15.22	4.89	23.73	9.52	0.15	15.38	15.52	正态分布	15.39	15.40	13.30
Ti	80	2873	3101	3618	4051	4653	4934	5175	4084	748	4014	117	5994	2471	0.18	4051	4059	正态分布	4084	4125	4665
Tl	80	0.62	0.65	0.71	0.78	0.85	0.99	1.04	0.80	0.14	0.78	1.24	1.24	0.43	0.18	0.78	0.72	正态分布	0.80	0.83	0.70
U	80	2.22	2.44	2.74	3.00	3.35	3.65	4.01	3.07	0.63	3.01	1.98	6.10	1.53	0.21	3.00	3.19	正态分布	3.07	3.17	2.90
V	647	40.33	45.40	57.3	85.2	107	114	118	82.6	27.12	77.7	12.41	163	28.60	0.33	85.2	108	其他分布	108	102	106
W	80	1.14	1.22	1.47	1.75	1.99	2.19	2.46	1.79	0.50	1.73	1.55	4.28	0.97	0.28	1.75	1.74	正态分布	1.79	1.88	1.80
Y	80	19.60	20.55	23.26	26.85	29.75	32.73	33.27	26.40	4.89	25.92	6.74	37.69	12.36	0.19	26.85	26.85	正态分布	26.40	25.97	25.00
Zn	648	50.2	54.8	65.8	82.5	100.0	115	129	85.7	29.07	81.6	13.05	371	33.40	0.34	82.5	109	对数正态分布	81.6	89.4	101
Zr	80	209	220	247	288	351	461	472	313	91.1	301	27.60	629	161	0.29	288	313	正态分布	313	314	243
SiO_2	80	61.7	62.4	65.8	70.7	73.6	77.1	78.3	70.0	5.26	69.8	11.62	80.4	57.7	0.08	70.7	68.1	正态分布	70.0	69.9	71.3
Al_2O_3	80	11.53	11.69	12.70	13.57	14.70	15.61	16.40	13.65	1.52	13.57	4.48	17.07	10.15	0.11	13.57	13.95	正态分布	13.65	13.77	13.20
TFe_2O_3	80	2.62	2.83	3.28	3.80	4.67	5.35	5.50	3.97	0.99	3.85	2.21	6.89	2.18	0.25	3.80	3.39	正态分布	3.97	3.71	3.74
MgO	80	0.32	0.36	0.54	0.86	1.41	2.06	2.37	1.04	0.63	0.87	1.87	2.56	0.29	0.60	0.86	0.44	正态分布	1.04	0.79	0.50
CaO	80	0.21	0.22	0.31	0.67	1.40	2.19	2.82	1.02	0.88	0.71	2.47	4.25	0.13	0.86	0.67	0.23	对数正态分布	0.71	0.59	0.24
Na_2O	80	0.62	0.74	0.90	1.19	1.45	1.81	2.04	1.24	0.49	1.15	1.48	2.80	0.30	0.39	1.19	1.28	正态分布	1.24	1.16	0.19
K_2O	593	2.18	2.31	2.58	2.77	2.94	3.14	3.30	2.76	0.31	2.74	1.81	3.57	1.99	0.11	2.77	2.80	其他分布	2.80	2.80	2.35
TC	80	0.62	0.81	0.97	1.19	1.44	1.65	1.82	1.20	0.36	1.13	1.48	2.11	0.14	0.30	1.19	1.28	正态分布	1.20	1.38	1.43
Corg	648	0.45	0.54	0.74	0.99	1.28	1.77	2.16	1.12	0.64	0.99	1.62	4.90	0.14	0.57	0.99	0.96	对数正态分布	0.99	1.09	1.31
pH	641	4.49	4.68	5.15	5.95	7.62	8.20	8.39	3.91	2.88	6.27	2.90	8.84	1.72	0.74	5.95	5.38	其他分布	5.38	4.88	5.10

Ni、P、Pb、Se、V、Zn、K₂O、pH、Corg 共 18 项元素/指标符合正态分布,Hg 符合对数正态分布,Ge 不符合正态分布或对数正态分布(表 4-5)。

嵊泗县表层土壤总体呈酸性,土壤 pH 极大值为 7.41,极小值为 5.06,背景值为 5.90,略高于舟山市背景值,与浙江省背景值基本接近。

表层土壤各元素/指标中,Co、As、Mn、Corg、Cr、V、N、Zn、K₂O、Pb、Ge 共 11 项元素/指标变异系数小于 0.40,表明其分布相对均匀;Hg、pH、P、Cd、B、Mo、Cu、Se、Ni 变异系数大于 0.40,其中 Hg、pH 变异系数大于 0.80,表示其空间变异性较大。

与舟山市土壤元素背景值相比,Mo、P、Ni 背景值明显高于舟山市背景值;B、Mn 背景值略低于舟山市背景值;V、Co、As、Hg 背景值明显低于舟山市背景值;其余元素/指标背景值与舟山市背景值基本接近。

与浙江省土壤元素背景值相比,Cd、Cu、K₂O 背景值略高于浙江省背景值;B、Mn、Mo、P、Se 背景值明显高于浙江省背景值;Co、Zn 背景值略低于浙江省背景值;As、Cr、Hg、Ni、V 背景值明显低于浙江省背景值,Hg 背景值仅为浙江省背景值的 36%;其他元素/指标背景值与浙江省背景值基本接近。

第二节　主要土壤母质类型元素背景值

一、松散岩类沉积物土壤母质元素背景值

松散岩类沉积物元素背景值数据经正态分布检验,结果表明,原始数据中 As、Au、Ba、Be、Br、Ce、F、Ga、Ge、I、La、Li、Nb、Rb、Sb、Sc、Sn、Sr、Th、Tl、U、W、Y、SiO₂、Al₂O₃、TFe₂O₃、MgO、CaO、Na₂O、TC 共 30 项元素/指标符合正态分布,Cl、Cu、Mn、Ti、Zn、Zr、K₂O 共 7 项元素/指标剔除异常值后符合正态分布,Ag、Bi、N、P、S、Corg 共 6 项元素/指标符合对数正态分布,Mo、Pb 剔除异常值后符合对数正态分布,其他元素/指标不符合正态分布和对数正态分布(表 4-6)。

松散岩类沉积物区表层土壤总体为中性,土壤 pH 极大值为 8.87,极小值为 3.82,背景值为 7.63,明显高于舟山市背景值。

表层土壤各元素/指标中,绝大多数变异系数小于 0.40,表明其分布相对均匀;其中 pH、S 变异系数大于 0.80,空间变异性较大。

与舟山市土壤元素背景值相比,Li、Cl、P、Sc、Au、TFe₂O₃、Br、S、F、Sr 背景值略高于舟山市背景值;Ni、CaO、Cr、MgO、B、Cu 背景值明显高于舟山市背景值,其中 Ni 背景值为舟山市背景值的 3.34 倍;Se 背景值仅为舟山市背景值的 44%;其他元素/指标背景值与舟山市背景值基本接近。

二、中酸性火成岩类风化物土壤母质元素背景值

中酸性火成岩类风化物元素背景值数据经正态分布检验,结果表明,原始数据中 Ba、Be、Ce、F、Ga、La、Rb、Th、Ti、U、Y、Zr、SiO₂、Al₂O₃、Na₂O、TC 共 16 项元素/指标符合正态分布,S 剔除异常值后符合正态分布,Ag、Au、Bi、Br、Cu、Ge、I、Li、N、Nb、P、Sb、Sc、Sn、Sr、Tl、W、TFe₂O₃、MgO、CaO、Corg 共 21 项元素/指标符合对数正态分布,As、Cl 剔除异常值后符合对数正态分布,其他元素/指标不符合正态分布和对数正态分布(表 4-7)。

中酸性火成岩风化物区表层土壤总体为酸性,土壤 pH 极大值为 8.00,极小值为 3.61,背景值为 4.88,与舟山市背景值相同。

表层土壤各元素/指标中,大部分变异系数小于 0.40,表明其分布相对均匀;Au、pH、CaO、Ni、Cu、P、

舟山市土壤元素背景值

表 4-5　嵊泗县土壤元素背景值参数统计表

元素/指标	N	$X_{5\%}$	$X_{10\%}$	$X_{25\%}$	$X_{50\%}$	$X_{75\%}$	$X_{90\%}$	$X_{95\%}$	$\overline{X}$	S	$\overline{X}_g$	S_g	X_{max}	X_{min}	CV	X_{me}	X_{mo}	分布类型	嵊泗县背景值	舟山市背景值	浙江省背景值
As	47	2.75	2.96	3.92	5.52	7.04	8.15	8.81	5.60	1.98	5.23	2.79	9.77	2.20	0.35	5.52	5.52	正态分布	5.60	10.10	10.10
B	47	13.90	16.00	23.50	39.00	53.0	63.4	70.4	39.11	18.57	34.36	8.26	82.0	9.00	0.47	39.00	16.00	正态分布	39.11	58.0	20.00
Cd	47	0.08	0.09	0.12	0.16	0.20	0.29	0.35	0.18	0.08	0.16	3.17	0.48	0.06	0.48	0.16	0.18	正态分布	0.18	0.17	0.14
Co	47	4.70	5.03	6.70	8.39	11.10	13.94	16.40	9.13	3.47	8.52	3.60	17.40	3.90	0.38	8.39	8.76	正态分布	9.13	15.80	14.80
Cr	47	21.66	26.92	36.20	43.70	51.2	62.6	65.0	43.93	13.27	41.84	8.71	77.4	17.50	0.30	43.70	48.20	正态分布	43.93	37.60	82.0
Cu	47	9.67	11.40	15.60	20.30	26.95	34.14	42.59	21.91	9.83	19.93	5.77	48.90	6.90	0.45	20.30	21.20	正态分布	21.91	19.70	16.00
Ge	45	1.10	1.10	1.20	1.20	1.30	1.36	1.40	1.24	0.09	1.23	1.15	1.40	1.10	0.07	1.20	1.20	其他分布	1.20	1.27	1.44
Hg	47	0.01	0.01	0.02	0.04	0.09	0.16	0.20	0.07	0.07	0.04	6.22	0.41	0.01	1.07	0.04	0.01	对数正态分布	0.04	0.11	0.110
Mn	47	365	404	501	591	751	906	997	632	200	603	40.17	1175	320	0.32	591	640	正态分布	632	942	440
Mo	47	0.53	0.60	0.81	0.97	1.31	1.88	2.19	1.13	0.51	1.02	1.55	2.34	0.36	0.46	0.97	1.00	正态分布	1.13	0.70	0.66
N	47	0.58	0.65	0.82	1.03	1.23	1.43	1.53	1.03	0.30	0.98	1.39	1.60	0.33	0.29	1.03	1.03	正态分布	1.03	1.21	1.28
Ni	47	6.56	7.31	12.10	15.30	18.40	24.94	27.44	15.91	6.53	14.58	4.93	33.80	5.63	0.41	15.30	10.00	正态分布	15.91	10.50	35.00
P	47	0.36	0.45	0.55	0.94	1.33	1.90	2.38	1.05	0.63	0.89	1.82	2.72	0.23	0.60	0.94	1.05	正态分布	1.05	0.66	0.60
Pb	47	22.76	27.32	29.55	32.50	35.55	39.40	43.35	32.91	6.48	32.32	7.45	54.0	20.70	0.20	32.50	33.40	正态分布	32.91	29.90	32.00
Se	47	0.14	0.19	0.26	0.33	0.40	0.63	0.65	0.36	0.16	0.32	2.38	0.79	0.04	0.44	0.33	0.39	正态分布	0.36	0.36	0.21
V	47	33.69	36.94	46.10	58.2	68.0	85.0	93.0	59.8	17.77	57.2	10.34	101	31.10	0.30	58.2	55.2	正态分布	59.8	102	106
Zn	47	40.99	45.82	62.7	72.1	79.8	97.4	107	72.2	20.61	69.4	11.45	136	34.40	0.29	72.1	72.1	正态分布	72.2	89.4	101
K_2O	47	2.20	2.28	2.47	2.68	3.13	3.79	3.98	2.84	0.54	2.80	1.86	4.05	2.08	0.19	2.68	2.54	正态分布	2.84	2.80	2.35
Corg	47	0.62	0.71	0.84	1.14	1.29	1.43	1.59	1.09	0.34	1.03	1.42	2.15	0.30	0.31	1.14	0.96	正态分布	1.09	1.09	1.31
pH	47	5.38	5.52	5.76	6.23	6.75	7.03	7.22	5.90	5.76	6.28	2.87	7.41	5.06	0.98	6.23	6.32	正态分布	5.90	4.88	5.10

注：嵊泗县因土壤调查情况仅对以上 20 项元素/指标进行了分析。

第四章
土壤元素背景值

表 4-6 松散岩类沉积物土壤母质元素背景值参数统计表

元素/指标	N	$X_{5\%}$	$X_{10\%}$	$X_{25\%}$	$X_{50\%}$	$X_{75\%}$	$X_{90\%}$	$X_{95\%}$	$\overline{X}$	S	$\overline{X}_g$	S_g	X_{max}	X_{min}	CV	X_{me}	X_{mo}	分布类型	松散岩类沉积物背景值	舟山市背景值
Ag	56	71.3	73.8	77.7	86.5	93.7	111	141	95.9	40.20	91.4	13.45	310	67.0	0.42	86.5	77.0	对数正态分布	91.4	96.5
As	955	3.90	4.82	6.24	8.14	10.10	11.60	12.30	8.19	2.62	7.74	3.32	20.60	2.40	0.32	8.14	11.00	正态分布	8.19	10.10
Au	56	1.19	1.37	1.65	2.35	2.93	3.77	4.75	2.49	1.20	2.26	1.88	7.31	0.76	0.48	2.35	2.38	正态分布	2.49	1.97
B	945	28.76	37.24	54.0	67.3	78.7	89.3	94.8	65.4	19.09	62.0	10.93	116	16.10	0.29	67.3	102	偏峰分布	102	58.0
Ba	56	453	466	490	538	582	630	732	548	79.3	543	37.17	795	427	0.14	538	551	正态分布	548	588
Be	56	1.95	2.06	2.16	2.40	2.55	2.69	2.80	2.37	0.27	2.35	1.67	2.95	1.71	0.11	2.40	2.42	正态分布	2.37	2.24
Bi	56	0.27	0.31	0.35	0.40	0.47	0.67	0.75	0.44	0.17	0.42	1.83	1.24	0.19	0.38	0.40	0.35	对数正态分布	0.42	0.36
Br	56	5.06	5.98	6.85	8.41	11.83	14.35	18.45	9.73	4.51	8.83	3.65	24.79	1.73	0.46	8.41	6.86	正态分布	9.73	7.76
Cd	854	0.10	0.12	0.14	0.17	0.20	0.24	0.27	0.18	0.05	0.17	2.86	0.32	0.05	0.28	0.17	0.17	其他分布	0.17	0.17
Ce	56	76.2	76.9	81.5	86.9	90.5	94.7	98.9	87.0	8.06	86.7	13.03	115	73.6	0.09	86.9	87.0	正态分布	87.0	87.4
Cl	45	71.2	75.4	81.0	91.1	122	133	155	103	32.90	99.0	14.08	239	56.0	0.32	91.1	84.7	剔除后正态分布	103	80.0
Co	952	6.54	7.65	11.40	14.40	16.20	17.40	17.90	13.56	3.52	12.98	4.44	20.40	4.28	0.26	14.40	15.80	其他分布	15.80	15.80
Cr	922	33.81	42.62	63.5	79.9	86.6	91.8	95.1	73.4	18.88	70.3	11.56	117	23.30	0.26	79.9	80.6	其他分布	80.6	37.60
Cu	917	15.96	18.80	23.90	28.00	32.10	35.60	37.62	27.77	6.44	26.92	6.75	46.00	10.60	0.23	28.00	28.90	剔除后正态分布	27.77	19.70
F	56	369	399	518	617	697	744	785	600	139	583	39.20	1007	301	0.23	617	597	正态分布	600	486
Ga	56	14.85	15.58	17.33	18.62	19.52	20.34	20.63	18.27	1.75	18.19	5.32	21.27	14.11	0.10	18.62	18.42	正态分布	18.27	17.64
Ge	955	1.03	1.08	1.19	1.31	1.43	1.55	1.65	1.31	0.18	1.30	1.22	1.92	0.80	0.14	1.31	1.32	正态分布	1.31	1.27
Hg	883	0.04	0.05	0.06	0.07	0.11	0.15	0.17	0.09	0.04	0.08	4.19	0.21	0.01	0.46	0.07	0.12	其他分布	0.12	0.11
I	56	3.39	3.56	3.99	5.24	6.86	8.23	9.21	5.69	1.99	5.38	2.75	12.81	2.91	0.35	5.24	6.64	正态分布	5.69	6.94
La	56	39.67	40.26	42.86	45.88	47.80	50.6	52.3	45.69	4.61	45.47	9.00	62.6	33.52	0.10	45.88	47.63	正态分布	45.69	44.74
Li	56	26.33	28.48	32.91	41.42	49.33	55.0	58.0	41.29	10.63	39.85	8.48	64.7	15.68	0.26	41.42	40.99	正态分布	41.29	29.76
Mn	945	348	418	578	770	928	1062	1140	759	243	715	44.32	1462	210	0.32	770	667	剔除后正态分布	759	942
Mo	891	0.47	0.51	0.60	0.69	0.80	0.95	1.04	0.71	0.17	0.69	1.37	1.18	0.27	0.24	0.69	0.70	剔除后对数分布	0.69	0.70
N	955	0.62	0.77	1.02	1.34	1.75	2.14	2.41	1.41	0.53	1.31	1.57	3.23	0.33	0.38	1.34	1.60	对数正态分布	1.31	1.21
Nb	56	17.23	17.62	18.22	19.14	20.95	22.52	23.55	19.83	2.39	19.70	5.59	30.54	16.74	0.12	19.14	18.22	正态分布	19.83	21.33
Ni	955	8.79	11.90	23.68	33.59	38.60	41.66	43.43	30.29	10.96	27.30	6.98	48.30	3.68	0.36	33.59	35.10	其他分布	35.10	10.50
P	955	0.43	0.53	0.66	0.84	1.07	1.39	1.62	0.92	0.43	0.84	1.52	4.33	0.23	0.47	0.84	0.91	对数正态分布	0.84	0.66
Pb	901	24.60	25.94	28.70	31.70	36.10	41.00	44.82	32.70	5.88	32.18	7.63	49.50	17.40	0.18	31.70	31.10	剔除后对数分布	32.18	29.90

续表 4-6

元素/指标	N	$X_{5\%}$	$X_{10\%}$	$X_{25\%}$	$X_{50\%}$	$X_{75\%}$	$X_{90\%}$	$X_{95\%}$	$\overline{X}$	S	$\overline{X}_g$	S_g	X_{max}	X_{min}	CV	X_{me}	X_{mo}	分布类型	松散岩类沉积物背景值	舟山市背景值
Rb	56	107	114	122	128	134	142	145	128	13.09	127	16.14	162	76.8	0.10	128	128	正态分布	128	132
S	56	156	182	213	256	350	517	767	348	346	287	25.96	2513	102	0.99	256	349	对数正态分布	287	229
Sb	56	0.49	0.52	0.61	0.69	0.75	0.83	0.86	0.68	0.12	0.67	1.36	0.95	0.32	0.18	0.69	0.75	正态分布	0.68	0.63
Sc	56	7.95	8.77	9.56	11.59	13.31	14.52	15.18	11.60	2.32	11.36	4.11	16.03	6.68	0.20	11.59	14.32	正态分布	11.60	9.12
Se	946	0.11	0.13	0.17	0.24	0.32	0.39	0.44	0.25	0.10	0.23	2.44	0.54	0.07	0.40	0.24	0.16	其他分布	0.16	0.36
Sn	56	3.37	3.50	4.00	4.78	5.93	7.21	8.14	5.07	1.45	4.88	2.60	8.38	2.92	0.29	4.78	5.07	正态分布	5.07	5.13
Sr	56	82.2	91.2	104	114	132	149	158	118	25.45	115	15.35	199	59.2	0.22	114	113	正态分布	118	95.7
Th	56	12.93	13.40	13.70	14.60	15.34	15.88	16.30	14.48	1.24	14.42	4.63	16.87	9.98	0.09	14.60	14.73	正态分布	14.48	15.40
Ti	55	3702	4175	4384	4689	4953	5086	5170	4621	421	4601	128	5456	3543	0.09	4689	4628	剔除后正态分布	4621	4125
Tl	56	0.61	0.67	0.70	0.75	0.81	0.86	0.93	0.76	0.10	0.75	1.23	1.04	0.57	0.13	0.75	0.74	正态分布	0.76	0.83
U	56	2.47	2.51	2.64	2.76	3.02	3.23	3.49	2.85	0.31	2.83	1.83	3.73	2.40	0.11	2.76	2.74	正态分布	2.85	3.17
V	939	51.1	59.0	82.4	99.6	108	113	116	93.0	20.20	90.3	13.32	126	40.20	0.22	99.6	106	其他分布	106	102
W	56	1.57	1.69	1.81	1.94	2.03	2.20	2.37	1.96	0.29	1.94	1.50	2.99	1.36	0.15	1.94	1.96	正态分布	1.96	1.88
Y	56	22.11	23.96	26.62	28.38	29.75	31.10	32.21	28.00	2.91	27.84	6.76	33.94	21.27	0.10	28.38	28.13	正态分布	28.00	25.97
Zn	894	69.1	76.3	86.2	96.9	106	116	122	96.5	15.60	95.2	13.91	140	53.9	0.16	96.9	101	剔除后正态分布	96.5	89.4
Zr	54	213	220	241	267	301	332	344	271	41.71	268	24.90	373	182	0.15	267	241	剔除后正态分布	271	314
SiO_2	56	60.5	61.2	63.0	66.1	70.0	72.2	73.8	66.7	4.80	66.5	11.18	82.6	56.9	0.07	66.1	70.4	正态分布	66.7	69.9
Al_2O_3	56	12.07	12.49	13.60	14.32	14.93	15.66	15.97	14.16	1.32	14.10	4.58	16.38	9.30	0.09	14.32	14.32	正态分布	14.16	13.77
TFe_2O_3	56	3.19	3.56	3.98	4.75	5.37	5.79	5.94	4.67	0.87	4.59	2.46	6.46	2.85	0.19	4.75	4.97	正态分布	4.67	3.71
MgO	56	0.61	0.72	0.97	1.52	2.08	2.46	2.51	1.54	0.65	1.40	1.66	2.92	0.42	0.42	1.52	1.47	正态分布	1.54	0.79
CaO	56	0.41	0.47	0.72	1.21	2.14	2.77	2.94	1.43	0.89	1.16	1.98	3.63	0.23	0.62	1.21	0.47	正态分布	1.43	0.59
Na_2O	56	0.88	0.94	1.07	1.30	1.38	1.55	1.58	1.25	0.24	1.23	1.26	1.79	0.57	0.19	1.30	1.36	正态分布	1.25	1.16
K_2O	900	2.42	2.49	2.60	2.74	2.86	2.99	3.10	2.74	0.20	2.73	1.79	3.28	2.19	0.07	2.74	2.71	剔除后正态分布	2.74	2.80
TC	56	0.93	1.02	1.19	1.42	1.58	1.88	2.10	1.41	0.36	1.36	1.42	2.30	0.28	0.25	1.42	1.58	正态分布	1.41	1.38
Corg	955	0.50	0.62	0.83	1.11	1.48	1.85	2.13	1.20	0.53	1.09	1.57	4.74	0.20	0.44	1.11	0.95	对数正态分布	1.09	1.09
pH	953	4.46	4.75	5.35	6.62	7.68	8.15	8.33	5.20	4.81	6.52	2.91	8.87	3.82	0.92	6.62	7.63	其他分布	7.63	4.88

注：氧化物、TC、Corg 单位为%，N、P 单位为 g/kg，Au、Ag 单位为 μg/kg，pH 为无量纲，其他元素/指标单位为 mg/kg；后表单位相同。

表 4-7 中酸性火成岩类风化物土壤母质元素背景值参数统计表

元素/指标	N	$X_{5\%}$	$X_{10\%}$	$X_{25\%}$	$X_{50\%}$	$X_{75\%}$	$X_{90\%}$	$X_{95\%}$	$\overline{X}$	S	$\overline{X}_g$	S_g	X_{max}	X_{min}	CV	X_{me}	X_{mo}	分布类型	中酸性火成岩类风化物背景值	舟山市背景值
Ag	187	65.7	71.0	80.9	93.5	114	149	167	106	47.25	99.5	14.75	491	49.64	0.45	93.5	110	对数正态分布	99.5	96.5
As	2184	2.71	3.14	4.18	5.67	7.52	9.61	10.50	6.02	2.39	5.55	2.90	12.90	1.32	0.40	5.67	10.20	剔除后对数分布	5.55	10.10
Au	187	0.84	0.96	1.31	1.86	2.65	3.55	4.56	2.41	3.24	1.92	1.99	41.78	0.43	1.35	1.86	1.38	对数正态分布	1.92	1.97
B	2231	16.10	20.30	30.75	45.60	62.7	76.7	84.5	47.36	21.10	42.12	9.30	108	4.90	0.45	45.60	58.0	其他分布	58.0	58.0
Ba	187	363	437	499	593	710	790	852	601	158	577	39.41	1025	165	0.26	593	500	正态分布	601	588
Be	187	1.72	1.78	1.96	2.13	2.37	2.54	2.70	2.17	0.33	2.15	1.60	3.72	1.54	0.15	2.13	2.13	正态分布	2.17	2.24
Bi	187	0.21	0.26	0.29	0.35	0.44	0.63	0.85	0.41	0.22	0.38	1.98	1.71	0.18	0.53	0.35	0.30	对数正态分布	0.38	0.36
Br	187	4.38	5.05	5.73	7.45	9.84	13.21	15.81	8.27	3.78	7.62	3.43	32.59	2.89	0.46	7.45	8.13	对数正态分布	7.62	7.76
Cd	2080	0.08	0.10	0.13	0.17	0.21	0.27	0.31	0.17	0.07	0.16	3.02	0.40	0.03	0.39	0.17	0.17	其他分布	0.17	0.17
Ce	187	69.5	72.8	79.8	88.5	94.4	104	109	88.2	12.55	87.4	13.16	143	58.5	0.14	88.5	89.0	正态分布	88.2	87.4
Cl	173	62.6	66.5	73.8	84.8	95.2	110	129	87.3	18.66	85.5	13.05	141	52.3	0.21	84.8	80.0	剔除后对数分布	85.5	80.0
Co	2228	4.10	4.80	6.24	8.66	12.40	15.90	17.00	9.49	4.08	8.63	3.68	21.20	1.84	0.43	8.66	11.20	其他分布	11.20	15.80
Cr	2224	17.40	20.73	28.30	38.80	61.9	83.3	89.0	45.80	22.82	40.41	8.87	110	9.20	0.50	38.80	37.60	其他分布	37.60	37.60
Cu	2233	10.50	12.01	15.60	21.20	27.98	35.10	41.94	23.47	14.08	21.11	6.22	256	3.92	0.60	21.20	19.70	对数正态分布	21.11	19.70
F	187	278	307	345	432	513	621	669	445	122	428	33.15	795	195	0.27	432	393	正态分布	445	486
Ga	187	14.60	15.05	16.07	17.25	18.33	19.50	20.09	17.23	1.68	17.15	5.18	21.17	13.23	0.10	17.25	17.25	正态分布	17.23	17.64
Ge	2233	0.99	1.04	1.14	1.24	1.36	1.48	1.55	1.25	0.17	1.24	1.20	1.82	0.77	0.14	1.24	1.20	对数正态分布	1.24	1.27
Hg	2046	0.04	0.05	0.07	0.09	0.13	0.17	0.20	0.10	0.05	0.09	3.95	0.24	0.01	0.47	0.09	0.11	其他分布	0.11	0.11
I	187	3.48	4.09	5.33	7.15	10.09	14.58	18.47	8.47	4.63	7.44	3.51	30.99	1.48	0.55	7.15	8.02	对数正态分布	7.44	6.94
La	187	34.07	36.03	39.88	43.66	48.16	52.7	56.0	44.20	6.72	43.71	8.81	70.2	30.25	0.15	43.66	43.90	正态分布	44.20	44.74
Li	187	18.49	19.83	22.33	26.21	32.46	40.06	44.35	28.31	8.22	27.25	6.84	53.4	15.55	0.29	26.21	25.85	对数正态分布	27.25	29.76
Mn	2187	265	322	476	706	904	1083	1212	708	295	642	42.33	1581	143	0.42	706	942	其他分布	942	942
Mo	2078	0.52	0.57	0.68	0.87	1.12	1.44	1.67	0.94	0.34	0.88	1.43	1.99	0.25	0.36	0.87	0.81	其他分布	0.81	0.70
N	2233	0.63	0.73	0.93	1.20	1.57	1.96	2.22	1.28	0.49	1.19	1.52	3.73	0.07	0.38	1.20	1.34	对数正态分布	1.19	1.21
Nb	187	17.38	17.98	19.30	21.34	23.88	28.03	30.49	22.22	4.16	21.86	6.04	38.16	12.42	0.19	21.34	21.34	对数正态分布	21.86	21.33
Ni	2219	5.11	6.15	8.92	12.30	23.90	36.50	40.20	16.97	11.21	13.77	5.12	47.70	2.22	0.66	12.30	10.50	其他分布	10.50	10.50
P	2233	0.26	0.33	0.46	0.68	0.92	1.25	1.56	0.76	0.45	0.65	1.81	5.69	0.05	0.60	0.68	0.82	对数正态分布	0.65	0.66
Pb	2041	25.60	27.20	30.60	35.10	41.80	50.4	56.3	37.07	9.09	36.03	8.18	65.5	14.10	0.25	35.10	33.70	其他分布	33.70	29.90

续表 4－7

元素/指标	N	$X_{5\%}$	$X_{10\%}$	$X_{25\%}$	$X_{50\%}$	$X_{75\%}$	$X_{90\%}$	$X_{95\%}$	$\overline{X}$	S	$\overline{X}_g$	S_g	X_{max}	X_{min}	CV	X_{me}	X_{mo}	分布类型	中酸性火成岩类风化物背景值	舟山市背景值
Rb	187	109	114	122	132	142	150	159	133	15.40	132	16.75	183	95.9	0.12	132	131	正态分布	133	132
S	178	162	170	188	218	249	280	300	221	42.28	217	22.47	337	123	0.19	218	186	剔除后正态分布	221	229
Sb	187	0.42	0.49	0.56	0.63	0.75	0.85	0.96	0.66	0.22	0.64	1.44	2.54	0.31	0.32	0.63	0.61	对数正态分布	0.64	0.63
Sc	187	5.51	5.94	6.81	7.85	9.51	11.30	12.42	8.30	2.11	8.05	3.41	14.97	3.69	0.25	7.85	6.98	对数正态分布	8.05	9.12
Se	2148	0.15	0.18	0.26	0.34	0.42	0.51	0.57	0.34	0.12	0.32	2.10	0.68	0.04	0.35	0.34	0.36	其他分布	0.36	0.36
Sn	187	3.05	3.62	4.36	5.28	6.29	7.97	8.78	5.66	2.20	5.33	2.79	17.54	2.49	0.39	5.28	5.62	对数正态分布	5.33	5.13
Sr	187	48.76	55.3	68.6	87.2	114	136	159	96.2	42.30	89.1	13.39	340	31.85	0.44	87.2	113	对数正态分布	89.1	95.7
Th	187	12.32	12.81	14.11	15.70	17.10	18.36	19.32	15.67	2.26	15.51	4.89	23.71	9.52	0.14	15.70	15.70	正态分布	15.67	15.40
Ti	187	2992	3216	3527	3963	4393	4852	5141	3980	629	3930	119	5605	2305	0.16	3963	4095	正态分布	3980	4125
Tl	187	0.68	0.69	0.76	0.85	0.94	1.04	1.13	0.87	0.17	0.86	1.22	1.64	0.54	0.19	0.85	0.78	对数正态分布	0.86	0.83
U	187	2.43	2.59	2.90	3.30	3.56	3.96	4.21	3.28	0.59	3.23	2.02	6.51	1.80	0.18	3.30	3.33	正态分布	3.28	3.17
V	2225	32.72	37.80	45.10	56.3	83.2	104	110	64.2	24.91	59.5	10.75	138	12.80	0.39	56.3	102	其他分布	102	102
W	187	1.32	1.49	1.66	1.88	2.12	2.48	2.88	2.00	0.86	1.91	1.60	11.67	1.01	0.43	1.88	1.73	对数正态分布	1.91	1.88
Y	187	18.22	19.29	21.82	24.93	29.08	32.53	34.40	25.49	5.09	24.99	6.42	39.55	14.46	0.20	24.93	25.13	正态分布	25.49	25.97
Zn	2142	53.2	59.1	69.6	84.8	102	118	129	86.6	22.87	83.5	13.14	154	31.10	0.26	84.8	101	偏峰分布	101	89.4
Zr	187	238	252	282	325	372	420	444	330	65.3	323	28.35	517	161	0.20	325	332	正态分布	330	314
SiO_2	187	64.8	66.1	69.0	71.4	73.6	75.8	77.7	71.2	3.62	71.1	11.69	79.0	62.0	0.05	71.4	71.0	正态分布	71.2	69.9
Al_2O_3	187	11.44	11.69	12.82	13.56	14.34	15.18	15.67	13.52	1.25	13.46	4.50	16.65	10.75	0.09	13.56	12.50	正态分布	13.52	13.77
TFe_2O_3	187	2.42	2.63	2.93	3.34	3.93	4.61	5.07	3.49	0.79	3.41	2.09	5.64	2.18	0.23	3.34	2.83	对数正态分布	3.41	3.71
MgO	187	0.36	0.39	0.43	0.60	0.88	1.35	1.75	0.74	0.43	0.65	1.74	2.41	0.30	0.58	0.60	0.41	对数正态分布	0.65	0.79
CaO	187	0.19	0.21	0.27	0.42	0.65	1.29	1.59	0.59	0.56	0.45	2.30	4.25	0.13	0.94	0.42	0.23	对数正态分布	0.45	0.59
Na_2O	187	0.67	0.76	0.87	1.06	1.28	1.50	1.67	1.10	0.35	1.05	1.36	2.71	0.30	0.31	1.06	1.28	正态分布	1.10	1.16
K_2O	2159	2.18	2.33	2.55	2.80	3.10	3.51	3.76	2.85	0.45	2.81	1.85	4.03	1.69	0.16	2.80	2.80	其他分布	2.80	2.80
TC	187	0.86	0.94	1.13	1.39	1.63	1.84	1.99	1.40	0.38	1.35	1.40	3.05	0.62	0.27	1.39	1.49	正态分布	1.40	1.38
Corg	2233	0.56	0.67	0.85	1.13	1.44	1.79	2.05	1.19	0.48	1.10	1.51	4.90	0.19	0.41	1.13	1.20	对数正态分布	1.10	1.09
pH	2126	4.14	4.28	4.62	5.10	5.80	7.03	7.56	4.74	4.60	5.35	2.63	8.00	3.61	0.97	5.10	4.88	其他分布	4.88	4.88

MgO、I、Bi、Cr、Hg、Br、Ag、B、Sr、Co、W、Mn、Corg 共 19 项指标变异系数大于 0.40,其中 Au、pH、CaO 变异系数大于 0.80,空间变异性较大。

与舟山市土壤元素背景值相比,CaO、Co 背景值略低于舟山市背景值;As 背景值仅为舟山市背景值的 55%;其他元素/指标背景值与舟山市背景值基本接近。

三、变质岩类风化物土壤母质元素背景值

变质岩类风化物元素背景值数据经正态分布检验,结果表明,原始数据中 As、B、Co、Cr、Cu、Ge、Mn、Ni、Se、V、Zn、K_2O 符合正态分布,Cd 剔除异常值后符合正态分布,Hg、Mo、N、P、Pb、Corg 符合对数正态分布,pH 剔除异常值后符合对数正态分布,其他元素/指标因样本数较少,无法进行正态分布检验(表 4-8)。

变质岩类风化物表层土壤总体为酸性,土壤 pH 极大值为 8.30,极小值为 4.19,背景值为 5.67,与舟山市背景值接近。

表层土壤各元素/指标中,大多数变异系数小于 0.40,表明其分布相对均匀;pH、S、Hg、Br、CaO、Mo、Bi、Corg、Au、B、Pb、P、Ni 共 13 项元素/指标变异系数大于 0.40,其中 pH、S 变异系数大于 0.80,空间变异性较大。

与舟山市土壤元素背景值相比,MgO、Cu、Sr、TFe_2O_3、Au 背景值略高于舟山背景值;Ni、Cr、CaO 背景值明显高于舟山市背景值;W、TC、Mn、Ag、As、Hg、Br 背景值略低于舟山背景值;其他元素/指标背景值与舟山市背景值基本接近。

第三节　主要土壤类型元素背景值

一、红壤土壤元素背景值

红壤土壤元素背景值数据经正态分布检验,结果表明,原始数据中 Ba、Be、Ce、F、Ga、Ge、La、Li、Nb、Rb、Sb、Sc、Sr、Th、Ti、U、W、Y、Zr、SiO_2、Al_2O_3、TFe_2O_3、MgO、Na_2O、TC 共 25 项元素/指标符合正态分布,Ag、Se、Zn 剔除异常值后符合正态分布,As、Au、B、Bi、Br、Cl、Cu、I、N、P、S、Sn、Tl、CaO、Corg 符合对数正态分布,Cd、Hg、Mo、Pb、pH 剔除异常值后符合对数正态分布,其他元素/指标不符合正态分布或对数正态分布(表 4-9)。

红壤区表层土壤总体为酸性,土壤 pH 极大值为 7.83,极小值为 3.64,背景值为 5.29,与舟山市背景值接近。

表层土壤各元素/指标中,大多数变异系数小于 0.40,表明其分布相对均匀;Cl、S、pH、Au、CaO、Ni、Cu、I、P、MgO、Bi、Cr、Hg、Sn、As、B、Co、Br、Mn 共 19 项元素/指标变异系数大于 0.40,其中 Cl、S、pH 变异系数大于 0.80,空间变异性较大。

与舟山市土壤元素背景值相比,B、Co 背景值略低于舟山市背景值;As 背景值仅为舟山市背景值的 54%;其他元素/指标背景值与舟山市背景值基本接近。

二、粗骨土土壤元素背景值

粗骨土土壤元素背景值数据经正态分布检验,结果表明,原始数据中 B、Ba、Be、Ce、F、Ga、I、La、Li、Nb、Rb、Sb、Sc、Sr、Th、Ti、Tl、U、Y、Zr、SiO_2、Al_2O_3、TFe_2O_3、Na_2O、TC 共 25 项元素/指标符合正态分布,Ag、As、Au、Bi、Br、Cu、Ge、N、P、Sn、W、Zn、MgO、CaO、Corg 共 15 项元素/指标符合对数正态分布,Cl、S、

表 4-8　变质岩类风化物土壤母质元素背景值参数统计表

元素/指标	N	$X_{5\%}$	$X_{10\%}$	$X_{25\%}$	$X_{50\%}$	$X_{75\%}$	$X_{90\%}$	$X_{95\%}$	$\overline{X}$	S	$\overline{X}_g$	S_g	X_{max}	X_{min}	CV	X_{me}	X_{mo}	分布类型	变质岩类风化物背景值	舟山市背景值
Ag	8	66.9	67.9	69.2	71.6	74.5	80.3	82.7	73.0	6.13	72.8	11.09	85.1	65.8	0.08	71.6	72.9	—	71.6	96.5
As	104	3.17	3.59	5.05	7.02	8.53	9.58	10.84	6.91	2.42	6.45	3.18	12.70	2.17	0.35	7.02	7.71	正态分布	6.91	10.10
Au	8	1.23	1.26	1.51	2.37	3.02	3.75	4.14	2.45	1.15	2.23	1.85	4.54	1.19	0.47	2.37	2.40	—	2.37	1.97
B	104	16.18	20.27	34.17	46.60	70.4	87.0	95.5	51.5	24.37	45.33	10.28	106	10.00	0.47	46.60	44.20	正态分布	51.5	58.0
Ba	8	513	536	565	570	589	643	663	580	55.9	578	34.54	684	490	0.10	570	577	—	570	588
Be	8	1.87	1.89	1.96	2.11	2.32	2.72	2.78	2.21	0.36	2.18	1.61	2.85	1.85	0.16	2.11	2.20	—	2.11	2.24
Bi	8	0.28	0.29	0.31	0.37	0.48	0.69	0.84	0.45	0.24	0.41	1.84	0.99	0.27	0.52	0.37	0.45	—	0.37	0.36
Br	8	5.42	5.60	5.94	6.17	6.57	11.01	15.39	7.84	4.86	7.07	3.36	19.78	5.23	0.62	6.17	7.25	—	6.17	7.76
Cd	104	0.08	0.10	0.12	0.16	0.19	0.23	0.25	0.16	0.05	0.15	3.03	0.29	0.05	0.32	0.16	0.18	剔除后正态分布	0.16	0.17
Ce	8	71.7	72.7	77.3	91.6	99.6	101	103	88.8	13.05	87.9	12.07	105	70.7	0.15	91.6	88.9	—	91.6	87.4
Cl	7	87.7	88.7	92.3	95.6	150	171	183	123	41.96	117	15.03	195	86.7	0.34	95.6	144	—	95.6	80.0
Co	104	9.42	10.36	12.85	15.50	17.82	20.14	22.05	15.60	4.52	14.98	4.87	36.00	6.35	0.29	15.50	18.40	正态分布	15.60	15.80
Cr	104	45.18	48.26	60.5	72.1	86.8	96.7	104	74.7	24.52	71.3	11.96	233	22.10	0.33	72.1	71.4	正态分布	74.7	37.60
Cu	104	16.21	18.29	21.25	25.40	29.05	32.20	36.52	25.66	7.14	24.71	6.47	56.0	7.40	0.28	25.40	22.60	正态分布	25.66	19.70
F	8	343	355	369	449	496	544	560	444	87.0	437	29.57	575	331	0.20	449	416	—	449	486
Ga	8	15.36	15.53	15.75	17.39	18.30	19.14	19.18	17.22	1.56	17.16	4.89	19.21	15.19	0.09	17.39	17.15	—	17.39	17.64
Ge	104	1.13	1.20	1.29	1.38	1.55	1.68	1.75	1.42	0.19	1.41	1.26	1.84	1.04	0.13	1.38	1.36	正态分布	1.42	1.27
Hg	104	0.03	0.03	0.05	0.07	0.09	0.14	0.20	0.08	0.06	0.07	4.72	0.37	0.02	0.73	0.07	0.05	对数正态分布	0.07	0.11
I	8	4.22	4.45	5.90	6.80	7.08	7.22	7.28	6.26	1.26	6.14	2.87	7.35	3.99	0.20	6.80	6.32	—	6.80	6.94
La	8	38.82	39.74	40.73	49.91	54.8	56.2	56.8	48.33	7.62	47.79	8.59	57.4	37.90	0.16	49.91	49.30	—	49.91	44.74
Li	8	22.28	23.39	29.11	34.52	40.99	44.44	45.10	34.36	8.79	33.31	7.12	45.76	21.17	0.26	34.52	34.00	—	34.52	29.76
Mn	104	443	469	551	658	870	1006	1191	719	235	684	43.61	1448	297	0.33	658	711	正态分布	719	942
Mo	104	0.43	0.48	0.59	0.73	0.96	1.21	1.40	0.81	0.44	0.75	1.51	4.22	0.32	0.54	0.73	0.99	对数正态分布	0.75	0.70
N	104	0.66	0.71	0.81	0.99	1.34	1.60	1.91	1.12	0.45	1.04	1.46	3.12	0.24	0.40	0.99	0.94	对数正态分布	1.04	1.21
Nb	8	16.23	16.26	17.23	19.40	20.27	21.50	21.60	18.98	2.12	18.87	5.18	21.69	16.20	0.11	19.40	19.26	—	19.40	21.33
Ni	104	14.39	15.46	20.30	27.05	35.05	40.10	41.07	28.02	11.47	26.05	6.80	95.0	8.42	0.41	27.05	21.30	正态分布	28.02	10.50
P	104	0.35	0.39	0.51	0.65	0.81	1.11	1.35	0.71	0.32	0.66	1.58	2.26	0.27	0.45	0.65	0.61	对数正态分布	0.66	0.66
Pb	104	21.70	23.32	26.08	31.44	37.92	54.6	58.0	34.99	16.15	32.83	7.66	155	17.10	0.46	31.44	35.90	对数正态分布	32.83	29.90

续表 4-8

元素/指标	N	$X_{5\%}$	$X_{10\%}$	$X_{25\%}$	$X_{50\%}$	$X_{75\%}$	$X_{90\%}$	$X_{95\%}$	$\overline{X}$	S	$\overline{X}_g$	S_g	X_{max}	X_{min}	CV	X_{me}	X_{mo}	分布类型	变质岩类风化物背景值	舟山市背景值
Rb	8	93.7	98.7	107	113	124	126	126	113	12.87	112	13.85	126	88.8	0.11	113	113	—	113	132
S	8	190	190	205	249	289	516	771	337	281	283	25.65	1025	189	0.83	249	298	—	249	229
Sb	8	0.45	0.49	0.57	0.66	0.74	0.87	0.94	0.67	0.18	0.65	1.42	1.01	0.40	0.27	0.66	0.67	—	0.66	0.63
Sc	8	8.76	9.07	9.80	10.54	11.75	12.44	12.84	10.73	1.56	10.63	3.82	13.25	8.46	0.15	10.54	10.95	—	10.54	9.12
Se	104	0.15	0.19	0.26	0.32	0.40	0.47	0.50	0.33	0.11	0.31	2.16	0.62	0.07	0.33	0.32	0.31	正态分布	0.33	0.36
Sn	8	3.72	3.76	4.11	4.38	4.94	6.06	6.79	4.77	1.24	4.66	2.52	7.53	3.68	0.26	4.38	4.78	—	4.38	5.13
Sr	8	106	108	111	122	142	155	156	127	20.92	126	15.26	157	104	0.16	122	131	—	122	95.7
Th	8	11.74	12.11	12.96	14.02	14.88	16.72	18.51	14.40	2.70	14.21	4.39	20.31	11.37	0.19	14.02	14.41	—	14.02	15.40
Ti	8	4240	4352	4598	4839	5019	5307	5481	4836	462	4817	116	5654	4129	0.10	4839	4753	—	4839	4125
Tl	8	0.59	0.60	0.65	0.68	0.72	0.72	0.72	0.67	0.05	0.67	1.28	0.72	0.57	0.08	0.68	0.72	—	0.68	0.83
U	8	2.05	2.15	2.24	2.54	2.83	3.01	3.05	2.54	0.40	2.51	1.74	3.09	1.95	0.16	2.54	2.64	—	2.54	3.17
V	104	65.5	70.3	80.2	99.3	111	116	130	97.7	22.77	95.1	13.88	184	38.00	0.23	99.3	111	正态分布	97.7	102
W	8	1.17	1.20	1.24	1.46	1.71	1.73	1.73	1.46	0.24	1.44	1.32	1.74	1.15	0.17	1.46	1.52	—	1.46	1.88
Y	8	21.18	21.35	22.48	24.29	28.00	29.74	29.91	25.13	3.52	24.92	6.14	30.08	21.01	0.14	24.29	24.42	—	24.29	25.97
Zn	104	55.5	59.2	69.3	81.0	93.3	102	111	81.7	18.56	79.7	12.64	143	39.90	0.23	81.0	81.0	正态分布	81.7	89.4
Zr	8	266	279	301	308	316	355	393	316	50.5	313	25.09	430	254	0.16	308	313	—	308	314
SiO_2	8	63.9	64.1	65.1	67.8	71.7	72.5	72.6	68.2	3.63	68.1	10.58	72.8	63.8	0.05	67.8	68.1	—	67.8	69.9
Al_2O_3	8	11.83	11.96	12.59	13.78	14.15	14.96	15.07	13.51	1.24	13.46	4.28	15.18	11.71	0.09	13.78	13.77	—	13.78	13.77
TFe_2O_3	8	4.11	4.16	4.30	4.60	4.90	5.31	5.32	4.65	0.47	4.63	2.38	5.33	4.06	0.10	4.60	4.67	—	4.60	3.71
MgO	8	0.72	0.76	0.88	1.08	1.29	1.54	1.64	1.12	0.35	1.07	1.34	1.73	0.68	0.31	1.08	1.11	—	1.08	0.79
CaO	8	0.55	0.59	0.64	0.92	1.30	1.90	2.20	1.12	0.68	0.97	1.68	2.50	0.51	0.60	0.92	1.16	—	0.92	0.59
Na_2O	8	0.86	0.92	1.03	1.25	1.48	1.72	1.86	1.30	0.38	1.25	1.39	1.99	0.79	0.30	1.25	1.34	—	1.25	1.16
K_2O	104	1.81	2.02	2.29	2.63	2.86	3.14	3.32	2.59	0.44	2.55	1.75	3.96	1.61	0.17	2.63	2.69	正态分布	2.59	2.80
TC	8	0.86	0.87	0.94	1.07	1.32	1.47	1.64	1.16	0.32	1.13	1.30	1.81	0.86	0.28	1.07	1.17	—	1.07	1.38
Corg	104	0.59	0.64	0.74	0.91	1.18	1.43	2.17	1.06	0.53	0.97	1.51	3.75	0.21	0.50	0.91	1.17	对数正态分布	0.97	1.09
pH	101	4.42	4.52	4.87	5.38	6.25	7.56	7.72	4.98	4.83	5.67	2.75	8.30	4.19	0.97	5.38	5.38	剔除后对数分布	5.67	4.88

表 4-9 红壤土壤元素背景值参数统计表

元素/指标	N	$X_{5\%}$	$X_{10\%}$	$X_{25\%}$	$X_{50\%}$	$X_{75\%}$	$X_{90\%}$	$X_{95\%}$	$\overline{X}$	S	$\overline{X}_g$	S_g	X_{max}	X_{min}	CV	X_{me}	X_{mo}	分布类型	红壤背景值	舟山市背景值
Ag	69	67.1	72.4	80.7	89.4	110	135	142	97.1	23.49	94.5	14.02	162	60.3	0.24	89.4	83.9	剔除后正态分布	97.1	96.5
As	1047	2.70	3.07	3.96	5.56	7.44	9.80	11.14	6.03	2.72	5.48	2.90	27.10	1.32	0.45	5.56	5.56	对数正态分布	5.48	10.10
Au	75	0.96	1.13	1.52	2.10	2.87	3.81	4.60	2.49	1.96	2.11	1.97	14.66	0.65	0.79	2.10	2.10	对数正态分布	2.11	1.97
B	1047	16.33	20.46	30.30	44.90	60.3	75.8	85.1	46.49	20.97	41.39	9.19	108	4.90	0.45	44.90	21.60	对数正态分布	41.39	58.0
Ba	75	435	453	516	602	713	807	835	616	144	598	39.30	1025	185	0.23	602	602	正态分布	616	588
Be	75	1.78	1.85	1.99	2.14	2.40	2.62	2.78	2.22	0.34	2.20	1.61	3.72	1.67	0.15	2.14	2.13	正态分布	2.22	2.24
Bi	75	0.24	0.25	0.29	0.37	0.46	0.75	0.94	0.44	0.24	0.40	1.98	1.48	0.18	0.54	0.37	0.37	对数正态分布	0.40	0.36
Br	75	3.83	4.79	5.50	6.66	8.33	10.99	13.89	7.40	3.11	6.90	3.26	20.88	3.17	0.42	6.66	8.33	对数正态分布	6.90	7.76
Cd	971	0.08	0.10	0.13	0.17	0.21	0.27	0.30	0.18	0.07	0.17	2.94	0.38	0.03	0.37	0.17	0.17	剔除后对数分布	0.17	0.17
Ce	75	72.3	75.7	79.9	88.3	94.3	100.0	107	88.5	12.37	87.7	13.03	137	64.8	0.14	88.3	92.9	正态分布	88.5	87.4
Cl	75	63.2	65.7	73.1	85.1	97.5	132	151	106	120	91.2	13.91	1100	55.3	1.14	85.1	76.3	对数正态分布	91.2	80.0
Co	1046	3.92	4.58	6.16	8.55	12.58	15.90	17.00	9.46	4.19	8.55	3.67	22.10	2.74	0.44	8.55	10.80	其他分布	10.80	15.80
Cr	1046	18.00	21.10	28.06	37.40	62.4	83.8	89.4	45.68	23.11	40.27	8.82	111	9.89	0.51	37.40	36.50	其他分布	36.50	37.60
Cu	1047	10.60	12.16	16.20	21.50	28.70	35.90	43.67	24.11	14.98	21.58	6.30	232	6.19	0.62	21.50	16.70	对数正态分布	21.58	19.70
F	75	294	310	347	429	521	619	715	456	138	437	33.43	1007	197	0.30	429	461	正态分布	456	486
Ga	75	14.47	15.19	16.32	17.25	18.81	19.81	20.47	17.48	1.79	17.39	5.19	22.15	13.92	0.10	17.25	16.27	正态分布	17.48	17.64
Ge	1047	0.99	1.05	1.14	1.25	1.36	1.48	1.56	1.26	0.17	1.25	1.20	1.89	0.80	0.14	1.25	1.19	正态分布	1.26	1.27
Hg	976	0.04	0.05	0.07	0.09	0.13	0.18	0.22	0.11	0.05	0.09	3.84	0.27	0.01	0.49	0.09	0.12	剔除后对数分布	0.09	0.11
I	75	3.56	3.84	5.25	6.94	8.93	12.19	15.78	7.96	4.82	7.05	3.39	30.99	2.98	0.61	6.94	6.64	对数正态分布	7.05	6.94
La	75	33.98	37.03	40.36	44.13	48.39	52.7	55.6	44.61	6.86	44.11	8.76	70.2	31.41	0.15	44.13	45.02	正态分布	44.61	44.74
Li	75	18.99	19.90	21.63	25.94	32.98	40.34	44.26	28.18	8.74	27.02	6.83	56.7	15.68	0.31	25.94	22.46	正态分布	28.18	29.76
Mn	1016	252	312	467	701	909	1094	1235	709	301	640	42.11	1582	143	0.42	701	879	其他分布	879	942
Mo	960	0.51	0.57	0.68	0.83	1.08	1.37	1.60	0.91	0.32	0.86	1.42	1.91	0.29	0.35	0.83	0.80	剔除后对数分布	0.86	0.70
N	1047	0.63	0.74	0.93	1.22	1.63	1.96	2.19	1.30	0.49	1.20	1.53	3.23	0.30	0.38	1.22	1.00	对数正态分布	1.20	1.21
Nb	75	17.78	18.11	19.43	21.16	22.84	24.79	27.77	21.63	3.49	21.38	5.87	37.41	14.31	0.16	21.16	20.88	正态分布	21.63	21.33
Ni	1047	5.31	6.18	8.73	12.00	26.00	37.74	40.47	17.37	11.80	13.92	5.14	51.5	2.40	0.68	12.00	10.40	其他分布	10.40	10.50
P	1047	0.27	0.33	0.47	0.68	0.94	1.29	1.59	0.77	0.46	0.67	1.81	4.27	0.05	0.60	0.68	0.80	对数正态分布	0.67	0.66
Pb	943	25.80	27.32	30.70	35.30	42.27	50.4	56.9	37.39	9.31	36.33	8.22	67.3	17.40	0.25	35.30	32.80	剔除后对数分布	36.33	29.90

第四章 土壤元素背景值

续表 4-9

元素/指标	N	$X_{5\%}$	$X_{10\%}$	$X_{25\%}$	$X_{50\%}$	$X_{75\%}$	$X_{90\%}$	$X_{95\%}$	$\bar{X}$	S	$\bar{X}_g$	S_g	X_{max}	X_{min}	CV	X_{me}	X_{mo}	分布类型	红壤背景值	舟山市背景值
Rb	75	111	115	122	131	142	151	162	133	15.97	132	16.63	184	103	0.12	131	129	正态分布	133	132
S	75	156	170	196	226	267	299	343	265	271	234	23.99	2513	140	1.02	226	265	对数正态分布	234	229
Sb	75	0.43	0.49	0.55	0.63	0.75	0.84	0.92	0.65	0.15	0.64	1.42	1.18	0.31	0.23	0.63	0.61	正态分布	0.65	0.63
Sc	75	5.77	6.41	7.03	7.91	9.46	11.66	12.40	8.48	2.11	8.25	3.44	14.96	4.94	0.25	7.91	8.24	正态分布	8.48	9.12
Se	1013	0.15	0.19	0.27	0.34	0.42	0.50	0.54	0.35	0.12	0.32	2.07	0.66	0.07	0.34	0.34	0.40	剔除后正态分布	0.35	0.36
Sn	75	3.32	3.58	4.53	5.22	6.13	7.27	8.03	5.59	2.71	5.25	2.73	25.65	2.52	0.48	5.22	5.57	对数正态分布	5.25	5.13
Sr	75	52.9	62.4	78.7	95.2	114	133	156	98.6	33.27	93.6	13.74	249	35.57	0.34	95.2	101	正态分布	98.6	95.7
Th	75	11.46	12.68	13.69	15.18	16.86	18.01	19.42	15.35	2.41	15.17	4.76	21.74	9.98	0.16	15.18	15.56	正态分布	15.35	15.40
Ti	75	2951	3230	3631	3963	4456	4955	5224	4030	648	3979	118	5605	2781	0.16	3963	3989	正态分布	4030	4125
Tl	75	0.69	0.71	0.77	0.83	0.97	1.08	1.20	0.88	0.19	0.87	1.22	1.60	0.66	0.21	0.83	0.87	对数正态分布	0.87	0.83
U	75	2.48	2.57	2.75	3.16	3.52	3.81	4.01	3.18	0.53	3.14	1.96	4.97	2.24	0.17	3.16	2.78	正态分布	3.18	3.17
V	1046	32.05	37.95	44.92	55.1	84.0	105	111	64.2	25.52	59.3	10.72	135	15.70	0.40	55.1	104	其他分布	104	102
W	75	1.55	1.60	1.71	1.88	2.08	2.30	2.42	1.91	0.29	1.89	1.50	2.70	1.25	0.15	1.88	1.81	正态分布	1.91	1.88
Y	75	18.39	19.81	21.36	24.64	28.71	30.56	31.99	24.97	4.49	24.56	6.30	35.07	14.46	0.18	24.64	25.13	正态分布	24.97	25.97
Zn	998	55.8	61.6	71.9	87.7	105	121	132	89.8	23.89	86.6	13.36	160	31.10	0.27	87.7	101	剔除后正态分布	89.8	89.4
Zr	75	219	248	283	311	352	396	416	321	66.7	314	27.39	629	210	0.21	311	302	正态分布	321	314
SiO$_2$	75	64.6	65.9	68.0	70.8	72.6	74.2	75.4	70.4	3.54	70.3	11.54	80.4	61.6	0.05	70.8	71.6	正态分布	70.4	69.9
Al$_2$O$_3$	75	11.48	12.29	12.93	13.69	14.39	15.67	16.20	13.72	1.33	13.65	4.51	16.70	10.68	0.10	13.69	13.77	正态分布	13.72	13.77
TFe$_2$O$_3$	75	2.60	2.84	3.01	3.39	4.19	4.66	5.03	3.61	0.79	3.52	2.12	5.95	2.21	0.22	3.39	3.39	正态分布	3.61	3.71
MgO	75	0.36	0.40	0.46	0.64	0.90	1.25	1.43	0.77	0.42	0.68	1.67	2.53	0.31	0.55	0.64	0.61	正态分布	0.77	0.79
CaO	75	0.21	0.23	0.29	0.48	0.71	1.19	1.53	0.59	0.42	0.49	2.08	2.18	0.16	0.71	0.48	0.29	对数正态分布	0.49	0.59
Na$_2$O	75	0.68	0.77	0.87	1.01	1.29	1.46	1.61	1.09	0.35	1.04	1.34	2.72	0.39	0.32	1.01	1.16	正态分布	1.09	1.16
K$_2$O	1003	2.31	2.41	2.62	2.82	3.12	3.48	3.70	2.88	0.40	2.86	1.85	3.93	1.84	0.14	2.82	2.90	其他分布	2.90	2.80
TC	75	0.81	0.92	1.15	1.34	1.58	1.85	1.99	1.38	0.38	1.33	1.39	2.76	0.70	0.28	1.34	1.67	正态分布	1.38	1.38
Corg	1047	0.55	0.68	0.86	1.14	1.47	1.77	1.98	1.19	0.47	1.10	1.51	4.03	0.26	0.39	1.14	1.20	对数正态分布	1.10	1.09
pH	974	4.14	4.27	4.62	5.08	5.72	6.79	7.24	4.73	4.59	5.29	2.61	7.83	3.64	0.97	5.08	4.88	剔除后对数分布	5.29	4.88

注:氧化物、TC、Corg 单位为 %,N、P 单位为 g/kg,Au、Ag 单位为 μg/kg,pH 为无量纲,其他元素指标单位为 mg/kg;后表单位相同。

Se剔除异常值后符合正态分布，Cd、Mo、Pb、K_2O剔除异常值后符合对数正态分布，其他元素/指标不符合正态分布或对数正态分布（表4-10）。

粗骨土区表层土壤总体为酸性，土壤pH极大值为8.68，极小值为3.61，背景值为5.49，与舟山市背景值接近。

表层土壤各元素/指标中，大多数变异系数小于0.40，表明其分布相对均匀；Au、pH、CaO、Bi、Cu、Ni、MgO、W、I、Ag、P、Hg、Br、Cr、Corg、Mn、B、Co、N共19项元素/指标变异系数大于0.40，其中Au、pH、CaO变异系数大于0.80，空间变异性较大。

与舟山市土壤元素背景值相比，Mo背景值略高于舟山市背景值；Cr背景值为舟山市背景值的2.19倍；CaO、As背景值略低于舟山市背景值；其他元素/指标背景值与舟山市背景值基本接近。

三、水稻土土壤元素背景值

水稻土土壤元素背景值数据经正态分布检验，结果表明，原始数据中Au、B、Ba、Be、Bi、Br、Ce、F、Ga、I、La、Li、Mn、N、Nb、Rb、Sc、Sn、Sr、Th、Ti、Tl、U、W、Y、Zr、SiO_2、Al_2O_3、TFe_2O_3、MgO、CaO、Na_2O、TC共33元素/指标符合正态分布，As、Cl、Ge、P、S、Sb、Se、Corg符合对数正态分布，Ag、Cu、Zn剔除异常值后符合正态分布，Hg、Mo、Pb、K_2O剔除异常值后符合对数正态分布，其他元素/指标不符合正态分布或对数正态分布（表4-11）。

水稻土区表层土壤总体为酸性，土壤pH极大值为8.69，极小值为3.72，背景值为4.97，与舟山市背景值接近。

表层土壤各元素/指标中，大多数变异系数小于0.40，表明其分布相对均匀；Cl、pH、CaO、S、MgO、Au、P、Ni、Hg、Sb、As、Bi、Br、Cr共14项元素/指标变异系数大于0.40，其中Cl、pH、CaO变异系数大于0.80，空间变异性较大。

与舟山市土壤元素背景值相比，MgO、CaO、Au、Cu背景值略高于舟山市背景值；Ni、Cr、Cl背景值明显高于舟山市背景值，其中Ni背景值为舟山市背景值的3倍以上；Mn、As背景值略低于舟山市背景值；其他元素/指标背景值与舟山市背景值基本接近。

四、潮土土壤元素背景值

潮土土壤元素背景值数据经正态分布检验，结果表明，原始数据中Mn、N符合正态分布，Ge、Hg、P、Pb、Se、Corg符合对数正态分布，Cd、Zn、K_2O剔除异常值后符合正态分布，Mo剔除异常值后符合对数正态分布，As、B、Cu符合偏峰分布，Co、Cr、Ni、V、pH不符合正态分布或对数正态分布，其他元素/指标因样本数较少无法进行正态分布检验（表4-12）。

潮土区表层土壤总体为碱性，土壤pH极大值为8.87，极小值为4.10，背景值为8.14，明显高于舟山市背景值接近。

表层土壤各元素/指标中，绝大多数变异系数小于0.40，表明其分布相对均匀；仅pH、Hg、Se、CaO、Au变异系数大于0.40，其中pH变异系数大于0.80，空间变异性较大。

与舟山市土壤元素背景值相比，Sc、P背景值略高于舟山市背景值；Ni、CaO、MgO、Cr、Cu、Li、F、TFe_2O_3背景值明显高于舟山市背景值，其中Ni背景值为舟山市背景值的3.56倍；I、Hg背景值略低于舟山市背景值；Se背景值仅为舟山市背景值的58%；其他元素/指标背景值与舟山市背景值基本接近。

五、滨海盐土土壤元素背景值

滨海盐土土壤元素背景值数据经正态分布检验，结果表明，原始数据中As、B、Cu、Ge、N、K_2O符合正态分布，Mn、Mo、P、Pb、Se、Zn、Corg符合对数正态分布，Cd、Co、Cr、Hg、Ni剔除异常值后符合正态分布，V

表 4-10 粗骨土土壤元素背景值参数统计表

元素/指标	N	$X_{5\%}$	$X_{10\%}$	$X_{25\%}$	$X_{50\%}$	$X_{75\%}$	$X_{90\%}$	$X_{95\%}$	$\overline{X}$	S	$\overline{X}_g$	S_g	X_{max}	X_{min}	CV	X_{me}	X_{mo}	分布类型	粗骨土背景值	舟山市背景值
Ag	70	67.2	72.3	87.3	94.6	127	164	214	115	61.0	106	15.11	491	53.8	0.53	94.6	114	对数正态分布	106	96.5
As	771	2.84	3.53	4.71	6.32	8.39	10.08	11.00	6.65	2.69	6.13	3.01	23.40	1.63	0.40	6.32	10.20	对数正态分布	6.13	10.10
Au	70	0.95	1.21	1.55	1.90	2.66	3.73	4.80	2.84	4.93	2.07	2.14	41.78	0.54	1.74	1.90	1.69	对数正态分布	2.07	1.97
B	771	16.70	21.30	33.05	50.8	68.0	81.4	88.5	51.3	22.23	45.73	9.56	111	6.19	0.43	50.8	58.0	正态分布	51.3	58.0
Ba	70	422	441	483	582	699	795	857	597	154	577	39.63	999	254	0.26	582	603	正态分布	597	588
Be	70	1.74	1.79	1.98	2.16	2.38	2.60	2.79	2.22	0.35	2.19	1.61	3.56	1.67	0.16	2.16	2.21	正态分布	2.22	2.24
Bi	70	0.25	0.28	0.30	0.36	0.47	0.59	1.12	0.46	0.33	0.40	2.00	2.22	0.19	0.73	0.36	0.30	对数正态分布	0.40	0.36
Br	70	4.04	4.55	5.86	6.94	10.37	12.99	16.16	8.30	3.96	7.54	3.41	24.40	2.89	0.48	6.94	8.13	对数正态分布	7.54	7.76
Cd	726	0.08	0.10	0.12	0.16	0.20	0.25	0.29	0.17	0.06	0.15	3.03	0.37	0.04	0.38	0.16	0.16	剔除后对数分布	0.15	0.17
Ce	70	76.7	78.4	81.4	90.5	98.3	108	112	91.9	14.38	90.8	13.35	144	58.5	0.16	90.5	78.5	正态分布	91.9	87.4
Cl	64	61.7	68.0	74.0	82.6	93.7	104	114	85.0	16.07	83.6	12.74	131	52.3	0.19	82.6	80.0	剔除后正态分布	85.0	80.0
Co	769	4.39	4.97	6.55	9.27	13.40	15.80	16.96	9.94	4.09	9.08	3.74	22.90	1.84	0.41	9.27	14.30	其他分布	14.30	15.80
Cr	768	17.57	21.50	30.90	44.05	71.8	86.1	91.2	49.93	24.20	43.96	9.18	134	10.50	0.48	44.05	82.2	其他分布	82.2	37.60
Cu	771	10.61	12.20	15.60	21.60	27.65	33.50	38.80	23.52	15.55	21.17	6.21	300	3.92	0.66	21.60	21.30	对数正态分布	21.17	19.70
F	70	294	314	349	435	519	626	671	452	148	433	33.05	1251	264	0.33	435	446	正态分布	452	486
Ga	70	14.74	15.27	15.97	17.20	18.33	19.50	20.05	17.21	1.74	17.13	5.16	21.17	13.13	0.10	17.20	17.84	正态分布	17.21	17.64
Ge	771	0.97	1.03	1.13	1.24	1.37	1.48	1.56	1.25	0.18	1.24	1.21	1.92	0.77	0.14	1.24	1.12	对数正态分布	1.24	1.27
Hg	712	0.04	0.05	0.06	0.09	0.13	0.17	0.20	0.10	0.05	0.09	3.95	0.25	0.01	0.49	0.09	0.11	其他分布	0.11	0.11
I	70	2.89	3.60	4.88	6.41	9.74	14.74	17.39	7.83	4.39	6.70	3.44	19.76	0.90	0.56	6.41	8.02	正态分布	7.83	6.94
La	70	35.63	37.18	40.79	43.94	49.82	55.9	58.4	46.01	8.29	45.34	8.94	78.8	30.25	0.18	43.94	40.60	正态分布	46.01	44.74
Li	70	19.18	19.97	23.20	26.38	33.48	40.27	44.34	28.98	8.47	27.91	6.87	60.6	15.62	0.29	26.38	33.66	正态分布	28.98	29.76
Mn	760	270	322	448	693	923	1094	1249	703	306	633	42.17	1628	146	0.44	693	942	其他分布	942	942
Mo	722	0.48	0.54	0.66	0.83	1.10	1.43	1.63	0.91	0.35	0.85	1.47	2.01	0.25	0.39	0.83	0.66	剔除后对数分布	0.85	0.70
N	771	0.55	0.68	0.95	1.24	1.65	2.10	2.38	1.33	0.54	1.22	1.57	3.62	0.26	0.41	1.24	0.92	对数正态分布	1.22	1.21
Nb	70	17.90	18.57	19.73	22.00	25.99	28.56	30.32	22.97	4.09	22.63	6.08	34.40	15.09	0.18	22.00	22.84	正态分布	22.97	21.33
Ni	770	5.29	6.56	9.96	14.66	28.50	36.51	40.50	18.77	11.56	15.34	5.34	53.1	2.22	0.62	14.66	10.30	其他分布	10.30	10.50
P	771	0.27	0.33	0.47	0.69	0.90	1.20	1.42	0.74	0.37	0.65	1.76	2.86	0.09	0.51	0.69	0.82	对数正态分布	0.65	0.66
Pb	706	23.40	26.50	30.20	34.20	39.98	48.20	54.2	35.76	8.71	34.75	8.08	61.2	14.10	0.24	34.20	31.70	剔除后对数分布	34.75	29.90

续表 4-10

元素/指标	N	$X_{5\%}$	$X_{10\%}$	$X_{25\%}$	$X_{50\%}$	$X_{75\%}$	$X_{90\%}$	$X_{95\%}$	$\overline{X}$	S	$\overline{X}_g$	S_g	X_{max}	X_{min}	CV	X_{me}	X_{mo}	分布类型	粗骨土背景值	舟山市背景值
Rb	70	108	113	124	133	144	155	163	134	16.79	133	16.75	169	77.3	0.13	133	135	正态分布	134	132
S	68	137	162	188	222	260	333	357	232	64.1	224	22.48	393	115	0.28	222	233	剔除后正态分布	232	229
Sb	70	0.46	0.51	0.57	0.63	0.75	0.82	1.03	0.66	0.16	0.64	1.42	1.22	0.31	0.25	0.63	0.61	正态分布	0.66	0.63
Sc	70	5.77	6.15	7.00	8.12	9.30	11.24	12.21	8.45	2.03	8.23	3.45	15.95	5.34	0.24	8.12	8.47	正态分布	8.45	9.12
Se	729	0.12	0.16	0.24	0.32	0.40	0.50	0.56	0.33	0.13	0.30	2.19	0.67	0.07	0.38	0.32	0.28	剔除后正态分布	0.33	0.36
Sn	70	3.41	3.91	4.65	5.42	6.29	8.01	8.53	5.79	2.10	5.50	2.80	13.55	2.79	0.36	5.42	5.70	对数正态分布	5.50	5.13
Sr	70	50.8	55.5	67.7	79.1	110	126	167	89.5	33.01	84.2	13.23	192	40.47	0.37	79.1	88.7	正态分布	89.5	95.7
Th	70	13.18	13.61	14.65	15.75	16.98	18.51	19.58	16.00	2.15	15.86	4.94	23.71	9.84	0.13	15.75	15.70	正态分布	16.00	15.40
Ti	70	3199	3326	3545	4005	4445	4708	4874	3996	541	3959	118	5022	2920	0.14	4005	3995	正态分布	3996	4125
Tl	70	0.68	0.69	0.76	0.82	0.98	1.10	1.22	0.88	0.19	0.86	1.25	1.64	0.43	0.22	0.82	0.76	正态分布	0.88	0.83
U	70	2.54	2.74	2.98	3.38	3.60	4.14	4.47	3.36	0.59	3.31	2.04	5.26	1.53	0.17	3.38	3.46	正态分布	3.36	3.17
V	769	34.84	39.10	47.40	62.7	92.1	106	112	68.7	25.73	63.9	11.07	145	12.80	0.37	62.7	102	其他分布	102	102
W	70	1.45	1.57	1.77	1.97	2.15	2.79	2.97	2.19	1.27	2.05	1.68	11.67	1.32	0.58	1.97	2.11	对数正态分布	2.05	1.88
Y	70	18.19	20.59	23.05	26.73	30.62	33.96	35.32	26.91	5.49	26.34	6.57	38.98	15.13	0.20	26.73	26.75	正态分布	26.91	25.97
Zn	771	51.8	58.8	70.2	85.5	103	122	141	90.2	33.15	85.7	13.44	446	36.70	0.37	85.5	101	对数正态分布	85.7	89.4
Zr	70	236	266	290	338	403	443	461	346	75.2	338	28.63	533	209	0.22	338	311	正态分布	346	314
SiO_2	70	65.9	66.5	69.7	72.3	74.0	75.9	76.4	71.8	3.71	71.7	11.66	79.0	60.3	0.05	72.3	72.7	正态分布	71.8	69.9
Al_2O_3	70	11.36	11.58	12.53	13.54	14.12	14.98	15.73	13.39	1.32	13.33	4.48	16.48	10.15	0.10	13.54	13.25	正态分布	13.39	13.77
TFe_2O_3	70	2.34	2.56	2.96	3.38	3.81	4.42	4.78	3.46	0.74	3.38	2.07	5.98	2.20	0.21	3.38	3.54	正态分布	3.46	3.71
MgO	70	0.35	0.38	0.42	0.60	0.84	1.38	1.63	0.74	0.44	0.65	1.75	2.35	0.29	0.60	0.60	0.39	对数正态分布	0.65	0.79
CaO	70	0.19	0.21	0.28	0.38	0.75	1.21	1.67	0.58	0.49	0.45	2.29	2.44	0.16	0.86	0.38	0.30	对数正态分布	0.45	0.59
Na_2O	70	0.60	0.70	0.85	1.06	1.27	1.50	1.55	1.08	0.35	1.03	1.39	2.62	0.41	0.32	1.06	1.14	正态分布	1.08	1.16
K_2O	728	2.09	2.23	2.48	2.71	2.95	3.28	3.48	2.73	0.40	2.70	1.81	3.82	1.77	0.15	2.71	2.71	剔除后对数分布	2.70	2.80
TC	70	0.82	0.88	1.15	1.48	1.70	1.90	2.18	1.44	0.44	1.37	1.45	3.05	0.41	0.31	1.48	1.49	正态分布	1.44	1.38
Corg	771	0.50	0.62	0.87	1.15	1.54	1.93	2.15	1.24	0.56	1.12	1.59	4.90	0.19	0.45	1.15	0.94	对数正态分布	1.12	1.09
pH	768	4.18	4.34	4.70	5.25	6.34	7.56	8.02	4.81	4.62	5.61	2.69	8.68	3.61	0.96	5.25	5.49	其他分布	5.49	4.88

表 4-11 水稻土土壤元素背景值参数统计表

元素/指标	N	$X_{5\%}$	$X_{10\%}$	$X_{25\%}$	$X_{50\%}$	$X_{75\%}$	$X_{90\%}$	$X_{95\%}$	$\overline{X}$	S	$\overline{X}_g$	S_g	X_{max}	X_{min}	CV	X_{me}	X_{mo}	分布类型	水稻土背景值	舟山市背景值
Ag	39	71.1	75.8	78.8	86.6	102	109	111	90.0	14.16	89.0	13.28	125	67.0	0.16	86.6	89.6	剔除后正态分布	90.0	96.5
As	720	3.11	3.77	4.93	6.45	8.14	9.69	10.70	6.71	2.83	6.24	3.05	45.90	1.71	0.42	6.45	5.67	对数正态分布	6.24	10.10
Au	43	1.10	1.40	1.67	2.47	3.08	4.27	4.73	2.63	1.40	2.36	1.93	9.01	0.85	0.53	2.47	2.56	正态分布	2.63	1.97
B	720	18.99	25.40	39.70	57.8	70.0	82.2	90.8	55.7	21.43	50.6	10.17	116	5.60	0.38	57.8	58.4	正态分布	55.7	58.0
Ba	43	417	457	510	575	682	747	808	593	141	576	38.55	996	272	0.24	575	637	正态分布	593	588
Be	43	1.75	1.95	2.10	2.26	2.53	2.68	2.72	2.28	0.29	2.26	1.64	2.80	1.64	0.13	2.26	2.10	正态分布	2.28	2.24
Bi	43	0.25	0.26	0.33	0.39	0.45	0.55	0.71	0.42	0.18	0.40	1.90	1.24	0.21	0.42	0.39	0.39	正态分布	0.42	0.36
Br	43	5.34	5.39	6.39	7.74	9.90	12.35	13.99	8.73	3.67	8.15	3.44	24.79	3.19	0.42	7.74	5.39	正态分布	8.73	7.76
Cd	677	0.09	0.10	0.14	0.17	0.20	0.23	0.26	0.17	0.05	0.16	3.00	0.32	0.04	0.30	0.17	0.16	其他分布	0.16	0.17
Ce	43	72.9	75.5	82.8	88.4	93.3	97.3	99.9	88.0	8.09	87.7	13.09	105	70.0	0.09	88.4	87.8	正态分布	88.0	87.4
Cl	43	72.9	77.0	82.6	94.8	122	204	293	190	493	115	14.96	3324	61.3	2.59	94.8	194	对数正态分布	115	80.0
Co	719	5.32	5.88	8.00	11.90	14.73	16.40	17.40	11.48	4.01	10.68	4.07	21.80	2.82	0.35	11.90	13.20	其他分布	13.20	15.80
Cr	720	18.86	22.59	36.98	66.5	81.0	89.5	92.6	59.9	25.11	53.1	10.28	114	9.20	0.42	66.5	73.4	其他分布	73.4	37.60
Cu	700	12.10	14.59	19.70	24.80	28.90	32.41	34.80	24.16	6.81	23.05	6.29	41.90	6.70	0.28	24.80	31.50	剔除后正态分布	24.16	19.70
F	43	333	390	447	543	640	708	722	549	133	533	37.16	883	291	0.24	543	543	正态分布	549	486
Ga	43	15.23	15.86	17.20	17.93	18.96	19.58	20.05	17.88	1.60	17.81	5.24	21.46	13.62	0.09	17.93	18.62	正态分布	17.88	17.64
Ge	720	1.00	1.04	1.14	1.25	1.37	1.50	1.56	1.26	0.17	1.25	1.20	1.78	0.80	0.14	1.25	1.25	对数正态分布	1.25	1.27
Hg	666	0.05	0.05	0.07	0.09	0.13	0.17	0.20	0.10	0.05	0.09	3.85	0.24	0.01	0.44	0.09	0.11	剔除后对数分布	0.09	0.11
I	43	2.81	3.47	3.69	5.61	7.38	8.51	9.09	5.77	2.21	5.36	2.77	11.73	2.44	0.38	5.61	6.90	正态分布	5.77	6.94
La	43	36.29	38.86	42.50	46.76	48.47	51.5	52.6	45.70	5.04	45.42	8.98	56.1	34.29	0.11	46.76	45.89	正态分布	45.70	44.74
Li	43	21.16	21.90	26.34	33.53	43.83	48.86	50.4	34.84	10.16	33.39	7.66	55.2	19.08	0.29	33.53	34.66	正态分布	34.84	29.76
Mn	720	293	368	495	682	863	1052	1158	698	273	643	41.81	1814	147	0.39	682	737	正态分布	698	942
Mo	670	0.50	0.54	0.62	0.75	0.96	1.20	1.36	0.81	0.26	0.77	1.40	1.60	0.34	0.32	0.75	0.78	剔除后对数分布	0.77	0.70
N	720	0.70	0.83	1.07	1.41	1.76	2.19	2.36	1.45	0.52	1.36	1.55	3.48	0.07	0.36	1.41	1.02	正态分布	1.45	1.21
Nb	43	17.77	18.26	18.91	20.88	22.37	24.84	28.07	21.53	3.77	21.26	5.88	38.16	17.39	0.18	20.88	21.81	正态分布	21.53	21.33
Ni	720	5.19	7.18	11.50	24.55	33.20	38.60	40.40	23.16	11.86	19.27	6.10	47.20	2.48	0.51	24.55	31.80	其他分布	31.80	10.50
P	720	0.33	0.40	0.55	0.75	1.03	1.39	1.63	0.84	0.44	0.75	1.68	3.59	0.13	0.53	0.75	0.91	对数正态分布	0.75	0.66
Pb	677	25.70	27.66	30.70	34.60	40.40	47.70	52.5	36.21	7.78	35.42	8.06	59.2	17.10	0.21	34.60	30.00	剔除后对数分布	35.42	29.90

续表 4－11

元素/指标	N	$X_{5\%}$	$X_{10\%}$	$X_{25\%}$	$X_{50\%}$	$X_{75\%}$	$X_{90\%}$	$X_{95\%}$	$\overline{X}$	S	$\overline{X}_g$	S_g	X_{max}	X_{min}	CV	X_{me}	X_{mo}	分布类型	水稻土背景值	舟山市背景值
Rb	43	120	122	128	134	142	153	156	136	12.68	135	16.74	183	113	0.09	134	136	正态分布	136	132
S	43	172	183	205	241	282	310	459	275	159	254	23.34	1139	156	0.58	241	277	对数正态分布	254	229
Sb	43	0.47	0.52	0.59	0.66	0.78	0.86	0.88	0.72	0.31	0.69	1.42	2.54	0.45	0.43	0.66	0.65	对数正态分布	0.69	0.63
Sc	43	5.69	6.07	7.44	10.20	11.87	13.21	13.53	9.86	2.73	9.44	3.76	14.65	3.69	0.28	10.20	10.20	正态分布	9.86	9.12
Se	720	0.16	0.19	0.24	0.30	0.38	0.46	0.53	0.32	0.12	0.30	2.16	1.00	0.07	0.37	0.30	0.26	对数正态分布	0.30	0.36
Sn	43	3.93	4.08	4.53	5.56	7.25	8.37	8.75	5.94	1.67	5.72	2.83	9.63	3.69	0.28	5.56	4.97	正态分布	5.94	5.13
Sr	43	60.2	66.3	83.6	103	121	136	143	102	28.88	97.6	13.77	178	41.10	0.28	103	72.8	正态分布	102	95.7
Th	43	13.41	13.91	14.44	15.34	16.64	17.94	20.32	15.70	1.95	15.59	4.90	20.93	12.69	0.12	15.34	15.64	正态分布	15.70	15.40
Ti	43	3316	3451	3930	4344	4745	4970	5120	4306	663	4250	121	5513	2305	0.15	4344	4303	正态分布	4306	4125
Tl	43	0.69	0.69	0.73	0.79	0.86	0.98	1.04	0.81	0.11	0.81	1.20	1.04	0.65	0.13	0.79	0.86	正态分布	0.81	0.83
U	43	2.62	2.64	2.86	3.02	3.30	3.67	4.40	3.15	0.50	3.12	1.97	4.81	2.54	0.16	3.02	3.27	正态分布	3.15	3.17
V	720	35.80	40.78	54.3	84.2	100.0	109	112	78.4	25.85	73.3	12.05	131	19.20	0.33	84.2	106	其他分布	106	102
W	43	1.51	1.59	1.74	1.94	2.17	2.64	2.78	2.05	0.53	1.99	1.60	4.12	1.39	0.26	1.94	1.95	正态分布	2.05	1.88
Y	43	19.42	20.47	24.24	27.94	30.07	32.43	34.19	27.26	4.49	26.88	6.64	37.36	18.86	0.16	27.94	27.48	正态分布	27.26	25.97
Zn	692	58.5	65.0	78.2	90.3	103	115	123	90.5	18.88	88.4	13.37	142	44.10	0.21	90.3	104	剔除后正态分布	90.5	89.4
Zr	43	226	236	266	300	336	356	385	303	51.8	299	26.58	450	215	0.17	300	301	正态分布	303	314
SiO_2	43	63.0	64.7	66.3	69.2	72.2	73.7	74.2	69.1	3.73	69.0	11.38	78.0	62.5	0.05	69.2	69.2	正态分布	69.1	69.9
Al_2O_3	43	11.99	12.66	13.50	13.99	14.48	15.51	15.60	13.99	1.06	13.95	4.55	16.02	11.47	0.08	13.99	14.09	正态分布	13.99	13.77
TFe_2O_3	43	2.69	2.84	3.10	4.03	4.73	5.31	5.60	4.01	0.96	3.90	2.24	6.01	2.40	0.24	4.03	4.33	正态分布	4.01	3.71
MgO	43	0.40	0.41	0.58	0.96	1.52	1.80	2.25	1.09	0.61	0.93	1.78	2.56	0.38	0.56	0.96	0.41	正态分布	1.09	0.79
CaO	43	0.20	0.23	0.30	0.61	1.02	1.67	2.00	0.81	0.70	0.61	2.29	3.48	0.17	0.87	0.61	0.73	正态分布	0.81	0.59
Na_2O	43	0.83	0.88	0.97	1.20	1.31	1.47	1.60	1.18	0.26	1.16	1.27	1.88	0.67	0.22	1.20	1.18	正态分布	1.18	1.16
K_2O	648	2.33	2.43	2.59	2.76	2.92	3.19	3.35	2.77	0.29	2.76	1.81	3.62	2.00	0.11	2.76	2.60	剔除后对数分布	2.76	2.80
TC	43	1.01	1.12	1.32	1.50	1.73	1.94	2.10	1.53	0.32	1.49	1.37	2.24	0.89	0.21	1.50	1.32	正态分布	1.53	1.38
Corg	720	0.63	0.72	0.95	1.22	1.52	1.92	2.16	1.28	0.47	1.19	1.49	3.59	0.21	0.37	1.22	0.98	对数正态分布	1.19	1.09
pH	718	4.18	4.34	4.75	5.37	6.48	7.51	7.83	4.84	4.63	5.66	2.70	8.69	3.72	0.96	5.37	4.97	偏峰分布	4.97	4.88

表 4-12 潮土土壤元素背景值参数统计表

元素/指标	N	$X_{5\%}$	$X_{10\%}$	$X_{25\%}$	$X_{50\%}$	$X_{75\%}$	$X_{90\%}$	$X_{95\%}$	$\overline{X}$	S	$\overline{X}_g$	S_g	X_{max}	X_{min}	CV	X_{me}	X_{mo}	分布类型	潮土背景值	舟山市背景值
Ag	13	73.2	74.2	77.5	79.9	84.7	105	117	85.7	15.67	84.6	12.59	128	72.8	0.18	79.9	84.7	—	79.9	96.5
As	220	5.11	6.22	8.09	9.91	10.71	12.11	12.60	9.41	2.25	9.10	3.60	14.40	3.66	0.24	9.91	10.40	偏峰分布	10.40	10.10
Au	13	1.23	1.41	1.69	2.36	2.86	3.31	3.94	2.42	1.02	2.23	1.87	4.83	1.01	0.42	2.36	2.36	—	2.36	1.97
B	218	29.62	36.71	57.9	70.8	79.9	87.1	91.6	67.2	18.40	64.0	11.08	101	23.70	0.27	70.8	69.4	偏峰分布	69.4	58.0
Ba	13	451	456	477	499	576	615	645	524	70.6	520	34.44	678	447	0.13	499	533	—	499	588
Be	13	2.20	2.22	2.34	2.54	2.57	2.60	2.70	2.48	0.18	2.47	1.66	2.84	2.18	0.07	2.54	2.55	—	2.54	2.24
Bi	13	0.30	0.31	0.34	0.42	0.46	0.71	0.76	0.45	0.16	0.43	1.74	0.78	0.30	0.35	0.42	0.30	—	0.42	0.36
Br	13	6.39	7.11	7.82	8.69	10.61	12.58	13.44	9.37	2.60	9.05	3.59	14.64	5.39	0.28	8.69	8.93	—	8.69	7.76
Cd	224	0.10	0.12	0.15	0.18	0.21	0.25	0.27	0.18	0.05	0.17	2.82	0.32	0.07	0.28	0.18	0.17	剔除后正态分布	0.18	0.17
Ce	13	76.0	79.2	83.6	85.5	87.4	93.1	94.3	85.3	6.05	85.1	12.29	94.5	71.7	0.07	85.5	85.5	—	85.5	87.4
Cl	10	81.2	81.4	90.0	90.8	95.8	102	105	92.3	8.03	92.0	12.82	107	81.0	0.09	90.8	90.4	—	90.8	80.0
Co	196	10.17	12.60	15.00	16.10	17.20	17.90	18.35	15.67	2.28	15.48	4.87	19.50	8.52	0.15	16.10	16.00	其他分布	16.00	15.80
Cr	184	57.4	69.8	78.8	83.0	87.3	90.6	93.3	81.3	10.61	80.5	12.52	101	42.60	0.13	83.0	86.5	其他分布	86.5	37.60
Cu	206	17.90	20.20	28.12	31.60	34.88	38.30	39.40	30.80	6.34	30.06	7.15	46.40	16.10	0.21	31.60	31.60	偏峰分布	31.60	19.70
F	13	519	538	627	708	750	793	803	686	100.0	678	39.60	814	505	0.15	708	695	—	708	486
Ga	13	16.97	17.39	18.42	19.31	20.09	20.44	20.52	19.13	1.26	19.09	5.27	20.58	16.56	0.07	19.31	19.11	—	19.31	17.64
Ge	224	1.16	1.19	1.26	1.34	1.45	1.55	1.64	1.36	0.15	1.35	1.22	1.82	1.02	0.11	1.34	1.35	对数正态分布	1.35	1.27
Hg	224	0.04	0.05	0.06	0.08	0.12	0.16	0.18	0.10	0.06	0.08	4.15	0.45	0.01	0.64	0.08	0.12	对数正态分布	0.08	0.11
I	13	3.81	4.15	4.76	5.51	6.38	6.68	6.91	5.50	1.13	5.38	2.61	7.20	3.41	0.21	5.51	5.51	—	5.51	6.94
La	13	40.25	41.63	43.64	45.58	47.63	49.62	50.4	45.43	3.37	45.31	8.60	50.9	38.61	0.07	45.58	45.45	—	45.58	44.74
Li	13	31.69	34.08	38.79	47.71	52.6	53.1	54.5	45.04	8.84	44.17	8.54	56.5	28.82	0.20	47.71	43.17	—	47.71	29.76
Mn	224	613	701	776	864	980	1099	1148	880	171	863	49.12	1813	445	0.19	864	872	正态分布	880	942
Mo	206	0.51	0.56	0.63	0.72	0.83	1.04	1.14	0.76	0.18	0.74	1.33	1.29	0.41	0.24	0.72	0.63	剔除后对数分布	0.74	0.70
N	224	0.63	0.70	0.92	1.16	1.47	1.73	1.94	1.21	0.41	1.14	1.45	2.75	0.36	0.34	1.16	1.00	正态分布	1.21	1.21
Nb	13	18.07	18.26	18.40	18.77	19.96	21.16	21.92	19.31	1.39	19.27	5.38	22.63	17.85	0.07	18.77	18.40	—	18.77	21.33
Ni	190	17.67	28.05	35.09	38.35	41.58	43.80	44.91	36.98	7.30	35.96	7.93	47.90	12.50	0.20	38.35	37.40	其他分布	37.40	10.50
P	224	0.54	0.59	0.71	0.89	1.05	1.30	1.43	0.93	0.35	0.88	1.40	3.47	0.26	0.38	0.89	0.93	对数正态分布	0.88	0.66
Pb	224	25.30	26.13	27.58	30.00	33.50	38.04	43.30	31.83	7.77	31.17	7.40	88.7	21.90	0.24	30.00	29.60	对数正态分布	31.17	29.90

续表 4-12

元素/指标	N	$X_{5\%}$	$X_{10\%}$	$X_{25\%}$	$X_{50\%}$	$X_{75\%}$	$X_{90\%}$	$X_{95\%}$	$\overline{X}$	S	$\overline{X}_g$	S_g	X_{max}	X_{min}	CV	X_{me}	X_{mo}	分布类型	潮土背景值	舟山市背景值
Rb	13	127	129	131	133	134	142	151	135	9.29	135	15.84	162	124	0.07	133	133	—	133	132
S	13	207	238	239	269	308	375	400	285	69.7	278	24.85	426	161	0.24	269	295	—	269	229
Sb	13	0.55	0.58	0.68	0.75	0.77	0.83	0.85	0.72	0.10	0.72	1.25	0.86	0.53	0.13	0.75	0.75	—	0.75	0.63
Sc	13	8.18	8.82	9.82	12.75	13.64	14.13	14.25	11.84	2.26	11.62	4.00	14.32	7.56	0.19	12.75	11.96	—	12.75	9.12
Se	224	0.11	0.13	0.15	0.19	0.28	0.38	0.45	0.23	0.12	0.21	2.62	0.73	0.08	0.51	0.19	0.15	对数正态分布	0.21	0.36
Sn	13	3.45	3.64	4.15	4.68	5.00	5.34	6.02	4.62	0.97	4.53	2.42	7.02	3.19	0.21	4.68	4.68	—	4.68	5.13
Sr	13	75.4	82.0	96.1	112	122	126	128	108	19.00	106	13.84	131	69.2	0.18	112	112	—	112	95.7
Th	13	13.04	13.49	13.61	13.95	14.17	15.74	16.34	14.19	1.14	14.15	4.43	16.87	12.38	0.08	13.95	14.17	—	13.95	15.40
Ti	13	3526	3752	4219	4533	4917	4977	4986	4445	536	4413	115	4995	3323	0.12	4533	4533	—	4533	4125
Tl	13	0.70	0.70	0.72	0.75	0.78	0.87	0.91	0.77	0.08	0.77	1.20	0.96	0.69	0.10	0.75	0.78	—	0.75	0.83
U	13	2.41	2.43	2.53	2.62	2.74	3.13	3.26	2.69	0.28	2.68	1.74	3.32	2.40	0.10	2.62	2.70	—	2.62	3.17
V	187	75.1	85.9	99.8	105	110	114	118	103	12.34	102	14.38	122	58.2	0.12	105	101	其他分布	101	102
W	13	1.55	1.65	1.86	1.90	1.97	2.05	2.13	1.88	0.20	1.87	1.44	2.23	1.43	0.11	1.90	1.90	—	1.90	1.88
Y	13	23.49	24.78	27.90	28.79	28.96	30.64	30.96	27.97	2.57	27.85	6.51	31.07	21.85	0.09	28.79	27.91	—	28.79	25.97
Zn	208	76.3	83.6	92.0	99.8	107	117	123	99.7	13.04	98.8	14.19	131	66.7	0.13	99.8	102	剔除后正态分布	99.7	89.4
Zr	13	223	228	238	251	292	328	336	266	40.77	263	24.06	342	217	0.15	251	261	—	251	314
SiO_2	13	61.5	62.1	62.7	64.0	68.2	70.3	71.4	65.4	3.73	65.3	10.71	72.8	60.7	0.06	64.0	65.7	—	64.0	69.9
Al_2O_3	13	12.93	13.26	13.86	14.70	15.26	15.62	15.95	14.53	1.09	14.50	4.49	16.38	12.46	0.08	14.70	14.50	—	14.70	13.77
TFe_2O_3	13	3.72	4.07	4.29	5.22	5.51	5.72	5.78	4.92	0.79	4.86	2.46	5.81	3.25	0.16	5.22	4.96	—	5.22	3.71
MgO	13	0.96	1.08	1.36	1.84	2.12	2.23	2.34	1.73	0.52	1.64	1.51	2.51	0.80	0.30	1.84	2.23	—	1.84	0.79
CaO	13	0.54	0.56	1.02	1.39	1.97	2.09	2.35	1.43	0.67	1.27	1.71	2.72	0.50	0.47	1.39	1.46	—	1.39	0.59
Na_2O	13	0.93	1.00	1.03	1.21	1.32	1.40	1.46	1.18	0.19	1.16	1.19	1.53	0.85	0.16	1.21	1.06	—	1.21	1.16
K_2O	204	2.52	2.55	2.62	2.74	2.85	2.95	3.04	2.75	0.16	2.74	1.80	3.23	2.31	0.06	2.74	2.72	剔除后正态分布	2.75	2.80
TC	13	1.07	1.19	1.31	1.50	1.58	1.66	1.66	1.44	0.22	1.42	1.32	1.67	0.91	0.15	1.50	1.48	—	1.50	1.38
Corg	224	0.45	0.58	0.72	0.90	1.16	1.47	1.65	0.97	0.36	0.90	1.45	2.42	0.20	0.37	0.90	0.95	对数正态分布	0.90	1.09
pH	224	4.50	4.91	6.17	7.45	7.94	8.24	8.32	5.35	4.89	6.98	3.03	8.87	4.10	0.91	7.45	8.14	其他分布	8.14	4.88

符合偏峰分布，pH 符合其他分布，其他元素/指标因样本数较少无法进行正态分布检验(表 4-13)。

滨海盐土区表层土壤总体为碱性，土壤 pH 极大值为 8.84，极小值为 4.68，背景值为 8.24，明显高于舟山市背景值。

表层土壤各元素/指标中，绝大多数变异系数小于 0.40，表明其分布相对均匀；S、Cl、pH、Pb、I、Se、Bi、Corg、Br、Ag、Au、P、Mo、CaO 变异系数大于 0.40，其中 S、Cl、pH 变异系数大于 0.80，空间变异性较大。

与舟山市土壤元素背景值相比，Br、F、TFe_2O_3、Sc、P 背景值略高于舟山市背景值；CaO、Ni、Cr、MgO、Sr、Cu、Cl、Li 背景值明显高于舟山市背景值，CaO、Ni 背景值均为舟山市背景值的 3 倍以上；Sn、Au、Zr、I、Hg 背景值略低于舟山市背景值；Se 背景值仅为舟山市背景值的 56%；其他元素/指标背景值与舟山市背景值基本接近。

第四节　主要土地利用类型元素背景值

一、水田土壤元素背景值

水田土壤元素背景值数据经正态分布检验，结果表明，原始数据中 As、Au、B、Ba、Be、Br、Ce、F、Ga、I、La、Li、N、Nb、Rb、Sb、Sc、Sn、Sr、Th、Ti、Tl、U、W、Y、Zr、SiO_2、Al_2O_3、TFe_2O_3、MgO、Na_2O、TC 共 32 项元素/指标符合正态分布，Ag、Bi、Cl、Ge、P、S、CaO、Corg 符合对数正态分布，Cu、Se、Zn、K_2O 剔除异常值后符合正态分布，Mo、Pb 剔除异常值后符合对数正态分布，其他元素/指标不符合正态分布或对数正态分布(表 4-14)。

水田表层土壤总体为酸性，土壤 pH 极大值为 8.79，极小值为 2.13，背景值为 4.88，与舟山市背景值相同。

表层土壤各元素/指标中，绝大多数变异系数小于 0.40，表明其分布相对均匀；S、CaO、pH、Cl、Bi、I、P、MgO、Ag、Hg、Au、Ni、Mn 变异系数大于 0.40，其中 S、CaO 变异系数大于 0.80，空间变异性较大。

与舟山市土壤元素背景值相比，N、Cu、Au、Corg 背景值略高于舟山市背景值；Ni、Cr 背景值明显高于舟山市背景值，其中 Ni 背景值为舟山市背景值的 3 倍以上；I、As 背景值略低于舟山市背景值；Mn 背景值仅为舟山市背景值的 54%；其他元素/指标背景值与舟山市背景值基本接近。

二、旱地土壤元素背景值

旱地土壤元素背景值数据经正态分布检验，结果表明，原始数据中 Ge 符合正态分布，As、Cu、Mo、N、P、Corg 符合对数正态分布，Mn、Zn 剔除异常值后符合正态分布，Cd、Hg、Pb 剔除异常值后符合对数正态分布，B、Co、Cr、Ni、Se、V、K_2O、pH 属于不符合正态分布或对数正态分布，其他元素/指标因样本数较少无法进行正态分布检验(表 4-15)。

旱地表层土壤总体为酸性，土壤 pH 极大值为 8.87，极小值为 1.95，背景值为 4.88，与舟山市背景值相同。

表层土壤各元素/指标中，大多数变异系数小于 0.40，表明其分布相对均匀；仅 Cl、Ag、Mo、CaO、pH、Ni、MgO、Cu、Hg、Cr、P、B、As、Co、V 变异系数大于 0.40，其中 Cl、Ag、Mo 变异系数不小于 0.80，空间变异性较大。

与舟山市土壤元素背景值相比，Mo、Bi、MgO 背景值略高于舟山市背景值；Cr、As 背景值略低于舟山市背景值；其他元素/指标背景值与舟山市背景值基本接近。

表 4-13 滨海盐土土壤元素背景值参数统计表

元素/指标	N	$X_{5\%}$	$X_{10\%}$	$X_{25\%}$	$X_{50\%}$	$X_{75\%}$	$X_{90\%}$	$X_{95\%}$	$\overline{X}$	S	$\overline{X}_g$	S_g	X_{max}	X_{min}	CV	X_{me}	X_{mo}	分布类型	滨海盐土背景值	舟山市背景值
Ag	15	70.6	72.6	74.8	81.2	88.4	102	149	93.2	44.85	87.7	12.66	251	65.9	0.48	81.2	90.5	—	81.2	96.5
As	156	4.55	5.95	7.97	9.83	11.93	12.80	13.47	9.77	3.00	9.25	3.75	24.50	2.61	0.31	9.83	11.00	正态分布	9.77	10.10
Au	15	0.76	1.01	1.18	1.50	2.21	2.38	2.77	1.67	0.76	1.50	1.76	3.49	0.35	0.45	1.50	1.78	—	1.50	1.97
B	156	24.55	40.05	57.8	70.4	81.6	91.0	96.4	67.6	20.66	63.2	11.12	116	9.33	0.31	70.4	69.9	正态分布	67.6	58.0
Ba	15	422	439	460	494	561	710	745	531	107	522	34.60	746	412	0.20	494	537	—	494	588
Be	15	1.99	2.04	2.17	2.31	2.44	2.56	2.61	2.30	0.22	2.30	1.64	2.70	1.98	0.09	2.31	2.17	—	2.31	2.24
Bi	15	0.25	0.28	0.35	0.37	0.43	0.64	0.88	0.44	0.24	0.40	1.89	1.19	0.21	0.55	0.37	0.35	—	0.37	0.36
Br	15	3.54	5.50	6.64	10.83	12.18	16.07	18.16	10.43	5.15	8.07	4.75	21.32	0.25	0.49	10.83	10.44	—	10.83	7.76
Cd	156	0.09	0.11	0.14	0.17	0.20	0.25	0.28	0.17	0.06	0.16	2.93	0.34	0.06	0.33	0.17	0.15	剔除后正态分布	0.17	0.17
Ce	15	68.5	73.8	77.9	82.7	86.7	93.1	102	83.2	12.91	82.3	12.20	117	56.5	0.16	82.7	82.7	—	82.7	87.4
Cl	15	71.5	85.0	89.8	116	136	691	1329	307	554	151	17.49	2132	42.53	1.80	116	250	—	116	80.0
Co	139	11.25	12.67	14.30	15.80	17.10	17.92	18.81	15.57	2.26	15.39	4.85	21.20	9.16	0.15	15.80	16.20	剔除后正态分布	15.57	15.80
Cr	125	64.3	73.9	78.5	82.4	87.9	95.3	98.5	82.9	9.77	82.3	12.69	102	52.3	0.12	82.4	82.2	剔除后正态分布	82.9	37.60
Cu	156	13.18	15.50	25.45	30.10	34.67	39.80	44.32	29.65	9.22	28.05	7.02	73.0	9.80	0.31	30.10	31.70	正态分布	29.65	19.70
F	15	399	441	531	642	706	723	727	608	116	597	38.43	728	385	0.19	642	640	—	642	486
Ga	15	15.68	16.01	17.20	18.42	19.40	19.66	19.73	18.12	1.53	18.06	5.24	19.80	14.99	0.08	18.42	18.42	—	18.42	17.64
Ge	156	1.13	1.17	1.26	1.37	1.47	1.60	1.67	1.38	0.16	1.37	1.24	1.78	1.04	0.12	1.37	1.42	正态分布	1.38	1.27
Hg	141	0.03	0.04	0.06	0.07	0.08	0.10	0.11	0.07	0.02	0.07	4.60	0.13	0.02	0.32	0.07	0.06	剔除后正态分布	0.07	0.11
I	15	2.10	3.14	4.27	5.22	7.72	11.69	13.48	6.29	3.63	5.29	3.00	13.84	0.95	0.58	5.22	6.31	—	5.22	6.94
La	15	32.82	35.78	41.59	42.74	46.39	48.71	53.9	43.99	7.57	43.42	8.46	64.7	31.18	0.17	42.74	44.83	—	42.74	44.74
Li	15	28.39	31.43	36.78	42.49	53.7	55.8	56.9	43.49	10.59	42.19	8.73	58.9	23.42	0.24	42.49	42.49	—	42.49	29.76
Mn	156	660	693	758	866	963	1076	1212	886	205	867	49.97	2190	440	0.23	866	942	对数正态分布	867	942
Mo	156	0.48	0.54	0.64	0.73	0.88	1.02	1.19	0.81	0.36	0.76	1.42	2.99	0.37	0.44	0.73	0.73	对数正态分布	0.76	0.70
N	156	0.63	0.78	0.90	1.10	1.24	1.45	1.55	1.09	0.29	1.05	1.35	1.94	0.21	0.27	1.10	1.11	正态分布	1.09	1.21
Nb	15	16.30	16.82	17.25	17.76	18.77	19.33	22.48	18.54	3.22	18.34	5.22	29.53	15.27	0.17	17.76	17.76	—	17.76	21.33
Ni	133	21.24	30.14	34.80	38.10	41.80	44.58	46.52	37.39	6.81	36.63	8.02	50.7	16.70	0.18	38.10	36.50	剔除后正态分布	37.39	10.50
P	156	0.30	0.53	0.71	0.86	1.07	1.29	1.52	0.91	0.41	0.83	1.58	3.63	0.19	0.45	0.86	0.82	对数正态分布	0.83	0.66
Pb	156	23.50	25.20	26.85	30.20	34.78	45.90	66.8	35.57	21.36	32.74	7.94	173	21.90	0.60	30.20	28.70	对数正态分布	32.74	29.90

续表 4-13

元素/指标	N	$X_{5\%}$	$X_{10\%}$	$X_{25\%}$	$X_{50\%}$	$X_{75\%}$	$X_{90\%}$	$X_{95\%}$	$\overline{X}$	S	$\overline{X}_g$	S_g	X_{max}	X_{min}	CV	X_{me}	X_{mo}	分布类型	滨海盐土背景值	舟山市背景值
Rb	15	117	117	121	129	132	139	142	128	8.54	128	15.57	144	116	0.07	129	128	—	129	132
S	15	186	191	213	261	338	630	2186	654	1379	338	27.43	5612	185	2.11	261	718	—	261	229
Sb	15	0.48	0.51	0.58	0.71	0.74	0.81	0.86	0.68	0.14	0.66	1.35	0.95	0.44	0.20	0.71	0.64	—	0.71	0.63
Sc	15	6.54	7.73	9.27	11.51	14.23	14.78	14.99	11.55	3.01	11.13	4.18	15.35	5.82	0.26	11.51	11.51	—	11.51	9.12
Se	156	0.11	0.13	0.15	0.18	0.25	0.39	0.48	0.22	0.13	0.20	2.69	1.03	0.09	0.58	0.18	0.16	对数正态分布	0.20	0.36
Sn	15	2.74	3.07	3.44	4.04	4.39	4.59	5.86	4.13	1.40	3.96	2.22	8.64	2.33	0.34	4.04	4.05	—	4.04	5.13
Sr	15	94.0	113	126	134	150	201	215	143	45.66	135	16.49	246	48.61	0.32	134	113	—	134	95.7
Th	15	12.47	12.65	12.87	13.85	14.66	15.09	15.78	13.93	1.28	13.88	4.43	17.21	12.39	0.09	13.85	12.87	—	13.85	15.40
Ti	15	3524	3981	4166	4432	5008	5132	5247	4502	715	4439	120	5456	2556	0.16	4432	4432	—	4432	4125
Tl	15	0.66	0.67	0.71	0.74	0.78	0.94	1.09	0.79	0.15	0.77	1.27	1.24	0.65	0.19	0.74	0.78	—	0.74	0.83
U	15	2.36	2.39	2.46	2.74	2.89	3.22	3.42	2.78	0.40	2.76	1.78	3.83	2.33	0.14	2.74	2.75	—	2.74	3.17
V	134	76.6	88.4	99.3	106	112	118	120	104	12.58	103	14.45	128	65.2	0.12	106	110	偏峰分布	110	102
W	13	1.63	1.63	1.69	1.83	2.01	2.13	2.26	1.88	0.25	1.87	1.46	2.46	1.62	0.13	1.83	1.88	—	1.83	1.88
Y	15	19.49	21.82	25.64	27.19	30.93	31.09	31.60	27.19	4.67	26.75	6.53	32.71	15.33	0.17	27.19	27.19	—	27.19	25.97
Zn	156	64.6	74.8	89.5	99.9	110	128	150	103	26.94	99.7	14.46	224	53.5	0.26	99.9	108	对数正态分布	99.7	89.4
Zr	9	222	224	237	239	240	243	246	237	8.86	237	21.45	249	219	0.04	239	239	—	239	314
SiO_2	15	60.6	60.9	61.9	64.0	65.7	71.6	75.1	65.2	5.04	65.1	10.62	78.7	60.5	0.08	64.0	64.7	—	64.0	69.9
Al_2O_3	15	12.66	13.11	13.88	14.70	15.15	15.34	15.40	14.37	1.07	14.33	4.58	15.48	11.71	0.07	14.70	14.37	—	14.70	13.77
TFe_2O_3	15	3.00	3.36	4.09	4.84	5.63	5.88	5.89	4.76	1.02	4.65	2.54	5.93	2.84	0.21	4.84	4.84	—	4.84	3.71
MgO	15	0.51	0.83	1.54	1.71	2.27	2.45	2.46	1.75	0.65	1.57	1.85	2.47	0.37	0.37	1.71	1.71	—	1.71	0.79
CaO	15	0.45	0.86	1.50	2.18	2.75	2.87	2.91	2.01	0.83	1.74	2.09	2.97	0.29	0.41	2.18	2.18	—	2.18	0.59
Na_2O	15	0.89	1.06	1.24	1.38	1.54	1.83	1.99	1.41	0.40	1.36	1.43	2.34	0.57	0.28	1.38	1.36	—	1.38	1.16
K_2O	156	2.40	2.48	2.59	2.74	2.89	3.04	3.23	2.76	0.27	2.75	1.81	3.75	2.01	0.10	2.74	2.68	正态分布	2.76	2.80
TC	15	0.69	0.96	1.16	1.34	1.50	1.57	1.60	1.27	0.38	1.15	1.82	1.65	0.14	0.30	1.34	1.34	—	1.34	1.38
Corg	156	0.54	0.62	0.74	0.90	1.09	1.31	1.42	0.98	0.50	0.91	1.45	4.74	0.14	0.51	0.90	0.76	对数正态分布	0.91	1.09
pH	150	5.10	5.61	6.85	7.62	8.03	8.29	8.40	5.98	5.50	7.32	3.13	8.84	4.68	0.92	7.62	8.24	其他分布	8.24	4.88

表 4-14 水田土壤元素背景值参数统计表

元素/指标	N	$X_{5\%}$	$X_{10\%}$	$X_{25\%}$	$X_{50\%}$	$X_{75\%}$	$X_{90\%}$	$X_{95\%}$	$\overline{X}$	S	$\overline{X}_g$	S_g	X_{max}	X_{min}	CV	X_{me}	X_{mo}	分布类型	水田背景值	舟山市背景值
Ag	29	78.1	78.8	84.7	91.8	107	118	215	107	50.2	101	14.28	295	77.2	0.47	91.8	107	对数正态分布	91.8	96.5
As	1238	2.86	3.49	4.94	6.67	8.59	10.30	11.30	6.86	2.62	6.34	3.01	23.40	1.80	0.38	6.67	10.20	正态分布	6.86	10.10
Au	29	1.53	1.57	1.81	2.56	3.33	3.50	4.47	2.72	1.23	2.52	1.90	7.31	1.52	0.45	2.56	3.19	正态分布	2.56	1.97
B	1238	31.38	37.30	48.73	60.4	72.0	82.5	90.0	60.5	17.61	57.6	10.51	122	12.70	0.29	60.4	80.9	正态分布	60.5	58.0
Ba	29	440	458	508	575	645	801	843	599	138	585	38.66	996	387	0.23	575	602	正态分布	575	588
Be	29	1.98	2.00	2.10	2.28	2.40	2.50	2.56	2.25	0.21	2.24	1.61	2.60	1.70	0.09	2.28	2.32	正态分布	2.28	2.24
Bi	29	0.29	0.31	0.33	0.39	0.48	0.64	0.88	0.47	0.28	0.42	1.87	1.71	0.21	0.60	0.39	0.33	对数正态分布	0.39	0.36
Br	29	5.24	5.52	6.27	6.91	9.85	12.99	13.63	8.27	3.07	7.82	3.32	16.81	5.15	0.37	6.91	6.91	正态分布	6.91	7.76
Cd	1172	0.09	0.11	0.14	0.17	0.21	0.25	0.27	0.17	0.05	0.17	2.92	0.33	0.04	0.31	0.17	0.16	其他分布	0.16	0.17
Ce	29	74.3	78.2	82.4	88.0	94.0	98.4	100.0	89.2	12.41	88.5	12.93	137	64.8	0.14	88.0	89.3	正态分布	88.0	87.4
Cl	29	68.1	71.0	79.9	89.6	117	161	246	114	71.6	102	14.11	409	62.7	0.63	89.6	114	对数正态分布	89.6	80.0
Co	1238	4.57	5.42	7.97	12.40	14.90	16.70	17.50	11.63	4.16	10.73	4.05	20.40	3.16	0.36	12.40	14.30	其他分布	14.30	15.80
Cr	1238	29.50	34.17	44.98	68.7	83.1	90.1	93.1	64.5	21.35	60.3	10.63	107	13.90	0.33	68.7	80.3	其他分布	80.3	37.60
Cu	1193	14.40	16.60	21.50	25.90	30.10	33.98	36.50	25.73	6.56	24.83	6.47	44.10	9.30	0.25	25.90	28.40	剔除后正态分布	25.73	19.70
F	29	272	303	402	529	572	633	663	501	132	482	35.13	814	247	0.26	529	496	正态分布	529	486
Ga	29	15.03	16.05	16.95	17.64	18.33	18.84	19.31	17.46	1.29	17.42	5.13	19.50	14.41	0.07	17.64	17.25	正态分布	17.64	17.64
Ge	1238	0.99	1.04	1.14	1.25	1.38	1.51	1.59	1.26	0.18	1.25	1.20	1.92	0.77	0.14	1.25	1.25	对数正态分布	1.25	1.27
Hg	1160	0.04	0.05	0.07	0.09	0.13	0.17	0.20	0.10	0.05	0.09	3.89	0.24	0.01	0.46	0.09	0.11	其他分布	0.11	0.11
I	29	3.38	3.64	4.29	5.08	8.02	12.71	15.00	6.87	4.01	6.05	2.96	19.52	2.98	0.58	5.08	7.10	正态分布	5.08	6.94
La	29	39.95	40.28	42.41	46.02	48.29	51.1	52.4	45.82	6.48	45.41	8.84	70.2	31.41	0.14	46.02	46.02	正态分布	46.02	44.74
Li	29	20.66	22.03	27.81	33.01	40.28	46.29	46.75	33.65	9.03	32.45	7.43	52.8	17.98	0.27	33.01	33.66	正态分布	33.01	29.76
Mn	1230	243	287	394	572	810	962	1048	607	257	550	37.91	1432	143	0.42	572	505	其他分布	505	942
Mo	1166	0.47	0.53	0.61	0.70	0.82	0.99	1.08	0.73	0.18	0.71	1.37	1.25	0.25	0.25	0.70	0.64	剔除后对数分布	0.71	0.70
N	1238	0.68	0.89	1.26	1.61	1.98	2.31	2.51	1.62	0.55	1.51	1.62	3.73	0.30	0.34	1.61	1.60	正态分布	1.62	1.21
Nb	29	17.65	18.32	19.60	20.61	22.56	24.22	24.97	21.18	2.57	21.04	5.77	28.76	17.11	0.12	20.61	20.52	正态分布	20.61	21.33
Ni	1238	9.01	10.40	14.80	27.05	34.40	39.70	41.50	25.34	11.01	22.52	6.21	51.5	4.43	0.43	27.05	31.80	其他分布	31.80	10.50
P	1238	0.38	0.46	0.60	0.77	1.02	1.43	1.71	0.88	0.45	0.79	1.59	3.95	0.16	0.51	0.77	0.71	对数正态分布	0.79	0.66
Pb	1164	26.00	27.40	30.30	34.00	38.70	44.14	47.68	34.85	6.54	34.24	7.92	53.1	17.40	0.19	34.00	34.40	剔除后对数分布	34.24	29.90

第四章
土壤元素背景值

续表 4-14

元素/指标	N	$X_{5\%}$	$X_{10\%}$	$X_{25\%}$	$X_{50\%}$	$X_{75\%}$	$X_{90\%}$	$X_{95\%}$	$\overline{X}$	S	$\overline{X}_g$	S_g	X_{max}	X_{min}	CV	X_{me}	X_{mo}	分布类型	水田背景值	舟山市背景值
Rb	29	115	121	125	128	138	146	151	131	11.93	131	16.32	161	108	0.09	128	132	正态分布	128	132
S	29	160	197	221	244	274	366	418	438	997	273	24.59	5612	135	2.28	244	436	对数正态分布	244	229
Sb	29	0.52	0.55	0.62	0.67	0.75	0.77	0.82	0.67	0.11	0.66	1.36	0.86	0.31	0.17	0.67	0.76	正态分布	0.67	0.63
Sc	29	6.41	6.82	8.82	9.53	11.04	12.44	13.11	9.80	2.08	9.57	3.70	13.53	5.69	0.21	9.53	9.70	正态分布	9.53	9.12
Se	1227	0.12	0.16	0.23	0.30	0.36	0.41	0.45	0.29	0.10	0.28	2.22	0.55	0.07	0.33	0.30	0.38	剔除后正态分布	0.29	0.36
Sn	29	3.76	4.22	5.02	5.89	7.06	8.24	8.52	6.07	1.59	5.87	2.89	9.53	3.17	0.26	5.89	5.89	正态分布	5.89	5.13
Sr	29	60.0	61.9	88.3	104	118	134	162	108	37.91	102	13.99	246	52.1	0.35	104	108	正态分布	104	95.7
Th	29	12.97	13.37	14.08	15.34	15.78	17.55	19.30	15.39	1.92	15.28	4.77	20.93	12.69	0.13	15.34	15.34	正态分布	15.34	15.40
Ti	29	3479	3946	4149	4463	4695	4902	4925	4381	480	4352	121	4971	2978	0.11	4463	4405	正态分布	4463	4125
Tl	29	0.67	0.69	0.71	0.81	0.87	1.03	1.12	0.83	0.16	0.82	1.24	1.32	0.60	0.19	0.81	0.69	正态分布	0.81	0.83
U	29	2.54	2.61	2.84	3.09	3.46	3.66	3.92	3.15	0.47	3.12	1.94	4.47	2.47	0.15	3.09	3.46	正态分布	3.09	3.17
V	1238	42.88	47.20	60.7	87.2	102	110	113	82.1	23.57	78.2	12.28	145	28.90	0.29	87.2	106	其他分布	106	102
W	29	1.60	1.71	1.81	1.90	2.05	2.78	2.93	2.03	0.40	2.00	1.57	2.99	1.55	0.20	1.90	1.88	正态分布	1.90	1.88
Y	29	20.00	21.07	24.78	27.61	30.39	32.13	34.17	27.08	4.71	26.64	6.53	35.07	14.46	0.17	27.61	27.19	正态分布	27.61	25.97
Zn	1198	59.5	67.1	80.0	92.4	104	117	125	92.4	19.22	90.3	13.57	144	44.50	0.21	92.4	101	剔除后正态分布	92.4	89.4
Zr	29	241	245	261	306	345	380	399	308	54.6	304	26.49	432	230	0.18	306	245	正态分布	306	314
SiO_2	29	64.5	64.7	66.0	68.7	70.9	72.9	73.6	68.9	3.25	68.8	11.29	75.1	62.5	0.05	68.7	68.7	正态分布	68.7	69.9
Al_2O_3	29	12.55	12.88	13.25	13.68	14.37	15.09	15.47	13.85	1.02	13.82	4.50	16.56	11.58	0.07	13.68	13.51	正态分布	13.68	13.77
TFe_2O_3	29	2.83	3.02	3.37	3.92	4.41	4.82	4.94	3.90	0.74	3.83	2.19	5.51	2.39	0.19	3.92	3.92	正态分布	3.92	3.71
MgO	29	0.42	0.49	0.63	0.88	1.46	1.71	1.75	1.03	0.51	0.91	1.66	2.23	0.36	0.49	0.88	0.68	正态分布	0.88	0.79
CaO	29	0.25	0.27	0.34	0.49	1.15	1.76	2.51	0.84	0.75	0.61	2.32	2.90	0.16	0.89	0.49	0.50	对数正态分布	0.49	0.59
Na_2O	29	0.72	0.87	1.01	1.10	1.32	1.37	1.50	1.14	0.29	1.10	1.30	2.04	0.50	0.25	1.10	1.06	正态分布	1.10	1.16
K_2O	1183	2.27	2.37	2.55	2.71	2.87	3.01	3.10	2.70	0.25	2.69	1.78	3.34	2.06	0.09	2.71	2.71	剔除后正态分布	2.70	2.80
TC	29	0.84	1.04	1.38	1.49	1.65	1.68	1.76	1.46	0.32	1.42	1.37	2.30	0.70	0.22	1.49	1.65	正态分布	1.49	1.38
Corg	1238	0.57	0.76	1.06	1.40	1.72	2.09	2.30	1.41	0.52	1.31	1.57	4.03	0.27	0.37	1.40	1.33	对数正态分布	1.31	1.09
pH	1236	4.24	4.46	4.92	5.61	6.83	7.75	8.14	4.76	3.67	5.89	2.75	8.79	2.13	0.77	5.61	4.88	其他分布	4.88	4.88

注：氧化物、TC、Corg 单位为%，N、P 单位为 g/kg，Au、Ag 单位为 μg/kg，pH 为无量纲，其他元素/指标单位为 mg/kg；后表单位相同。

表 4-15 旱地土壤元素背景值参数统计表

元素/指标	N	$X_{5\%}$	$X_{10\%}$	$X_{25\%}$	$X_{50\%}$	$X_{75\%}$	$X_{90\%}$	$X_{95\%}$	$\overline{X}$	S	$\overline{X}_g$	S_g	X_{max}	X_{min}	CV	X_{me}	X_{mo}	分布类型	旱地背景值	舟山市背景值
Ag	14	67.3	69.0	73.7	96.0	108	137	263	122	108	103	14.50	491	67.1	0.89	96.0	128	—	96.0	96.5
As	1004	2.90	3.49	4.63	6.29	8.67	10.80	12.00	6.84	3.05	6.23	3.12	35.40	1.60	0.45	6.29	11.00	对数正态分布	6.23	10.10
Au	14	1.35	1.38	1.45	1.98	2.63	3.16	3.36	2.12	0.73	2.01	1.68	3.41	1.30	0.34	1.98	2.13	—	1.98	1.97
B	1003	15.52	19.32	28.40	44.30	66.0	82.3	90.5	47.71	23.36	41.56	9.24	116	6.19	0.49	44.30	48.00	其他分布	48.00	58.0
Ba	14	460	465	477	568	678	717	750	583	113	573	35.30	786	454	0.19	568	603	—	568	588
Be	14	1.82	1.88	2.07	2.26	2.54	2.58	2.60	2.26	0.29	2.24	1.65	2.60	1.76	0.13	2.26	2.55	—	2.26	2.24
Bi	14	0.28	0.30	0.36	0.46	0.55	0.77	0.80	0.49	0.19	0.46	1.73	0.85	0.25	0.38	0.46	0.49	—	0.46	0.36
Br	14	4.06	4.80	6.26	7.96	8.87	11.42	13.15	7.91	2.97	7.40	3.49	14.64	3.23	0.38	7.96	6.62	—	7.96	7.76
Cd	940	0.08	0.10	0.13	0.17	0.21	0.26	0.29	0.17	0.06	0.16	2.98	0.35	0.04	0.35	0.17	0.17	剔除后对数分布	0.16	0.17
Ce	14	77.1	78.9	80.8	85.5	93.3	106	111	88.3	11.24	87.6	12.69	112	74.7	0.13	85.5	87.0	—	85.5	87.4
Cl	14	64.6	67.5	74.9	91.3	123	147	816	235	525	114	17.72	2056	61.6	2.23	91.3	148	—	91.3	80.0
Co	999	4.54	5.29	6.70	9.33	14.50	16.90	17.60	10.40	4.43	9.45	3.84	23.80	2.72	0.43	9.33	14.40	其他分布	14.40	15.80
Cr	1003	17.81	20.90	28.35	39.30	74.0	85.1	89.5	48.18	24.86	41.97	8.98	117	9.90	0.52	39.30	23.30	其他分布	23.30	37.60
Cu	1004	11.42	13.20	17.20	22.50	30.10	36.00	41.35	24.99	14.52	22.64	6.41	256	6.19	0.58	22.50	19.70	对数正态分布	22.64	19.70
F	14	335	342	449	488	703	735	756	538	159	516	36.70	789	330	0.30	488	534	—	488	486
Ga	14	15.67	16.00	17.10	18.23	19.19	20.91	21.21	18.31	1.85	18.22	5.26	21.27	15.29	0.10	18.23	18.42	—	18.23	17.64
Ge	1004	1.01	1.06	1.16	1.26	1.38	1.49	1.55	1.27	0.17	1.26	1.20	1.84	0.80	0.13	1.26	1.20	正态分布	1.27	1.27
Hg	932	0.04	0.05	0.06	0.09	0.14	0.19	0.23	0.11	0.06	0.09	3.89	0.29	0.01	0.54	0.09	0.12	剔除后对数分布	0.09	0.11
I	14	3.39	3.76	5.25	5.72	6.89	8.97	9.35	6.05	1.95	5.75	2.85	9.46	2.91	0.32	5.72	5.72	—	5.72	6.94
La	14	37.89	38.71	41.77	43.76	48.21	50.4	52.9	44.90	5.47	44.60	8.66	57.4	37.22	0.12	43.76	44.39	—	43.76	44.74
Li	14	21.88	23.03	25.69	31.73	46.48	54.6	57.0	35.67	12.79	33.68	7.97	57.7	19.86	0.36	31.73	35.54	—	31.73	29.76
Mn	968	363	452	611	784	939	1123	1236	786	255	741	45.78	1453	193	0.32	784	855	剔除后正态分布	786	942
Mo	1004	0.49	0.56	0.70	0.93	1.25	1.72	2.22	1.11	0.90	0.97	1.61	16.58	0.31	0.80	0.93	0.96	对数正态分布	0.97	0.70
N	1004	0.63	0.72	0.88	1.06	1.29	1.57	1.74	1.11	0.35	1.05	1.38	3.72	0.32	0.32	1.06	1.00	对数正态分布	1.05	1.21
Nb	14	18.22	18.30	18.56	21.25	22.29	27.22	29.00	21.56	3.71	21.30	5.69	29.72	18.22	0.17	21.25	18.49	—	21.25	21.33
Ni	1002	4.99	5.91	8.35	12.10	31.58	40.09	42.39	18.53	13.17	14.34	5.27	51.0	2.45	0.71	12.10	10.50	其他分布	10.50	10.50
P	1004	0.33	0.40	0.59	0.80	1.03	1.29	1.52	0.85	0.44	0.76	1.68	5.69	0.05	0.51	0.80	0.82	对数正态分布	0.76	0.66
Pb	920	24.70	26.40	29.80	34.25	41.73	52.1	57.2	36.73	9.94	35.51	8.15	67.0	16.50	0.27	34.25	31.60	剔除后对数分布	35.51	29.90

续表 4 - 15

元素/指标	N	$X_{5\%}$	$X_{10\%}$	$X_{25\%}$	$X_{50\%}$	$X_{75\%}$	$X_{90\%}$	$X_{95\%}$	$\overline{X}$	S	$\overline{X}_g$	S_g	X_{max}	X_{min}	CV	X_{me}	X_{mo}	分布类型	旱地背景值	舟山市背景值
Rb	14	112	115	126	133	138	140	142	130	10.58	130	15.80	145	109	0.08	133	131	—	133	132
S	14	173	191	203	228	291	307	349	246	70.7	238	22.79	426	141	0.29	228	238	—	228	229
Sb	14	0.53	0.54	0.62	0.75	0.81	0.82	0.83	0.71	0.11	0.70	1.29	0.86	0.53	0.16	0.75	0.76	—	0.75	0.63
Sc	14	7.77	7.83	8.17	9.86	12.15	14.00	14.60	10.36	2.52	10.10	3.92	15.12	7.72	0.24	9.86	10.37	—	9.86	9.12
Se	988	0.14	0.16	0.22	0.31	0.40	0.47	0.52	0.32	0.12	0.29	2.22	0.65	0.04	0.38	0.31	0.40	其他分布	0.40	0.36
Sn	14	3.87	4.06	4.46	4.84	5.46	6.40	7.90	5.31	1.69	5.12	2.63	10.51	3.63	0.32	4.84	4.68	—	4.84	5.13
Sr	14	70.5	74.5	79.4	108	117	126	129	101	21.88	98.4	13.51	131	65.6	0.22	108	105	—	108	95.7
Th	14	13.67	13.83	14.16	14.49	16.24	17.59	17.86	15.16	1.52	15.09	4.63	17.94	13.48	0.10	14.49	15.09	—	14.49	15.40
Ti	14	3541	3616	3955	4265	4722	4925	5051	4292	539	4260	116	5199	3434	0.13	4265	4307	—	4265	4125
Tl	14	0.67	0.71	0.72	0.78	0.91	0.97	1.00	0.82	0.13	0.81	1.22	1.07	0.60	0.16	0.78	0.83	—	0.78	0.83
U	14	2.42	2.52	2.53	2.86	3.60	3.67	3.71	3.02	0.55	2.97	1.88	3.77	2.24	0.18	2.86	2.53	—	2.86	3.17
V	1002	32.61	37.22	45.20	57.2	94.8	108	113	67.4	27.89	61.8	10.92	166	15.70	0.41	57.2	102	其他分布	102	102
W	14	1.39	1.47	1.65	1.94	2.23	2.65	2.84	2.00	0.48	1.94	1.61	2.95	1.25	0.24	1.94	1.96	—	1.94	1.88
Y	14	21.45	21.58	23.56	27.54	29.84	32.89	34.45	27.19	4.68	26.82	6.67	36.32	21.38	0.17	27.54	27.18	—	27.54	25.97
Zn	959	54.1	60.3	70.2	85.4	102	117	127	87.1	22.43	84.2	13.19	152	32.10	0.26	85.4	106	剔除后正态分布	87.1	89.4
Zr	14	232	240	266	310	354	368	384	311	55.3	306	25.43	413	226	0.18	310	312	—	310	314
SiO_2	14	60.6	61.8	66.1	69.8	71.2	73.1	73.4	68.6	4.25	68.4	10.91	73.4	60.5	0.06	69.8	68.1	—	69.8	69.9
Al_2O_3	14	12.46	13.05	13.36	14.10	14.48	14.82	15.24	13.94	1.03	13.90	4.47	15.81	11.47	0.07	14.10	14.00	—	14.10	13.77
TFe_2O_3	14	3.08	3.14	3.69	3.99	4.81	5.67	5.90	4.25	0.99	4.15	2.38	6.17	3.00	0.23	3.99	4.24	—	3.99	3.71
MgO	14	0.41	0.47	0.67	1.00	1.65	2.31	2.51	1.19	0.71	1.01	1.81	2.51	0.38	0.59	1.00	2.51	—	1.00	0.79
CaO	14	0.32	0.36	0.52	0.64	1.25	2.19	2.58	1.01	0.77	0.79	2.00	2.72	0.27	0.77	0.64	1.05	—	0.64	0.59
Na_2O	14	0.81	0.83	0.86	1.10	1.42	1.49	1.52	1.14	0.28	1.11	1.29	1.53	0.79	0.25	1.10	1.17	—	1.10	1.16
K_2O	978	2.19	2.34	2.57	2.78	3.16	3.62	3.83	2.87	0.48	2.83	1.86	4.16	1.61	0.17	2.78	2.72	其他分布	2.72	2.80
TC	14	0.95	1.08	1.27	1.38	1.63	1.71	1.80	1.41	0.30	1.38	1.35	1.94	0.79	0.21	1.38	1.43	—	1.38	1.38
Corg	1004	0.55	0.63	0.77	0.95	1.18	1.46	1.69	1.01	0.36	0.95	1.41	3.14	0.26	0.36	0.95	0.76	对数正态分布	0.95	1.09
pH	1001	4.18	4.33	4.66	5.18	6.57	7.77	8.09	4.57	3.45	5.64	2.70	8.87	1.95	0.75	5.18	4.88	其他分布	4.88	4.88

三、园地土壤元素背景值

园地土壤元素背景值数据经正态分布检验,结果表明,原始数据中 Ge、N 符合正态分布,P、Pb、Se、Corg 符合对数正态分布,Cd、Mn、Zn 剔除异常值后符合正态分布,Mo 剔除异常值后符合对数正态分布,As、B、Co、Cr、Cu、Hg、Ni、V、K_2O、pH 不符合正态分布或对数正态分布,其他元素/指标因样本数量较少无法进行正态分布检验(表 4-16)。

园地表层土壤总体为酸性,土壤 pH 极大值为 8.70,极小值为 2.37,背景值为 4.12,与舟山市背景值接近。

表层土壤各元素/指标中,大多数变异系数小于 0.40,表明其分布相对均匀;仅 Pb、Se、pH、CaO、MgO、Ni、P、Cr、B、Au、As、Co、I、Hg、Cu、V、Cl 变异系数大于 0.40,其中 Pb、Se、pH 变异系数大于 0.80,空间变异性较大。

与舟山市土壤元素背景值相比,Au、Pb 背景值略高于舟山市背景值;Ni、B 背景值明显高于舟山市背景值,其中 Ni 背景值为舟山市背景值的 3.82 倍;Cu 背景值略低于舟山市背景值;其他元素/指标背景值与舟山市背景值基本接近。

四、林地土壤元素背景值

林地土壤元素背景值数据经正态分布检验,结果表明,原始数据中 Ba、Be、Ce、F、Ga、Ge、La、N、Nb、Rb、Sb、Sc、Sr、Th、Ti、Tl、U、Y、Zr、SiO_2、Al_2O_3、TFe_2O_3、Na_2O、TC、Corg 符合正态分布,As、Au、B、Bi、Br、Co、Cr、Cu、I、Li、Ni、P、S、Se、Sn、W、MgO、CaO、K_2O、pH 符合对数正态分布,Cl、Mn、Zn 剔除异常值后符合正态分布,Ag、Hg、Mo、Pb、V 剔除异常值后符合对数正态分布,Cd 属于其他分布类型(表 4-17)。

林地区表层土壤总体为酸性,土壤 pH 极大值为 8.65,极小值为 3.72,背景值为 5.33,与舟山市背景值接近。

表层土壤各元素/指标中,大多数变异系数小于 0.40,表明其分布相对均匀;Cd、Au、CaO、pH、Cu、MgO、Ni、P、I、As、Br、Cr、B、Bi、Se、Co、Hg、S、Sn 变异系数大于 0.40,其中 Cd、Au、CaO、pH、Cu 变异系数大于 0.80,空间变异性较大。

与舟山市土壤元素背景值相比,CaO、Hg、P 背景值略低于舟山市背景值;B、As、Co、V 背景值明显低于舟山市背景值;仅 Mo 背景值明显高于舟山市背景值;其他元素/指标背景值与舟山市背景值基本接近。

表 4-16 园地土壤元素背景值参数统计表

元素/指标	N	$X_{5\%}$	$X_{10\%}$	$X_{25\%}$	$X_{50\%}$	$X_{75\%}$	$X_{90\%}$	$X_{95\%}$	$\overline{X}$	S	$\overline{X}_g$	S_g	X_{max}	X_{min}	CV	X_{me}	X_{mo}	分布类型	园地背景值	舟山市背景值
Ag	13	80.0	80.2	82.6	107	115	186	209	116	46.27	110	14.62	226	79.9	0.40	107	115	—	107	96.5
As	371	2.73	3.33	4.39	6.23	9.64	11.00	11.80	6.88	3.00	6.20	3.16	16.20	1.48	0.44	6.23	10.10	其他分布	10.10	10.10
Au	13	1.11	1.24	1.54	2.55	2.86	3.51	4.05	2.39	1.07	2.17	1.88	4.73	0.96	0.45	2.55	2.55	—	2.55	1.97
B	372	13.78	17.80	29.40	50.7	71.4	87.4	94.3	51.6	25.62	43.85	9.92	108	4.90	0.50	50.7	88.4	其他分布	88.4	58.0
Ba	13	454	480	499	582	672	688	705	575	98.5	567	36.17	726	421	0.17	582	582	—	582	588
Be	13	1.68	1.76	1.91	2.13	2.39	2.54	2.54	2.15	0.31	2.13	1.58	2.55	1.61	0.14	2.13	2.13	—	2.13	2.24
Bi	13	0.30	0.32	0.39	0.42	0.54	0.63	0.75	0.47	0.17	0.45	1.70	0.91	0.27	0.36	0.42	0.42	—	0.42	0.36
Br	13	4.54	5.35	5.68	7.82	8.48	9.73	10.23	7.28	2.08	6.97	3.10	10.61	3.33	0.29	7.82	8.48	—	7.82	7.76
Cd	348	0.07	0.09	0.12	0.16	0.20	0.24	0.25	0.16	0.06	0.15	3.10	0.32	0.03	0.34	0.16	0.18	剔除后正态分布	0.16	0.17
Ce	13	82.0	82.5	83.9	85.3	92.6	100.0	104	89.0	8.25	88.6	12.60	108	81.7	0.09	85.3	86.9	—	85.3	87.4
Cl	13	69.8	73.1	79.8	83.5	108	120	161	99.1	40.16	93.9	12.70	221	65.5	0.41	83.5	93.8	—	83.5	80.0
Co	372	4.29	5.00	6.42	9.78	15.50	17.10	17.64	10.75	4.75	9.62	3.97	21.20	2.82	0.44	9.78	15.20	其他分布	15.20	15.80
Cr	372	16.05	18.81	26.55	42.50	82.7	91.5	94.5	53.0	28.90	44.41	9.71	110	9.89	0.55	42.50	40.40	其他分布	40.40	37.60
Cu	366	9.61	11.00	14.79	22.20	30.27	36.25	38.88	23.17	9.84	20.99	6.22	53.0	6.70	0.42	22.20	12.20	其他分布	12.20	19.70
F	13	305	327	340	485	531	778	880	518	209	484	34.58	1007	273	0.40	485	512	—	485	486
Ga	13	15.15	16.17	16.27	16.46	18.23	19.68	19.86	17.16	1.81	17.07	5.06	20.09	13.62	0.11	16.46	16.27	—	16.46	17.64
Ge	372	1.00	1.05	1.15	1.26	1.39	1.54	1.60	1.28	0.18	1.26	1.21	1.79	0.80	0.14	1.26	1.25	正态分布	1.28	1.27
Hg	345	0.04	0.05	0.06	0.07	0.11	0.15	0.17	0.09	0.04	0.08	4.12	0.20	0.01	0.43	0.07	0.11	其他分布	0.11	0.11
I	13	3.24	3.81	4.94	6.38	9.46	11.36	12.21	7.07	3.11	6.44	3.08	12.94	2.56	0.44	6.38	7.15	—	6.38	6.94
La	13	40.06	40.54	42.87	44.84	48.76	54.8	56.4	46.33	5.62	46.03	8.71	57.7	39.66	0.12	44.84	46.03	—	44.84	44.74
Li	13	20.31	21.25	21.62	27.78	39.29	52.4	52.5	33.31	12.82	31.15	7.40	52.6	19.01	0.38	27.78	37.17	—	27.78	29.76
Mn	366	303	378	581	800	958	1129	1249	779	284	719	44.88	1557	146	0.36	800	872	剔除后正态分布	779	942
Mo	331	0.48	0.55	0.63	0.76	0.98	1.20	1.44	0.82	0.27	0.78	1.40	1.72	0.34	0.33	0.76	0.66	剔除后对数分布	0.78	0.70
N	372	0.62	0.71	0.91	1.17	1.43	1.71	1.86	1.19	0.40	1.12	1.49	2.94	0.07	0.34	1.17	1.03	正态分布	1.19	1.21
Nb	13	17.81	18.26	18.77	21.06	22.09	25.87	28.62	21.39	3.99	21.08	5.57	31.65	17.20	0.19	21.06	21.44	—	21.06	21.33
Ni	372	4.38	5.46	8.22	14.10	36.12	40.50	42.65	20.90	14.29	15.65	5.88	49.90	2.40	0.68	14.10	40.10	其他分布	40.10	10.50
P	372	0.21	0.28	0.43	0.73	0.99	1.34	1.64	0.80	0.52	0.66	1.94	4.33	0.09	0.66	0.73	0.80	对数正态分布	0.66	0.66
Pb	372	24.46	26.20	29.18	33.70	42.82	58.3	71.3	51.8	220	37.42	8.63	4257	20.40	4.25	33.70	30.90	对数正态分布	37.42	29.90

舟山市土壤元素背景值

续表 4－16

元素/指标	N	$X_{5\%}$	$X_{10\%}$	$X_{25\%}$	$X_{50\%}$	$X_{75\%}$	$X_{90\%}$	$X_{95\%}$	$\overline{X}$	S	$\overline{X}_g$	S_g	X_{max}	X_{min}	CV	X_{me}	X_{mo}	分布类型	园地背景值	舟山市背景值
Rb	13	118	121	122	131	140	144	149	132	11.68	131	15.75	156	114	0.09	131	132	—	131	132
S	13	195	200	204	235	295	299	412	264	103	251	24.13	579	187	0.39	235	261	—	235	229
Sb	13	0.48	0.49	0.55	0.64	0.75	0.94	1.02	0.68	0.19	0.65	1.42	1.08	0.47	0.28	0.64	0.69	—	0.64	0.63
Sc	13	6.62	6.69	6.98	7.91	11.30	14.03	14.16	9.15	3.02	8.75	3.68	14.21	6.57	0.33	7.91	6.98	—	7.91	9.12
Se	372	0.15	0.16	0.21	0.31	0.43	0.56	0.66	0.35	0.35	0.30	2.28	6.38	0.09	1.00	0.31	0.36	对数正态分布	0.30	0.36
Sn	13	4.33	4.45	4.81	5.16	6.04	7.53	8.10	5.68	1.35	5.55	2.66	8.78	4.28	0.24	5.16	5.36	—	5.16	5.13
Sr	13	59.9	72.9	75.9	92.1	121	145	155	100.0	33.68	94.5	14.02	160	40.47	0.34	92.1	103	—	92.1	95.7
Th	13	13.65	13.83	13.95	15.25	16.43	17.39	17.88	15.38	1.62	15.30	4.65	18.51	13.40	0.11	15.25	15.25	—	15.25	15.40
Ti	13	3500	3538	3621	4095	4702	4967	5050	4162	613	4121	113	5156	3452	0.15	4095	4104	—	4095	4125
Tl	13	0.69	0.71	0.72	0.84	0.86	1.01	1.02	0.83	0.12	0.82	1.20	1.02	0.65	0.15	0.84	0.86	—	0.84	0.83
U	13	2.54	2.59	2.77	3.10	3.47	3.92	4.35	3.21	0.67	3.16	1.95	4.85	2.49	0.21	3.10	3.28	—	3.10	3.17
V	372	32.60	36.10	45.92	62.8	104	112	116	72.5	30.39	65.8	11.50	128	20.90	0.42	62.8	108	其他分布	108	102
W	13	1.70	1.73	1.80	1.93	2.12	2.18	2.49	2.00	0.33	1.98	1.51	2.95	1.66	0.16	1.93	2.01	—	1.93	1.88
Y	13	21.16	22.01	24.64	26.53	28.88	32.42	35.22	27.43	4.91	27.05	6.47	38.98	20.79	0.18	26.53	26.53	—	26.53	25.97
Zn	362	53.2	58.9	67.4	88.5	104	116	129	87.9	23.20	84.7	13.20	156	34.80	0.26	88.5	106	剔除后正态分布	87.9	89.4
Zr	13	246	252	260	304	351	388	410	316	64.2	310	25.25	443	238	0.20	304	304	—	304	314
SiO_2	13	62.9	63.6	67.7	70.8	74.2	75.6	76.1	70.4	4.94	70.3	10.99	76.7	62.0	0.07	70.8	70.7	—	70.8	69.9
Al_2O_3	13	11.45	11.50	12.50	13.49	14.61	15.17	15.33	13.40	1.39	13.34	4.41	15.43	11.43	0.10	13.49	13.49	—	13.49	13.77
TFe_2O_3	13	2.61	2.80	3.00	3.30	4.31	5.54	5.62	3.76	1.13	3.62	2.24	5.67	2.40	0.30	3.30	4.07	—	3.30	3.71
MgO	13	0.35	0.37	0.41	0.70	1.25	2.07	2.14	0.96	0.69	0.76	2.01	2.18	0.31	0.72	0.70	0.87	—	0.70	0.79
CaO	13	0.22	0.22	0.28	0.65	1.02	1.55	1.80	0.76	0.61	0.56	2.31	2.10	0.21	0.80	0.65	0.65	—	0.65	0.59
Na_2O	13	0.66	0.84	0.87	1.10	1.21	1.34	1.35	1.05	0.26	1.01	1.36	1.35	0.41	0.25	1.10	1.35	—	1.10	1.16
K_2O	351	2.32	2.41	2.65	2.83	3.15	3.64	3.88	2.92	0.45	2.88	1.87	4.06	1.84	0.15	2.83	2.77	其他分布	2.77	2.80
TC	13	0.92	0.97	1.22	1.44	1.49	1.62	1.82	1.38	0.32	1.35	1.31	2.10	0.88	0.23	1.44	1.36	—	1.44	1.38
Corg	372	0.59	0.67	0.80	1.02	1.25	1.47	1.71	1.06	0.39	1.00	1.41	3.71	0.20	0.37	1.02	0.77	对数正态分布	1.00	1.09
pH	372	4.13	4.19	4.52	5.25	7.33	7.87	8.10	4.50	3.65	5.78	2.75	8.70	2.37	0.81	5.25	4.12	其他分布	4.12	4.88

表 4-17　林地土壤元素背景值参数统计表

元素/指标	N	$X_{5\%}$	$X_{10\%}$	$X_{25\%}$	$X_{50\%}$	$X_{75\%}$	$X_{90\%}$	$X_{95\%}$	$\overline{X}$	S	$\overline{X}_g$	S_g	X_{max}	X_{min}	CV	X_{me}	X_{mo}	分布类型	林地背景值	舟山市背景值
Ag	116	67.7	71.6	79.3	89.8	109	143	151	97.9	25.76	94.9	14.07	165	49.64	0.26	89.8	89.9	剔除后对数分布	94.9	96.5
As	465	2.74	3.17	3.96	5.52	6.82	8.88	10.60	5.91	3.21	5.37	2.92	45.90	1.32	0.54	5.52	5.56	对数正态分布	5.37	10.10
Au	122	0.85	1.08	1.40	1.91	2.56	3.63	4.47	2.56	3.88	1.98	2.02	41.78	0.43	1.52	1.91	1.65	对数正态分布	1.98	1.97
B	465	14.52	17.54	24.60	34.80	49.70	65.3	71.9	38.41	18.61	34.13	8.37	103	5.60	0.48	34.80	13.20	对数正态分布	34.13	58.0
Ba	122	354	434	482	578	712	771	824	590	152	567	38.97	999	132	0.26	578	516	正态分布	590	588
Be	122	1.75	1.79	1.95	2.12	2.41	2.64	2.80	2.20	0.36	2.17	1.60	3.72	1.54	0.16	2.12	2.09	正态分布	2.20	2.24
Bi	122	0.23	0.26	0.29	0.35	0.44	0.62	0.78	0.40	0.18	0.37	1.96	1.32	0.18	0.45	0.35	0.30	对数正态分布	0.37	0.36
Br	122	4.37	5.05	5.56	7.37	10.37	13.75	15.92	8.56	4.35	7.77	3.50	32.59	2.89	0.51	7.37	8.13	对数正态分布	7.77	7.76
Cd	432	0.08	0.09	0.13	0.19	0.63	151	181	34.61	64.2	0.81	20.01	216	0.03	1.85	0.19	0.14	其他分布	0.14	0.17
Ce	122	68.8	74.4	80.2	89.3	94.7	105	109	89.2	12.93	88.3	13.17	143	66.0	0.15	89.3	89.0	正态分布	89.2	87.4
Cl	109	63.2	67.4	73.8	85.3	94.2	105	117	85.8	16.00	84.4	12.91	135	58.5	0.19	85.3	80.0	剔除后正态分布	85.8	80.0
Co	465	4.07	4.61	6.25	8.12	10.50	13.32	15.45	8.71	3.77	7.99	3.55	36.40	1.84	0.43	8.12	10.10	对数正态分布	7.99	15.80
Cr	465	14.92	18.44	24.20	32.70	42.60	62.1	77.1	36.35	17.87	32.67	7.89	111	9.20	0.49	32.70	26.80	对数正态分布	32.67	37.60
Cu	465	9.51	10.60	13.01	16.29	21.84	29.10	36.26	19.54	16.47	17.16	5.62	232	3.92	0.84	16.29	13.10	对数正态分布	17.16	19.70
F	122	273	306	354	424	507	634	686	443	123	426	32.83	773	195	0.28	424	442	正态分布	443	486
Ga	122	14.71	15.21	16.07	17.25	18.91	19.60	20.27	17.39	1.86	17.30	5.21	24.99	13.23	0.11	17.25	16.17	正态分布	17.39	17.64
Ge	465	0.99	1.05	1.15	1.27	1.38	1.49	1.56	1.27	0.17	1.26	1.22	1.80	0.83	0.14	1.27	1.20	正态分布	1.27	1.27
Hg	423	0.04	0.05	0.06	0.08	0.11	0.14	0.16	0.09	0.04	0.08	4.26	0.20	0.01	0.43	0.08	0.11	剔除后对数分布	0.08	0.11
I	122	3.52	4.00	5.23	7.17	10.62	14.66	18.49	8.57	4.84	7.47	3.60	30.99	1.48	0.56	7.17	7.44	对数正态分布	7.47	6.94
La	122	33.65	35.53	39.96	43.59	48.21	52.6	56.1	44.19	7.38	43.60	8.75	78.8	25.88	0.17	43.59	45.21	正态分布	44.19	44.74
Li	122	18.13	19.47	22.46	26.38	32.28	41.24	47.02	28.65	9.16	27.42	6.82	64.7	15.55	0.32	26.38	25.85	对数正态分布	27.42	29.76
Mn	445	364	438	619	802	979	1168	1300	805	281	751	46.76	1582	147	0.35	802	942	剔除后正态分布	805	942
Mo	425	0.59	0.65	0.80	1.02	1.29	1.69	1.95	1.10	0.41	1.03	1.44	2.30	0.29	0.37	1.02	1.06	剔除后对数分布	1.03	0.70
N	465	0.63	0.72	0.90	1.13	1.40	1.63	1.83	1.16	0.38	1.10	1.43	3.07	0.24	0.33	1.13	1.07	正态分布	1.16	1.21
Nb	122	17.30	18.22	19.66	22.04	24.20	28.10	30.74	22.65	4.18	22.29	6.07	37.41	14.04	0.18	22.04	21.34	正态分布	22.65	21.33
Ni	465	4.36	5.55	8.09	11.11	15.48	24.46	33.39	13.26	8.38	11.26	4.59	46.40	2.22	0.63	11.11	10.90	对数正态分布	11.26	10.50
P	465	0.20	0.25	0.34	0.47	0.67	0.92	1.13	0.55	0.33	0.48	1.90	3.79	0.09	0.61	0.47	0.37	对数正态分布	0.48	0.66
Pb	413	25.30	26.51	29.98	35.18	42.36	50.7	56.7	37.12	9.63	35.98	8.16	69.9	17.10	0.26	35.18	31.10	剔除后对数分布	35.98	29.90

续表 4-17

元素/指标	N	$X_{5\%}$	$X_{10\%}$	$X_{25\%}$	$X_{50\%}$	$X_{75\%}$	$X_{90\%}$	$X_{95\%}$	$\overline{X}$	S	$\overline{X}_g$	S_g	X_{max}	X_{min}	CV	X_{me}	X_{mo}	分布类型	林地背景值	舟山市背景值
Rb	122	109	115	123	131	144	151	164	133	15.42	132	16.72	183	103	0.12	131	132	正态分布	133	132
S	122	162	169	191	224	251	301	349	237	101	226	22.82	1139	123	0.43	224	237	对数正态分布	226	229
Sb	122	0.44	0.48	0.55	0.61	0.70	0.85	0.90	0.64	0.15	0.63	1.42	1.18	0.31	0.23	0.61	0.61	正态分布	0.64	0.63
Sc	122	5.38	5.86	6.94	7.89	9.49	11.39	12.44	8.35	2.21	8.09	3.42	16.03	4.58	0.26	7.89	6.41	正态分布	8.35	9.12
Se	465	0.19	0.24	0.32	0.42	0.54	0.70	0.85	0.45	0.20	0.41	1.92	1.26	0.07	0.44	0.42	0.40	对数正态分布	0.41	0.36
Sn	122	3.33	3.70	4.33	5.15	6.11	7.89	8.46	5.63	2.29	5.29	2.76	17.54	2.49	0.41	5.15	5.62	对数正态分布	5.29	5.13
Sr	122	49.13	54.2	68.1	83.8	111	132	145	90.5	31.76	85.2	13.22	198	26.46	0.35	83.8	117	正态分布	90.5	95.7
Th	122	12.33	12.97	13.95	15.56	16.91	17.91	18.71	15.58	2.22	15.42	4.84	23.71	9.98	0.14	15.56	16.78	正态分布	15.58	15.40
Ti	122	2959	3213	3557	3984	4364	4971	5216	3993	647	3941	119	5513	2332	0.16	3984	3992	正态分布	3993	4125
Tl	122	0.68	0.70	0.76	0.83	0.95	1.04	1.10	0.87	0.17	0.86	1.22	1.64	0.61	0.20	0.83	0.78	正态分布	0.87	0.83
U	122	2.47	2.60	2.86	3.24	3.52	4.00	4.17	3.24	0.57	3.20	2.00	5.26	1.95	0.17	3.24	3.33	正态分布	3.24	3.17
V	443	29.62	34.32	42.25	51.1	64.0	76.4	91.0	54.1	17.51	51.3	9.99	102	12.80	0.32	51.1	102	剔除后对数分布	51.3	102
W	122	1.32	1.54	1.70	1.91	2.11	2.42	2.61	1.96	0.48	1.91	1.56	4.36	1.07	0.25	1.91	1.86	对数正态分布	1.91	1.88
Y	122	17.56	18.50	22.05	25.42	29.68	32.34	33.21	25.54	5.17	24.99	6.37	39.55	12.51	0.20	25.42	25.13	正态分布	25.54	25.97
Zn	435	51.7	56.7	65.6	79.7	96.2	114	125	82.5	22.51	79.4	12.88	146	31.10	0.27	79.7	75.4	剔除后正态分布	82.5	89.4
Zr	122	235	250	283	330	377	441	462	335	71.4	328	28.34	532	178	0.21	330	332	正态分布	335	314
SiO_2	122	64.8	66.1	69.2	71.6	73.8	75.6	76.7	71.2	3.89	71.1	11.65	78.3	56.9	0.05	71.6	71.0	正态分布	71.2	69.9
Al_2O_3	122	11.41	11.89	12.69	13.61	14.38	15.31	15.79	13.56	1.29	13.50	4.50	17.02	10.75	0.10	13.61	12.50	正态分布	13.56	13.77
TFe_2O_3	122	2.45	2.61	2.93	3.37	3.92	4.66	5.32	3.52	0.84	3.42	2.10	6.46	2.20	0.24	3.37	3.47	正态分布	3.52	3.71
MgO	122	0.35	0.39	0.44	0.60	0.85	1.27	1.78	0.74	0.48	0.65	1.76	2.92	0.26	0.65	0.60	0.39	对数正态分布	0.65	0.79
CaO	122	0.19	0.21	0.26	0.42	0.62	0.94	1.30	0.58	0.58	0.44	2.28	3.63	0.13	1.00	0.42	0.23	对数正态分布	0.44	0.59
Na_2O	122	0.65	0.74	0.85	1.04	1.23	1.42	1.61	1.06	0.30	1.02	1.34	2.02	0.30	0.29	1.04	1.28	正态分布	1.06	1.16
K_2O	465	2.25	2.41	2.64	2.92	3.33	3.75	3.93	3.01	0.54	2.96	1.91	4.64	1.34	0.18	2.92	2.68	对数正态分布	2.96	2.80
TC	122	0.87	0.94	1.20	1.40	1.66	1.87	2.01	1.43	0.40	1.38	1.40	3.05	0.62	0.28	1.40	1.24	正态分布	1.43	1.38
Corg	465	0.55	0.68	0.88	1.11	1.39	1.66	1.85	1.14	0.40	1.07	1.46	2.90	0.21	0.35	1.11	1.20	正态分布	1.14	1.09
pH	465	4.16	4.32	4.67	5.13	5.60	6.84	7.66	4.78	4.62	5.33	2.65	8.65	3.72	0.97	5.13	4.94	对数正态分布	5.33	4.88

第五章　土壤碳与特色土地资源评价

第一节　土壤碳储量估算

土壤是陆地生态系统的核心,是"地球关键带"研究中的重点内容之一。土壤碳库是地球陆地生态系统碳库的主要组成部分,在陆地水、大气、生物等不同系统的碳循环研究中有着重要作用。

一、土壤碳与有机碳的区域分布

1. 深层土壤碳与有机碳的区域分布

如表5-1所示,舟山市深层土壤中总碳(TC)算术平均值为0.62%,极大值为1.45%,极小值为0.21%。TC基准值(0.62%)明显高于浙江省基准值,略低于中国基准值。在区域分布上,TC含量明显受地形地貌及地质背景控制,低值区主要分布于舟山本岛区域;中高值区主要分布在舟山本岛北西侧、普陀区六横岛、朱家尖岛中西部、岱山本岛区域。

舟山市深层土壤有机碳(TOC)算术平均值为0.39%,极大值为0.73%,极小值为0.17%。TOC基准值(0.39%)与浙江省基准值接近,略高于中国背景值。低值区主要分布于舟山本岛、岱山本岛、长涂岛中部、桃花岛东部及朱家尖岛东部区域;中高值区主要分布于舟山本岛西北侧、普陀区六横岛、朱家尖岛中南侧、岱山岱西镇、长涂岛两侧和衢山岛中部区域。

表5-1　舟山市深层土壤总碳与有机碳统计参数表

元素/指标	N/件	$\overline{X}$/%	$\overline{X}_g$/%	S/%	CV	X_{max}/%	X_{min}/%	X_{mo}/%	X_{me}/%	浙江省基准值/%	中国基准值/%
TC	91	0.62	0.55	0.31	0.49	1.45	0.21	0.24	0.55	0.43	0.90
TOC	91	0.39	0.39	0.12	0.31	0.73	0.17	0.40	0.36	0.42	0.30

注:浙江省基准值引自《浙江省土壤元素背景值》(黄春雷等,2023);中国基准值引自《全国地球化学基准网建立与土壤地球化学基准值特征》(王学求等,2016)。

2. 表层土壤碳与有机碳的区域分布

如表5-2所示,在舟山市表层土壤中,总碳(TC)极大值为3.05%,极小值为0.14%。TC背景值(1.38%)与浙江省背景值、中国背景值接近。高值区主要分布于舟山本岛中部、普陀区桃花岛—虾峙岛、岱山县长涂岛一带;低值区分布于岱山本岛、普陀区朱家尖岛和定海区东北部一带。

表层土壤有机碳(TOC)极大值为4.90%,极小值为0.14%。TOC背景值(1.09%)接近于浙江省背景值,而远高于中国背景值,是中国背景值的1.8倍。TOC含量分布在区域分布上与TC基本相同。

表5-2 舟山市表层土壤总碳与有机碳参数统计表

元素/指标	N/件	$\overline{X}$/%	$\overline{X}_g$/%	S/%	CV	X_{max}/%	X_{min}/%	X_{mo}/%	X_{me}/%	浙江省背景值/%	中国背景值/%
TC	320	1.38	1.31	0.40	0.29	3.05	0.14	1.49	1.38	1.43	1.30
TOC	3361	1.19	1.09	0.50	0.42	4.90	0.14	0.95	11.11	1.31	0.60

注:浙江省背景值引自《浙江省土壤元素背景值》(黄春雷等,2023);中国背景值引自《全国地球化学基准网建立与土壤地球化学基准值特征》(王学求等,2016)。

二、单位土壤碳量与碳储量计算方法

依据奚小环等(2009)提出的碳储量计算方法,利用多目标地球化学调查数据,根据《多目标区域地球化学调查规范(1∶250 000)》(DZ/T 0258—2014)要求,计算单位土壤碳量与碳储量,即以多目标区域地球化学调查确定的土壤表层样品分析单元为最小计算单位,土壤表层碳含量单元为4km²,深层土壤样根据与表层土壤样的对应关系,利用ArcGIS软件对深层土壤样测试数据进行空间插值,依据其不同的分布模式计算得到单位土壤碳量,通过对单位土壤碳量加和计算得到土壤碳储量。

研究表明,土壤碳含量由表层至深层存在两种分布模式,其中有机碳含量分布为指数模式,无机碳含量分布为直线模式。区域土壤容重利用《浙江土壤》(俞震豫等,1994)中的土壤容重统计结果进行计算(表5-3)。

表5-3 浙江省主要土壤类型土壤容重统计表　　　　　　　　　　　单位:t/m³

土壤类型	红壤	黄壤	紫色土	石灰岩土	粗骨土	潮土	滨海盐土	水稻土
土壤容重	1.20	1.20	1.20	1.20	1.20	1.33	1.33	1.08

(一)有机碳(TOC)单位土壤碳量(USCA)计算

1. 深层土壤有机碳单位碳量计算

深层土壤有机碳单位碳量计算公式为:

$$USCA_{TOC,0-120cm} = TOC \times D \times 4 \times 10^4 \times \rho \tag{5-1}$$

式中:$USCA_{TOC,0-120cm}$为0~1.20m深度(即0~120cm)土壤有机碳单位碳量(t);TOC为有机碳含量(%);D为采样深度(1.20m);4为表层土壤单位面积(4km²);10^4为单位土壤面积换算系数;ρ为土壤容重(t/m³)。式(5-1)中TOC的计算公式为:

$$TOC = \frac{(TOC_表 - TOC_深) \times (d_1 - d_2)}{d_2(\ln d_1 - \ln d_2)} + TOC_深 \tag{5-2}$$

式中:$TOC_表$为表层土壤有机碳含量(%);$TOC_深$为深层土壤有机碳含量(%);d_1取表层采样深度中间值0.1m;d_2取深层采样平均采样深度1.2m(或实际采样深度)。

2. 中层土壤有机碳单位碳量计算

中层土壤(计算深度为1.0m)有机碳单位碳量计算公式为:

$$USCA_{TOC,0-100cm} = TOC \times D \times 4 \times 10^4 \times \rho$$

式中：USCA$_{TOC,0-100cm}$表示采样深度为 1.2m 以下时，计算的 1.0m 深度（即 100cm）土壤有机碳单位碳量(t)；其他参数同前。其中，TOC 的计算公式为：

$$TOC = \frac{(TOC_{表} - TOC_{深}) \times [(d_1 - d_3) + (\ln d_3 - \ln d_2)]}{d_3(\ln d_1 - \ln d_2)} + TOC_{深} \qquad (5-4)$$

式中：d_3 为计算深度 1.00m；其他参数同前。

3. 表层土壤有机碳单位碳量计算

表层土壤有机碳单位碳量计算公式为：

$$USCA_{TOC,0-20cm} = TOC \times D \times 4 \times 10^4 \times \rho \qquad (5-5)$$

式中：TOC 为表层土壤有机碳实测值；D 为采样深度（0～20cm）；其他参数同前。

（二）无机碳（TIC）单位土壤碳量（USCA）计算

1. 深层土壤无机碳单位碳量计算

深层土壤无机碳单位碳量计算公式为：

$$USCA_{TIC,0-120cm} = [(TIC_{表} + TIC_{深})/2] \times D \times 4 \times 10^4 \times \rho \qquad (5-6)$$

式中：$TIC_{表}$ 与 $TIC_{深}$ 分别由总碳实测数据减去有机碳数据取得（%），其他参数同前。

2. 中层土壤无机碳单位碳量计算

中层土壤无机碳单位碳量计算公式为：

$$USCA_{TIC,0-100cm(深1.2m)} = [(TIC_{表} + TIC_{100cm})/2] \times D \times 4 \times 10^4 \times \rho \qquad (5-7)$$

式中：USCA$_{TIC,0-100cm(深120cm)}$ 表示采样深度为 1.20m 时，计算 1.00m 深度（即 100cm）土壤无机碳单位碳量(t)；D 为 1.00m；TIC_{100cm} 采用内插法确定；其他参数同前。

3. 表层土壤无机碳单位碳量计算

表层土壤无机碳单位碳量计算公式为：

$$USCA_{TIC,0-20cm} = TIC_{表} \times D \times 4 \times 10^4 \times \rho \qquad (5-8)$$

式中：$TIC_{表}$ 由总碳实测数据减去有机碳数据取得（%）；其他参数同前。

（三）总碳（TC）单位土壤碳量（USCA）计算

1. 深层土壤总碳单位碳量计算

深层土壤总碳单位碳量计算公式为：

$$USCA_{TC,0-120cm} = USCA_{TOC,0-120cm} + USCA_{TIC,0-120cm} \qquad (5-9)$$

当实际采样深度超过 1.20m（120cm）时，取实际采样深度值。

2. 中层土壤总碳单位碳量计算

中层土壤总碳单位碳量计算公式为：

$$USCA_{TC,0-100cm(深120cm)} = USCA_{TOC,0-100cm(深120cm)} + USCA_{TIC,0-100cm(深120cm)} \qquad (5-10)$$

3. 表层土壤总碳单位碳量计算

表层土壤总碳单位碳量计算公式为：

$$USCA_{TC,0-20cm} = USCA_{TOC,0-20cm} + USCA_{TIC,0-20cm} \qquad (5-11)$$

(四)土壤碳储量(SCR)

土壤碳储量为研究区内所有单位碳量总和,其计算公式为:

$$\mathrm{SCR} = \sum_{i=1}^{n} \mathrm{USCA} \tag{5-12}$$

式中:SCR 为土壤碳储量(t);USCA 为单位土壤碳量(t);n 为土壤碳储量计算范围内单位土壤碳量的加和个数。

三、土壤碳密度分布特征

舟山市表层、中层、深层土壤碳密度空间分布特征如图 5-1~图 5-3 所示。

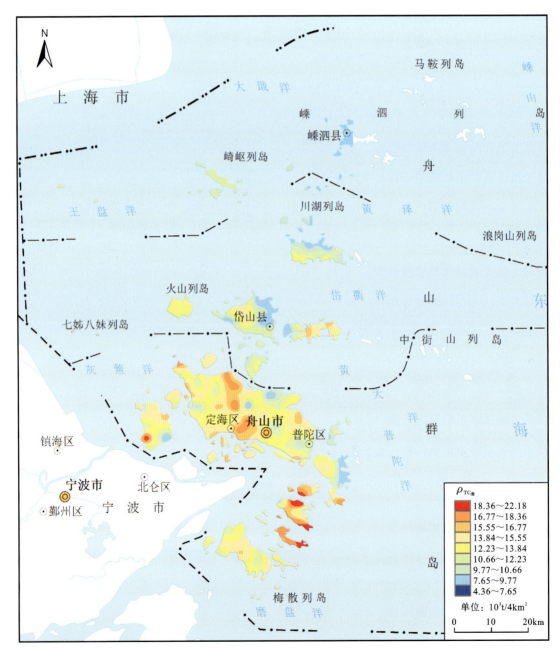

图 5-1 舟山市表层土壤 TC 碳密度分布图

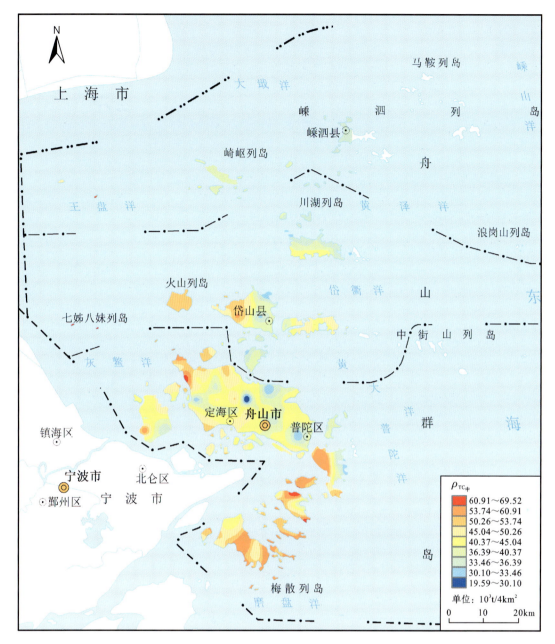

图 5-2 舟山市中层土壤 TC 碳密度分布图

由图 5-1 可知,舟山市土壤碳密度呈现规律性变化特征,整体表现为:中低山区高于低山丘陵及平原区;中酸性火山岩类风化物土壤母质区高于松散岩类沉积物土壤母质区;滨海平原区随着土体深度的增加,土壤碳密度明显增加。

表层(0~0.2m)土壤碳密度高值区分布于舟山本岛中部、普陀区桃花岛、虾峙岛一带;低值区主要分布在岱山本岛北东部、衢山岛北部及普陀区朱家尖岛东部一带。

中层(0~1.0m)土壤碳密度高值区主要分布在舟山本岛西北东海农场部、普陀区朱家尖岛—桃花岛—虾峙岛—六横岛一带、岱山县高亭岛一带;低值区主要分布在舟山本岛中北部、朱家尖岛北东部及衢山岛北部一带。

深层(0~1.2m)土壤碳密度分布基本与中层分布情况一致。

由以上分析可知,舟山市土壤碳密度分布主要与地形地貌、土壤母质类型、土壤深度有关。在地形地貌方面,中低山区土壤碳密度高于低山丘陵区及平原区;土壤母岩母质方面,中酸性火山岩类风化物土壤母质区土壤碳密度高于松散岩类沉积物土壤母质区。

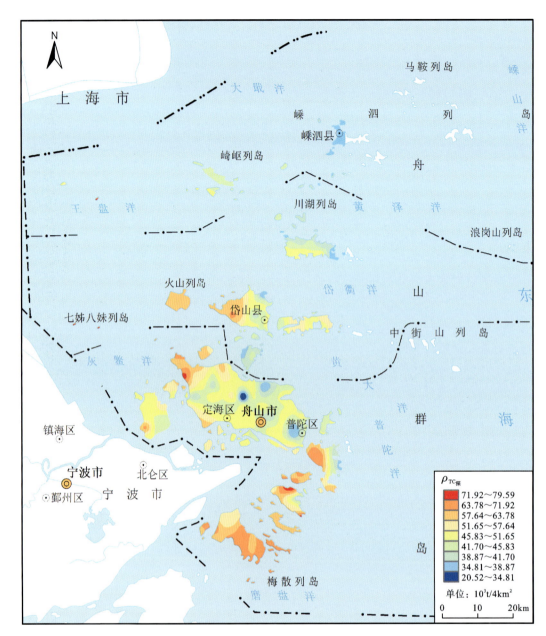

图 5-3　舟山市深层土壤 TC 碳密度分布图

四、土壤碳储量分布特征

1. 土壤碳密度及碳储量

根据土壤碳密度及碳储量计算方法,舟山市不同深度土壤的碳密度及碳储量计算结果如表 5-4 所示。

舟山市表层、中层、深层土壤中无机碳(TIC)密度分别为 0.30×10^3 t/km^2、1.76×10^3 t/km^2、2.46×10^3 t/km^2;有机碳(TOC)密度分别为 3.01×10^3 t/km^2、9.16×10^3 t/km^2、10.15×10^3 t/km^2;总碳(TC)密度分别为 3.31×10^3 t/km^2、10.92×10^3 t/km^2、12.61×10^3 t/km^2。其中,表层 TC 密度略高于中国总碳密度 3.19×10^3 t/km^2(奚小环等,2010),中层 TC 密度略低于中国平均值(11.65×10^3 t/km^2)(表 5-4)。

从不同深度土壤碳密度可以看出,随着土壤深度的增加,TOC、TIC、TC 均呈现逐渐增加趋势(图 5-4)。在表层、中层、深层不同深度土体中,TOC 密度之比为 1∶3.04∶3.37,TIC 密度之比为 1∶5.87∶8.20,TC 密度之比为 1∶3.30∶3.81。

表 5-4 舟山市不同深度土壤碳密度及碳储量统计表

土壤层	碳密度/10³ t·km⁻²			碳储量/10⁶ t			TOC 储量占比/%
	TOC	TIC	TC	TOC	TIC	TC	
表层	3.01	0.30	3.31	3.85	0.38*	4.23	91.02
中层	9.16	1.76	10.92	11.72	2.26	13.98	83.83
深层	10.15	2.46	12.61	13.00	3.15	16.15	80.50

注：0.38*为保留小数后数据，实际为0.382。

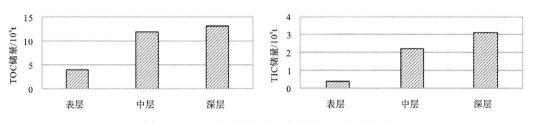

图 5-4 舟山市不同深度土壤碳储量对比柱状图

舟山市土壤中 TC 储量为 16.15×10^6 t，其中 TOC 储量为 13.00×10^6 t，TIC 储量为 3.15×10^6 t，TOC 储量与 TIC 储量之比约为 4∶1。土壤中的碳以 TOC 为主，占 TC 的 80.49%。随着土体深度的增加，TOC 储量的比例有减少的趋势，但仍以 TOC 为主。

2. 主要土壤类型土壤碳密度及碳储量分布

舟山市主要有 5 种土壤类型，不同土壤类型土壤碳密度及碳储量统计结果如表 5-5 所示。

表 5-5 舟山市不同土壤类型土壤碳密度及碳储量统计表

土壤类型	面积	表层（0～0.2m）			中层（0～1.0m）			深层（0～1.2m）		
		TOC 密度	TIC 密度	SCR	TOC 密度	TIC 密度	SCR	TOC 密度	TIC 密度	SCR
	km²	10³ t/km²	10³ t/km²	10⁶ t	10³ t/km²	10³ t/km²	10⁶ t	10³ t/km²	10³ t/km²	10⁶ t
滨海盐土	212	2.50	0.60	0.66	8.45	3.24	2.48	9.57	4.21	2.92
潮土	36	3.04	0.52	0.13	9.77	3.19	0.47	10.96	4.52	0.56
粗骨土	464	3.18	0.23	1.58	9.51	1.44	5.08	10.51	2.08	5.84
红壤	328	3.16	0.21	1.11	9.41	1.33	3.52	10.39	1.90	4.03
水稻土	236	2.92	0.24	0.74	8.63	1.48	2.39	9.51	2.12	2.74

注：本表未包含 4km² 黄壤碳密度和碳储量数据，故比舟山市表、中、深总碳储量略低。

表层土壤中，TOC 密度以粗骨土为最高，达 3.18×10^3 t/km²，其次为红壤、潮土和水稻土，最低为滨海盐土，仅为 2.50×10^3 t/km²。TIC 密度以滨海盐土为最高，为 0.60×10^3 t/km²，其次为潮土、水稻土和粗骨土，而最低则为红壤，仅为 0.21×10^3 t/km²。

中层土壤中，TOC 密度以潮土为最高，达 9.77×10^3 t/km²，其次为粗骨土、红壤、水稻土，最低的滨海盐土为 8.45×10^3 t/km²。TIC 密度以滨海盐土为最高，为 3.24×10^3 t/km²，次为潮土、水稻土、粗骨土。

深层土壤中，TOC 密度以潮土为最高，达 10.96×10^3 t/km²，其次为粗骨土、红壤等。TIC 密度以潮土为最高，为 4.52×10^3 t/km²，其次为滨海盐土、水稻土等，最低的红壤仅为 1.90×10^3 t/km²。

通过以上对比分析可以看出，土壤碳密度（TOC、TIC）的分布受地形地貌的影响较为明显。分布于山地丘陵区的土壤类型中,TOC密度较高,如红壤、粗骨土;而分布于平原区的土壤类型中,TOC密度相对较低,如滨海盐土、潮土、水稻土。TIC密度的分布情况大致与TOC相反,平原区土壤滨海盐土、潮土中TIC密度较高,而山地丘陵区的红壤、粗骨土中TIC密度则相对较低。

表层土壤碳储量(SCR)为$4.22×10^6$t,最高为粗骨土,碳储量为$1.58×10^6$t,与其分布面积所占比例基本接近;其次为红壤,碳储量为$1.11×10^6$t。表层土壤中整体碳储量从大到小的分布规律为粗骨土、红壤、水稻土、滨海盐土、潮土。

中层土壤碳储量(SCR)为$13.94×10^6$t,从大到小依次为粗骨土、红壤、滨海盐土、水稻土、潮土。

深层土壤碳储量(SCR)为$16.09×10^6$t,从大到小依次为粗骨土、红壤、滨海盐土、水稻土、潮土。

舟山市深层、中层、表层土壤碳储量从大到小基本分布规律为粗骨土、红壤、滨海盐土、水稻土、潮土。

整体来看,土壤中碳储量的分布主要与不同土壤类型中TOC密度、分布面积、人为耕种影响(水稻土长期农业耕种)等因素有关。

3. 主要土壤母质类型土壤碳密度及碳储量分布

舟山市土壤母质类型主要分为滨海相沉积物、全新统冲洪积物、砂(砾)岩类风化物、酸性火山岩类风化物、中—粗粒花岗岩类风化物、中深变质岩类风化物六大类型。在分布面积上,以酸性火山岩类风化物和滨海相沉积物两类为主。

舟山市不同土壤母质类型土壤碳密度统计结果如表5-6所示。

由表5-6可以看出,不同土壤母质类型TOC密度从浅到深均表现出逐步升高的特征。但在不同深度上,不同母质类型TOC密度表现出各自的特点,在深层土壤中,由高至低依次为砂(砾)岩类风化物、中—粗粒花岗岩类风化物、酸性火山岩类风化物、滨海相沉积物、全新统冲洪积物、中深变质岩类风化物;在表层土壤由高至低依次为砂(砾)岩类风化物、中—粗粒花岗岩类风化物、酸性火山岩类风化物、全新统冲洪积物、滨海相沉积物、中深变质岩类风化物。

表5-6 舟山市不同土壤母质类型土壤碳密度分布统计表　　　　单位:10^3t/km²

土壤母质类型	表层(0~0.2m)			中层(0~1.0m)			深层(0~1.2m)		
	TOC	TIC	TC	TOC	TIC	TC	TOC	TIC	TC
滨海相沉积物	2.81	0.44	3.25	8.82	2.58	11.40	9.85	3.55	13.40
全新统冲洪积物	2.99	0.18	3.17	8.69	0.97	9.66	9.54	1.24	10.78
砂(砾)岩类风化物	3.24	0.25	3.49	9.75	1.52	11.27	10.79	2.13	12.92
酸性火山岩类风化物	3.13	0.22	3.35	9.37	1.37	10.74	10.35	1.98	12.33
中—粗粒花岗岩类风化物	3.15	0.25	3.40	9.67	1.41	11.08	10.74	1.90	12.64
中深变质岩类风化物	2.42	0.17	2.59	8.15	0.86	9.01	9.22	1.06	10.28

不同土壤母质类型TIC密度从浅到深均表现出逐步升高的特征。但在不同深度上,不同母质类型TIC密度表现出各自的特点。在深层土壤中TIC密度由高至低依次为滨海相沉积物、砂(砾)岩类风化物、酸性火山岩类风化物、中—粗粒花岗岩类风化物、全新统冲洪积物、中深变质岩类风化物;在表层土壤中TIC密度由高至低则依次为滨海相沉积物、砂(砾)岩类风化物和中—粗粒花岗岩类风化物、酸性火山岩类风化物、全新统冲洪积物、中深变质岩类风化物。

土壤TC密度在深层中由高至低依次为滨海相沉积物、砂(砾)岩类风化物、中—粗粒花岗岩类风化物、酸性火山岩类风化物、全新统冲洪积物、中深变质岩类风化物;在表层中由高至低依次为砂(砾)岩类风化物、中—粗粒花岗岩类风化物、酸性火山岩类风化物、滨海相沉积物、全新统冲洪积物、中深变质岩类风化物。

舟山市不同土壤母质类型土壤碳储量统计结果如表5-7和表5-8所示。

表5-7 舟山市不同土壤母质类型土壤碳储量统计表(一)　　　　　　　　　　　　　　单位:10^6

土壤母质类型	表层(0~0.2m)			中层(0~1.0m)			深层(0~1.2m)		
	TOC	TIC	TC	TOC	TIC	TC	TOC	TIC	TC
滨海相沉积物	1.25	0.20	1.45	3.91	1.15	5.06	4.37	1.58	5.95
全新统冲洪积物	0.29	0.02	0.31	0.83	0.09	0.92	0.92	0.12	1.04
砂(砾)岩类风化物	0.19	0.02	0.21	0.59	0.09	0.68	0.65	0.13	0.78
酸性火山岩类风化物	1.78	0.12	1.90	5.32	0.78	6.10	5.88	1.12	7.00
中—粗粒花岗岩类风化物	0.32	0.02	0.34	0.97	0.14	1.11	1.07	0.19	1.26
中深变质岩类风化物	0.03	0.002	0.032	0.10	0.01	0.11	0.11	0.01	0.12

表5-8 舟山市不同土壤母质类型土壤碳储量统计表(二)

土壤母质类型	面积	表层(0~0.2m)SCR	中层(0~1.0m)SCR	深层(0~1.2m)SCR	深层碳储量全市占比
	km^2	10^6 t	10^6 t	10^6 t	%
滨海相沉积物	444	1.45	5.06	5.95	36.84
全新统冲洪积物	96	0.31	0.92	1.04	6.44
砂(砾)岩类风化物	60	0.21	0.68	0.78	4.83
酸性火山岩类风化物	568	1.90	6.10	7.00	43.35
中—粗粒花岗岩类风化物	100	0.34	1.11	1.26	7.80
中深变质岩类风化物	12	0.032	0.11	0.12	0.74

舟山市碳储量以酸性火山岩类风化物和滨海相沉积物为主,两者之和约占全市碳储量的80%以上。在不同深度的土体中,TOC、TC储量分布规律相同,由高到低依次为酸性火山岩类风化物、滨海相沉积物、中—粗粒花岗岩类风化物、全新统冲洪积物、砂(砾)岩类风化物、中深变质岩类风化物;TIC则不同,其碳储量在不同深度的土体中,由高到低依次为滨海相沉积物、酸性火山岩类风化物、中—粗粒花岗岩类风化物、砂(砾)岩类风化物、全新统冲洪积物、中深变质岩类风化物。

4. 主要土地利用现状条件土壤碳密度及碳储量

土地利用对土壤碳储量的空间分布有较大影响。周涛和史培军(2006)研究认为,土地利用方式的改变,潜在改变了土壤的理化性状,进而改变了不同生态系统中的初级生产力及相应的土壤有机碳的输入(表5-9~表5-11)。

如表5-9~表5-11所示,TOC密度表层土壤中由高到低表现为园地、林地、水田、旱地、其他用地;中层和深层表现为一致的特征,由高到低均为园地、林地、旱地、建筑用地及其他用地、水田。

TIC密度表层土壤中由高到低表现为旱地、建筑用地及其他用地、水田、园地、林地;中层和深层同样表现为一致的特征,由高到低均为旱地、建筑用地及其他用地、园地、水田、林地。

TC密度在表层土壤中由高到低表现为园地、林地、旱地、水田、建筑用地及其他用地;中层土壤中由高到低表现为旱地、园地、林地、建筑用地及其他用地、水田;深层土壤中由高到低表现为旱地、园地、建筑用地及其他用地、林地、水田。

碳储量方面,舟山市不同深度土体中,TOC、TIC、TC储量均以林地、建筑用地及其他用地为主,二者碳储量之和占全市TC储量的84.27%,是全市主要的"碳储库"。

表 5-9 舟山市不同土地利用现状条件土壤碳密度统计表

单位：10^3 t/km²

土地利用类型	表层(0～0.2m)			中层(0～1.0m)			深层(0～1.2m)		
	TOC	TIC	TC	TOC	TIC	TC	TOC	TIC	TC
旱地	2.95	0.42	3.37	9.19	2.45	11.64	10.24	3.34	13.58
林地	3.23	0.21	3.44	9.57	1.34	10.91	10.56	1.96	12.52
水田	2.99	0.27	3.26	8.71	1.58	10.29	9.57	2.17	11.74
园地	3.26	0.26	3.52	9.88	1.71	11.59	10.95	2.55	13.50
建筑用地及其他用地	2.82	0.36	3.18	8.82	2.09	10.91	9.84	2.84	12.68

表 5-10 舟山市不同土地利用现状条件土壤碳储量统计表(一)

单位：10^6

土地利用类型	表层(0～0.2m)			中层(0～1.0m)			深层(0～1.2m)		
	TOC	TIC	TC	TOC	TIC	TC	TOC	TIC	TC
旱地	0.16	0.02	0.18	0.51	0.14	0.65	0.57	0.19	0.76
林地	1.59	0.10	1.69	4.71	0.66	5.37	5.20	0.96	6.16
水田	0.29	0.02	0.31	0.84	0.15	0.99	0.92	0.21	1.13
园地	0.16	0.01	0.17	0.47	0.08	0.55	0.53	0.12	0.65
建筑用地及其他用地	1.66	0.21	1.87	5.19	1.23	6.42	5.78	1.67	7.45

表 5-11 舟山市不同土地利用现状条件土壤碳储量统计表(二)

土地利用类型	面积	表层(0～0.2m)SCR	中层(0～1.0m)SCR	深层(0～1.2m)SCR	深层碳储量全市占比
	km²	10^6 t	10^6 t	10^6 t	%
旱地	56	0.19	0.65	0.76	4.71
林地	492	1.69	5.37	6.16	38.14
水田	96	0.32	0.99	1.13	7.00
园地	48	0.17	0.55	0.65	4.02
建筑用地及其他用地	588	1.87	6.42	7.45	46.13

注：土地利用类型面积以点位数量分布情况计算。

第二节 富硒土地资源评价

硒(Se)是地壳中的一种稀散元素，1988 年中国营养学会将硒列为 15 种人体必需微量元素之一。医学研究证明，硒对保证人体健康有重要作用，主要表现在提高人体免疫力和抗衰老能力，参与人体损伤肌体的修复，对铅、镉、汞、砷、铊等重金属的拮抗等方面。我国有 72%的地区属于缺硒或低硒地区，2/3 的人口存在不同程度的硒摄入不足问题。

土壤中含有一定量的天然硒元素，且有害重金属元素含量小于农用地土壤污染风险筛选值要求的土地，可称为天然富硒土地。天然富硒土地是一种稀缺的土地资源，是生产天然富硒农产品的物质基础，是应予以优先保护的特色土地资源。

一、土壤硒地球化学特征

舟山市表层土壤中 Se 含量变化区间为 0.04～0.65mg/kg，变异系数为 0.38，舟山市表层土壤中 Se 含量差异不明显。

Se 的地球化学空间分布明显受舟山市岩石地层特征及地形地貌特征的影响。表层土壤中 Se 含量高于 0.56mg/kg 的区域主要分布于定海区中部中山、低山区及长涂岛中部，此高值区的分布均与境内大面积分布的中酸性火成岩类风化物有关。而 Se 含量小于 0.23mg/kg 的低值区主要分布在各岛屿滨海平原区，主要与区内的第四系松散岩类风化物（滨海盐土、潮土）有关（图 5-5）。

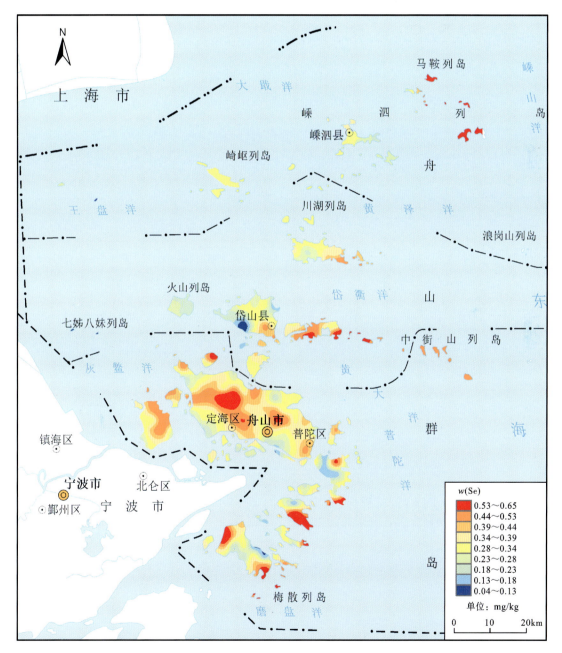

图 5-5　舟山市表层土壤硒元素（Se）地球化学图

舟山市深层土壤中 Se 含量范围为 0.09~1.36mg/kg，平均值为 0.21mg/kg。深层土壤中的 Se 含量虽然普遍低于表层土壤中的 Se 含量，但两者的空间分布特征基本一致，说明土壤中的 Se 含量除了受植被、气候、地貌等明显的表生作用外，显然也承袭了成土母质母岩中的 Se 含量特征（图 5-6）。

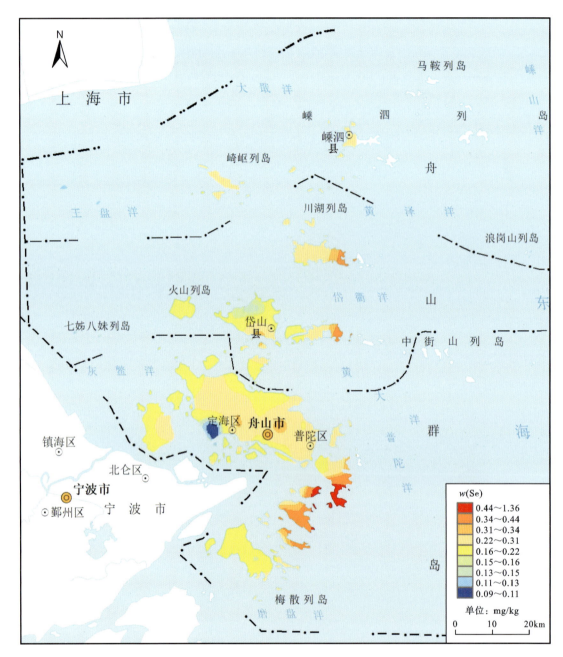

图 5-6　舟山市深层土壤硒元素（Se）地球化学图

二、富硒土地评价

按照《土地质量地质调查规范》（DB33T 2224—2019）中土壤硒的分级标准（表 5-12），对表层土壤样点数据进行统计与评价，根据工作要求确定出高硒点位，结果如图 5-7 所示。

表 5-12　土壤硒元素(Se)等级划分标准与图示　　　　　　　　　　　　　　　　　　　　　　单位:mg/kg

指标	缺乏	边缘	适量	高(富)	过剩
标准值	≤0.125	0.125～0.175	0.175～0.40	0.40～3.0	>3.0
颜色					
R:G:B	234:241:221	214:227:188	194:214:155	122:146:60	79:98:40

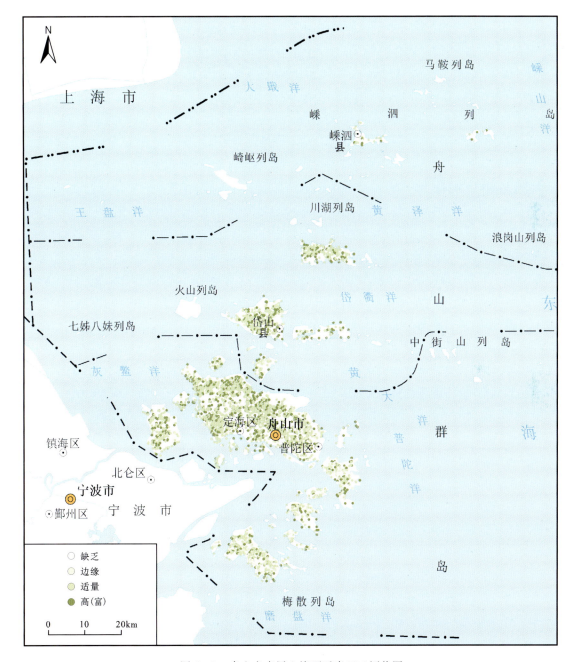

图 5-7　舟山市表层土壤硒元素(Se)评价图

舟山市达富(高)硒标准的表层土壤有 809 件,占比 24.07%,主要分布在舟山本岛中部、金塘岛中部、岱山本岛南东部、衢山岛中南部和普陀六横岛西北部中低丘陵山区,富硒土壤的分布主要与表层土壤中有机质含量以及质地有关,丘陵山地区有机质含量较高,土质湿黏,有利于吸附 Se 元素,导致表层土壤硒的富集。硒含量处于适量等级的样本数最多,有2097件,占比62.41%,分布在区内大部分区域。边缘硒与缺乏硒样本数占比较少,仅分别为9.32%、4.20%,主要分布在各岛屿滨海区域,这些区域土壤养分含量低,质地以砂、粉砂为主,黏质少,总体保肥能力弱,土壤中的元素易迁移流失。另外,这些区域母质以滨海相砂、粉砂为主,Se含量本就偏低,故呈现明显的硒缺乏现象。

表5-13 舟山市表层土壤硒评价结果统计表

评价结果	样本数/件	占比/%	主要分布区域
高(富)	809	24.07	舟山本岛中部、金塘岛中部、岱山本岛南东部、衢山岛中南部和普陀区六横岛西北部中低丘陵山区
适量	2097	62.41	区内大部分区域
边缘	313	9.32	滨海区域
缺乏	141	4.20	滨海区域

三、天然足硒土地圈定

为满足对天然足硒土地资源利用与保护的需求,依据富硒土壤调查和耕地环境质量评价成果,按以下条件对舟山市天然足硒土地进行圈定:①土壤中Se含量大于等于0.40 mg/kg(pH≤7.5)或0.30(pH>7.5)(实测数据大于20条);②土壤中的重金属元素Cd、Hg、As、Pb及Cr含量小于农用地土壤污染风险筛选值要求;③在点位富硒的基础上,结合舟山地区Se含量特点,将土地地势较为平坦、集中连片程度较高、平均Se含量不小于0.30 mg/kg的区域圈定为天然足硒区。

根据上述条件,舟山市共圈定天然足硒土地2处(表5-14,图5-8)。为后续更好地开发利用足硒土壤,天然足硒土地的圈定倾向于地势较为平坦且集中程度高的小沙—马岙、双桥粮食生产功能区耕地区域。受调查程度的限制,圈定的范围仅是初步的评估,但在资源的利用方向上已有了明确的意义。随着调查研究程度的加深,评价将会更加科学。

表5-14 舟山市天然足硒区一览表

足硒区编号	区域面积/km^2	土壤样本数		足硒率/%	土壤Se含量/$mg \cdot kg^{-1}$	
		采样数/件	足硒点位/件		范围	平均值
FSe-1	35.23	226	55	24.34%	0.15~0.76	0.35
FSe-2	22.44	143	27	18.88%	0.14~0.76	0.34

第五章 土壤碳与特色土地资源评价

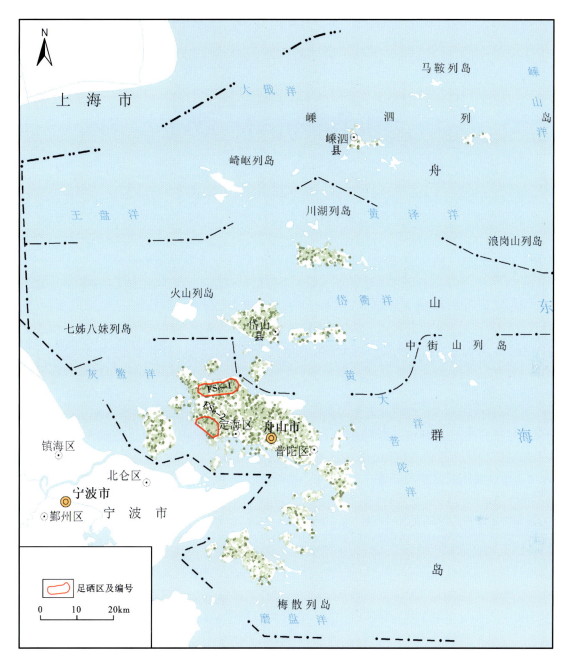

图 5-8 舟山市天然足硒区分布图

第六章 结　语

土壤来自岩石,土壤中元素的组成及含量继承了岩石的地球化学特征。组成地壳的岩石分布具有原生不均匀性的分布特征,这种不均匀性决定了地壳不同部位化学元素的地域分异。在岩土体中,元素的绝对含量水平对生态环境具有决定性作用。大量研究表明,现代土壤中元素的含量及分布,与成土作用、生物作用、土壤理化性状(土壤质地、土壤酸碱性、土壤有机质等)及人类活动关系密切。

20世纪70年代,地质工作者便开展了土壤元素背景值的调查,目的是通过对土壤元素地球化学背景的研究,发现存在于区域内的地球化学异常,进而为地质找矿指出方向,这一找矿方法成效显著,我国的勘查地球化学也因此得到了快速发展,并在这一领域走在了世界的前列。随着分析测试技术的进步和社会经济发展的需要,自20世纪90年代开始,土壤背景值的调查研究按下了快进键,尤其是"浙江省土地质量地质调查行动计划"的实施,使背景值的调查精度和研究深度有了质的提升,舟山市土壤元素背景值研究就建立在这一基础之上。

土壤元素背景值,在自然资源评价、生态环境保护、土壤环境监测、土壤环境标准制定及土壤环境科学研究(如土壤环境容量、土壤环境生态效应等)等方面,都具有重要的科学价值。《舟山市土壤元素背景值》的出版,也是浙江省地质工作者为舟山市生态文明建设所做出的一份贡献。

舟山市土壤地质调查主要成果如下。

一、土壤地球化学基准值特征

舟山市深层土壤总体呈碱性,土壤pH基准值为8.44,明显高于浙江省基准值,接近于中国基准值。

与浙江省基准值相比,As、Co、F、Mn、Sc、Sn基准值均为浙江省基准值的1.2~1.4倍;Au、Bi、Br、Cl、Cu、I、Mo、Ni、P、S、MgO、CaO、Na_2O、TC基准值为浙江省基准值的1.4倍以上;其他元素/指标基准值与浙江省基准值基本接近。与中国基准值相比,Sr、CaO基准值明显低于中国基准值,均低于中国基准值的60%;TC、Na_2O基准值略低于中国基准值,为中国基准值的60%~80%;Tl、Ni、Sc、Ti、Ga、V、Co、Corg、Zr、Al_2O_3、Be、Cr、U、F、K_2O、TFe_2O_3、Sn、Y、W基准值略高于中国基准值,为中国基准值的1.2~1.4倍;I、Cl、Br、Hg、Nb、Se、Th、Mn、Li、Zn、B、S、Pb、La、Au、Rb、Ce、Mo、Bi、N基准值明显高于中国基准值,均为中国基准值的1.4倍以上,其中Br、Cl、Hg、I基准值为中国基准值的2.0倍以上,I基准值为中国基准值的7.67倍;其他元素/指标基准值与中国基准值基本接近。

在不同土壤母质类型区中,与舟山市基准值相比,松散岩类沉积物中I、Se、Au、Mo基准值略低,Cl、S、CaO、MgO、TC基准值明显偏高;中酸性火成岩类风化物中S、Cl基准值略低,Se基准值略高。

在不同土壤类型区中,与舟山市基准值相比,红壤中Au、Hg、TC、CaO、Cl、S基准值略低,Ba基准值明显偏高;粗骨土中P、Cu、Cr、Li、TC、Ni、S、pH基准值略低,MgO、Cl、CaO基准值明显偏低;水稻土中Se、Mo、Au基准值略低,MgO、B、Li、F基准值略高;潮土中Au、Mo、I基准值略低,P、Br、TC、CaO、Hg、MgO、Cr基准值略高;滨海盐土中Zr、Au、Se、Mo基准值略低,Cl、Br、CaO、S、MgO、TC、Ni基准值明显偏高。

在不同土地利用方式中,与舟山市基准值相比,水田中Cr、MgO、Li、B、Ni基准值略高,CaO、S、Cl、Se、TC、Br基准值略低;旱地中Ba、I、Se基准值略高,Li、Br、F、TC、Cl、MgO基准值略低,S、CaO基准值明显偏低;林地中 I、Ba 基准值略高,Cr、F、P、Ni、Li、TC、Cu、pH 基准值略低,S、MgO、Cl、CaO 基准值明显偏低,Se 基准值明显偏高。

二、土壤元素背景值特征

舟山市表层土壤总体呈酸性,土壤 pH 背景值为 4.88,与浙江省背景值接近,略低于中国背景值。与浙江省背景值相比,B、Br、I、Mn、Se、Sn、MgO、CaO、Na_2O 背景值明显高于浙江省背景值,均在 1.4 倍以上,Na_2O 背景值更是达到了浙江省背景值的 6.11 倍;Au、Ba、Bi、Cd、Cu、Nb、Zr 背景值略高于浙江省背景值;Cr、Ni 背景值不足浙江省背景值的 60%;其他元素/指标背景值均接近于浙江省背景值。与中国背景值相比,Tl、Rb、Ce、Zr、Pb、La、Zn、B、Bi、U、Cd、Ag 背景值略高于中国背景值;I、Hg、Br、Se、Corg、Sn、N、Mn、Nb、Au、V、Co、Th 背景值明显高于中国背景值,其中 I 背景值达到了中国背景值的 6.31 倍;Cr、Na_2O 背景值略低于中国背景值;MgO、Sr、Ni、CaO 背景值明显低于中国背景值,其中 CaO 背景值仅为中国背景值的 22%;其他元素/指标背景值均接近于中国背景值。

在不同土壤母质类型区中,与舟山市背景值相比,松散岩类沉积物中 Se 背景值明显偏低,Li、Cl、P、Sc、Au、TFe_2O_3、Br、S、F、Sr 背景值略低,Ni、CaO、Cr、MgO、B、pH、Cu 背景值明显偏高;中酸性火成岩类风化物中仅 As 背景值明显偏低,CaO、Co 背景值略低;变质岩类风化物中 As、Hg、Br、Ag、Mn、TC、W 背景值略低,Ni、Cr、CaO 背景值明显偏高,MgO、Cu、Sr、TFe_2O_3、Au 背景值略高。

在不同的土壤类型区中,与舟山市背景值相比,红壤中仅 As 背景值偏低,B、Co 背景值略低;粗骨土中 Cr 背景值明显偏高,Mo 背景值略高,CaO、As 背景值略低;水稻土中 Ni、Cr、Cl 背景值明显偏高,MgO、CaO、Au、Cu 背景值略高,Mn、As 背景值略低;潮土中仅 Se 背景值明显偏低,Ni、CaO、MgO、Cr、pH、Cu、Li、F、TFe_2O_3 背景值明显偏高,Sc、P 背景值略高,I、Hg 背景值略低;滨海盐土中仅 Se 背景值明显偏低,Sn、Au、Zr、I、Hg 背景值略低,Br、F、TFe_2O_3、Sc、P 背景值略高,CaO、Ni、Cr、MgO、pH、Sr、Cu、Cl、Li 背景值明显偏高。

在不同土地利用方式中,与舟山市背景值相比,水田中 N、Cu、Au、Corg 背景值略高,Ni、Cr 背景值明显偏高,I、Ac 背景值略低,Mn 背景值明显偏低;旱地中 As、Cr 背景值略低,Mo、Bi、MgO 背景值略高;园地中 Ni、B 背景值明显偏高,Au、Pb 背景值略高,Cu 背景值略低;林地中 Co、V、B、As 背景值明显偏低,仅 Mo 背景值明显偏高,CaO、Hg、P 背景值略低。

三、土壤碳分布与碳储量

(1)统计结果表明,舟山市表层(0~0.2m)、中层(0~1.0m)、深层(0~1.2m)土壤中 TIC 密度分别为 $0.30×10^3 t/km^2$、$1.76×10^3 t/km^2$、$2.46×10^3 t/km^2$;TOC 密度分别为 $3.01×10^3 t/km^2$、$9.16×10^3 t/km^2$、$10.15×10^3 t/km^2$;TC 密度分别为 $3.31×10^3 t/km^2$、$10.92×10^3 t/km^2$、$12.61×10^3 t/km^2$,其中表层 TC 密度略高于中国总碳密度,中层 TC 密度略低于中国平均值。

(2)受地形地貌、土壤母质类型、土壤深度等因素影响,舟山市中低山区土壤碳密度大于低山丘陵区、平原区土壤碳密度。

(3)随着土壤深度的增加,TOC、TIC、TC 均呈现逐渐增加趋势。在表层、中层、深层不同深度土体中,TOC 密度之比为 1∶3.04∶3.37,TIC 密度之比为 1∶5.87∶8.20,TC 密度之比为 1∶3.30∶3.81。

(4)全市土壤中碳储量为 $16.15×10^6 t$,其中 TOC 储量为 $13.00×10^6 t$,TIC 储量为 $3.15×10^6 t$,TOC 储量与 TIC 储量之比约为 4∶1。土壤中的碳以 TOC 为主,占 TC 的 80.49%。随着土体深度的增加,TOC 储量的比例有减少的趋势,但仍以 TOC 为主。

(5)深层土壤中,TOC 密度以潮土为最高,其次为粗骨土、红壤等;TIC 密度以潮土为最高,其次为滨海盐土、水稻土等,最低为红壤。中层土壤中,TOC 密度以潮土为最高,其次为粗骨土、红壤、水稻土,最低为滨海盐土；TIC密度以滨海盐土为最高，其次为潮土、水稻土、粗骨土。表层土壤中，TOC密度以粗骨土为最高，其次为红壤、潮土和水稻土，最低为滨海盐土；TIC密度以滨海盐土为最高，其次为潮土、水稻土和粗骨土，最低则为红壤。

四、富硒土地资源评价

舟山市天然富硒土地资源一般。全市依据土壤硒含量、土壤环境质量、肥力质量、硒的生物效应及土地利用情况等因素，共圈定天然足硒区2处，面积约57.67 km^2，表层土壤Se背景值为0.36 mg/kg，土地连片程度高，具有一定开采利用价值。

五、建议

1. 深入开展相关的专项调查研究，合理开发富硒土壤资源，客观进行土壤环境质量与生态风险评价研究

（1）现有研究资料表明，舟山市本岛地区还存在一定面积的富硒土壤资源，大多分布于低山丘陵区，是藏在"绿水青山"中的"金山银山"。如何合理地开发利用好富硒土壤资源是一个值得进一步深入研究的课题。

研究发现，部分富硒土壤资源的土壤环境质量好，目前以耕地、园地等方式利用，开发条件比较成熟，建议开展相关专项调查研究，使研究成果转化为实际利用落地，为乡村振兴、经济发展服务；另外，相当一部分的富硒土壤存在土壤Se含量高、土壤环境质量较差的情况，建议针对该部分富硒土壤资源，结合地质背景特点，开展专项调查研究，优选种植富硒又符合食品安全标准的农产品，以利于富硒土壤的开发利用。

（2）对地质高背景区进一步开展调查和生态风险评价。调查发现，舟山市存在一定面积的土壤重金属元素富集区，除城镇周边与人类生产活动有关的污染区之外，低山丘陵区的高背景区一般与地质背景、金属硫化物矿点分布有关。建议针对区内典型地质高背景区开展进一步详细调查研究，系统查明土壤中有毒有害元素的存在形态、有效性，周边水体、底积物、农产品及人体健康等状况，研究有毒有害元素在土壤→水→底积物→农产品→人体之间的迁移转化规律，科学客观地评价土壤重金属生态风险。

2. 开展地质高背景区环境监测网络建设，加强环境生态风险监测工作

地质高背景区是在一种客观存在的自然地质作用下形成的土壤元素/指标的高富集区带，存在食物链、饮用水等多种人体健康生态风险暴露途径。建议结合地质背景、地形地貌、土地利用等因素，划定地质高背景区与影响范围，明确环境风险影响指标，开展地质高背景区环境监测网络建设，加强环境生态风险监测，从而确保人体健康。

3. 进一步加强数据开发利用，多部门联合开展地方环境质量标准制定研究

在舟山市土壤元素背景值研究过程中，相关土壤地球化学调查获得了全域性、系统性、高精度的海量调查数据，包含了丰富的地质地球化学信息，可广泛应用于生态环境、农业农村、自然资源、卫生健康等领域。受笔者的认知程度与水平限制，当前的数据分析研究仅为最基础的初步认识。在地质学、环境学、生态学等科学理论的指导下，对数据后期的进一步开发利用研究有待加强，以拓展数据的应用服务领域。

土壤元素背景值是基于现有丰富的基础数据统计参数的客观表征，是舟山市土壤基础现状的体现。建议综合考虑舟山市自然环境、地质背景条件等因素，结合国内外研究现状，明确土壤环境生态风险因子，联合生态环境、农业农村、自然资源、卫生健康等部门，开展地方土壤环境质量标准研究，以更好地服务农业安全生产、人体健康与生态环境保护工作。

主要参考文献

陈永宁,邢润华,贾十军,等,2014.合肥市土壤地球化学基准值与背景值及其应用研究[M].北京:地质出版社.

代杰瑞,庞绪贵,2019.山东省县(区)级土壤地球化学基准值与背景值[M].北京:海洋出版社.

黄春雷,林钟扬,魏迎春,等,2023.浙江省土壤元素背景值[M].武汉:中国地质大学出版社.

苗国文,马瑛,姬丙艳,等,2020.青海东部土壤地球化学背景值[M].武汉:中国地质大学出版社.

王学求,周建,徐善法,等,2016.全国地球化学基准网建立与土壤地球化学基准值特征[J].中国地质,43(5):1469-1480.

奚小环,杨忠芳,廖启林,等,2010.中国典型地区土壤碳储量研究[J].第四纪研究,30(3):573-583.

奚小环,杨忠芳,夏学齐,等,2009.基于多目标区域地球化学调查的中国土壤碳储量计算方法研究[J].地学前缘,16(1):194-205.

俞震豫,严学芝,魏孝孚,等,1994.浙江土壤[M].杭州:浙江科学技术出版社.

张伟,刘子宁,贾磊,等,2021.广东省韶关市土壤环境背景值[M].武汉:中国地质大学出版社.

周涛,史培军,2006.土地利用变化对中国土壤碳储量变化的间接影响[J].地球科学进展,21(2):138-143.

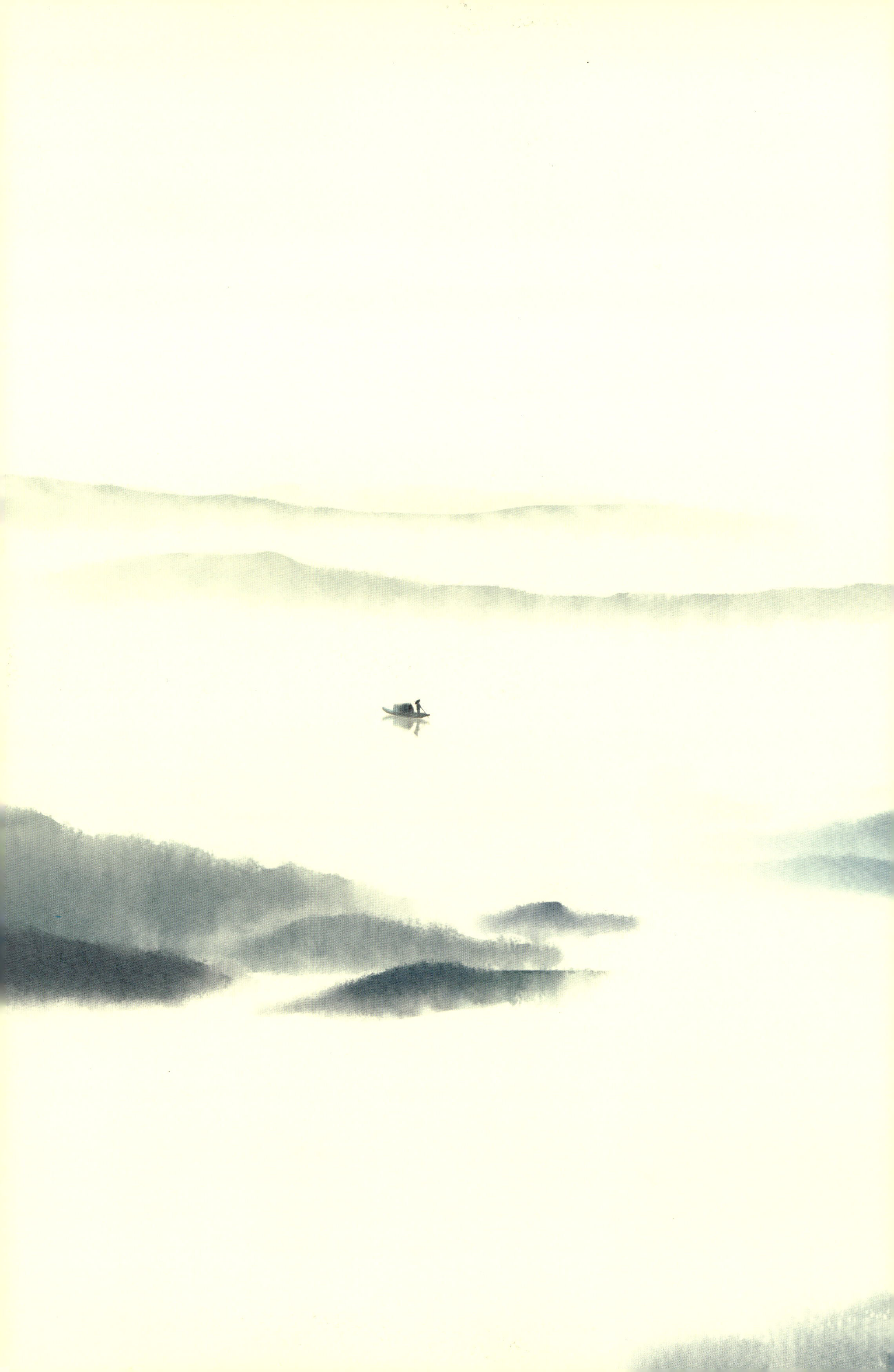